アミノ酸
タンパク質と生命活動の化学

船山信次 著

東京電機大学出版局

凡　例

1. 各種化合物の名称は，原則として各項の初出の際にはカタカナ名のほか，かっこ内に英文名を示し，2回目からはカタカナのみで示した．また，カタカナ名は英語風の読みを基準とした．
2. 植物の科の分類は，原則として，J. C. Willis：A Dictionary of the Flowering Plants & Ferns (8th Ed.), Cambidge University Press, London, 1973によった．科名は日本名のみ示した．
3. 生薬学では，生薬の原料となる植物を「基原植物」と呼称する慣習があり，本書でもこの慣例にならった．
4. 文中，日本薬局方あるいは局方と出ている場合には，とくに断わりのないかぎり，第十五改正日本薬局方（2006年4月公布）を示す．
5. 本文中で，たとえば"エタノール (95)"とあるのは，日本薬局方において，15℃でエタノール95.1～96.9%を含むものと定められたエタノールを示し，"酢酸 (100)"とあるのは氷酢酸を示す．また，○○溶液 (1→50) とあるのは，固体ならば1g，液体ならば1mlを溶媒に溶解し，全量を50mlとすることを示す．この場合の溶媒は，とくに断わりのないかぎり精製水である．
6. 本文で引用した文献については，原則としてつとめて該当する各節の末尾に掲載することにし，参照した文献については巻末に一括して掲載することにした．
7. 本書中には各種化合物の生物活性について述べていることがあるが，これらはあくまでも学問上の知見として述べているものである．よって，これらの記述を鵜呑みにして自己または他人の治療に直接に応用されないようにとくに注意をうながしておきたい．
8. 本書には「キチガイナスビ」などの記述があるが，これらは植物の別名などを示すものであり，人権を無視しているものではない．

本書に登場する製品名やシステム名などは一般に各社の商標または登録商標である．

はじめに

　この本をまとめることに至ったいきさつについて書いておきたい。

　筆者の専門領域は天然物化学であり，薬用植物の有効成分や抗生物質などの化学研究に従事してきた。薬用植物の有効成分や抗生物質などの生物活性成分はうまく活用すれば薬となるし，使い方を誤れば毒となる。そこで私は，生物活性成分のこのような性質や人類との関係に関する本として，これまでに，『アルカロイド―毒と薬の宝庫―』（共立出版）や『図解雑学 毒の科学』（ナツメ社），『毒と薬の科学―毒から見た薬・薬から見た毒―』（朝倉書店），そして，『毒と薬の世界史』（中公新書）などを執筆してきた。

　これまでの研究経験やこれらの本を執筆することにより，生物活性成分にはアミノ酸やペプチド（タンパク質），アルカロイドがおおいに関係し，きわめて重要な役割を果たしていることを改めて痛感した。ペプチド（タンパク質）はもちろんアミノ酸から成り立っているが，本書を見ていただければわかってもらえるように，アルカロイドの多くもアミノ酸由来なのである。たとえば，私たちのからだで神経伝達物質としてはたらいているアセチルコリンやノルアドレナリン，セロトニン，そして植物由来のモルヒネやコカインなどはアルカロイドに分類される化合物であるが，それぞれにアミノ酸が導入されて生合成されている。ということは，アミノ酸は生物活性成分の領域で鍵となるきわめて重要な化合物群であるということになる。

　アミノ酸は，私たちにとってとても身近な天然有機化合物でもある。私たちの筋肉や内臓，血管，皮膚，毛髪など，成人では体重の約20％に及ぶタンパク質は，アミノ酸なしではつくられない。タンパク質を構成するアミノ酸は全部で20種類あるが，これらのアミノ酸はタンパク質を構成するだけではない。たとえば，化学調味料としてよく知られている「味の素」の正体はL-グルタミン酸のモノナトリウム塩であるし，カニの甘味の主成分はグリシンであり，コールドパーマの原理には毛髪のタンパク質中のL-システインが深く関与している。いわば，これらタンパク質構成アミノ酸20種のそれぞれにドラマがあるといえる。

そして，アミノ酸は生命活動の根源にもかかわっている。たとえば，各種の酵素はタンパク質であるから，当然，タンパク質構成アミノ酸を起源としているし，遺伝子を構成する DNA や RNA，光合成や呼吸にかかわる葉緑素やヘムが生合成される過程においても，酵素がかかわるのみならず，分子中にアミノ酸が導入されることがわかっている。すなわち，アミノ酸なくして生命活動はありえず，アミノ酸こそ生命活動の根源を担っているということができよう。

一方，近年めざましい進歩をとげたアミノ酸工業は，アミノ酸の新しい応用法として，医療方面ではアミノ酸混合物の点滴剤（高カロリー輸液）の開発や家畜の飼料へのアミノ酸添加の実用化につながった。これらの技術は，生命の危機に瀕した多くの命を救い，また家畜の飼料の改良につながって多くの命を養っている。また，アミノ酸を利用したスキンケア製品や肌にやさしいシャンプーなどの市場も急成長を遂げている。たとえば，生糸にはL-セリンが大量に含まれるが，L-セリンは保湿性にすぐれており，化粧用の素材として使われる。いわゆる，絹由来の化粧品である。アミノ酸にはじつに多方面の使い途があり，21世紀はアミノ酸の世紀ともいわれる。

以上，述べてきたように，アミノ酸，とくにタンパク質を構成する20種類のアミノ酸は，生命そのものや生命活動に深く関係し，現代生活においても種々の応用が可能なきわめて重要な化合物群である。よって，これらのそれぞれのアミノ酸のドラマについてまとめた成書が，すでに数多く出版されていそうなものである。ところが，きわめて不思議なことに，いざ探してみると，これらのタンパク質を構成する全アミノ酸20種の来歴や物性，生物活性全般を含むエピソードをコンパクトに解説した適当な本を見つけだすことはできなかった。そこで私はまず，タンパク質構成アミノ酸20種すべてについてのエピソードのほか，これらのアミノ酸を起源として生合成される主要なアルカロイド，そして，タンパク質構成アミノ酸以外のアミノ酸のうち私たちの生活や産業に深く結びついたアミノ酸についてまとめてみることにした。

こうしてできあがったのが本書である。この本はコンパクトさを保つために網羅的とすることは避けた。たとえば，この本はタンパク質構成アミノ酸全20種についてはすべてとりあげている。しかし，それ以外のアミノ酸，これを異常アミノ酸ということがあり，現在までに約700種類ほどが見いだされている

が，この本ではこれらの異常アミノ酸を網羅するようなことはせず，代表的なものを紹介するにとどめた．異常アミノ酸は今後も発見されつづけるであろうが，本書にまとめたタンパク質構成アミノ酸と代表的な異常アミノ酸のエピソードをしっかりと把握しておけば，今後さらに現われるであろう新規異常アミノ酸の理解はたやすいはずである．

　この本の執筆にあたっては，執筆の提案に始まり，素案の段階から本として完成に至るまで，東京電機大学出版局の浦山毅氏にたいへんお世話になった．原稿が書きあがるまで，励ましつつ辛抱強く見守ってくださったことを含め，記して厚く御礼申し上げる．

　　2009年初夏　　　　　　　　　　緑深いキャンパス内の研究室にて

　　　　　　　　　　　　　　　　　　　　　　　　　　　著　者　識

目　　次

第1章　アミノ酸とは

1.1 アミノ酸の定義と存在 ——————————————————— 2
　1.1.1 生命の起源とアミノ酸の生成　3
　1.1.2 アミノ酸と遺伝　7
　1.1.3 アミノ酸とペプチド，タンパク質　8
　1.1.4 アミノ酸を多く含む食品　10
　1.1.5 双極性イオンとしてのアミノ酸　10
1.2 アミノ酸の立体化学 ——————————————————— 12
　1.2.1 アミノ酸の立体化学とその表示法　14
　1.2.2 天然型アミノ酸と非天然型アミノ酸　18
　1.2.3 生体内におけるD型アミノ酸　18
　1.2.4 ペニシリンの毒性発現機構　20
1.3 アミノ酸・ペプチドの分析と合成 ——————————————— 21
　1.3.1 イオン交換樹脂　21
　　　　《イオン交換樹脂のアミノ酸分離への応用例》　22
　1.3.2 ペプチドの命名法　23
　1.3.3 タンパク質の1次～4次構造　24
　1.3.4 タンパク質の分類　26
　1.3.5 セミミクロケルダール法　27
　1.3.6 ニンヒドリン反応　29
　1.3.7 ビウレット反応　31
　1.3.8 坂口反応　32
　1.3.9 ミロン反応　32
　1.3.10 キサントプロテイン反応　32
　1.3.11 ジニトロフェニル化（DNP化）アミノ酸生成とサンガー法　33
　1.3.12 エドマン反応　34
　1.3.13 ヒドラジン分解によるC末端アミノ酸の決定　35

1.3.14　酵素法によるアミノ酸配列決定　35
1.3.15　機器分析法によるペプチドの化学構造決定　36
1.4　ペプチドの合成法 ——————————————————— 37
1.4.1　フィッシャーの方法　37
1.4.2　ベルグマンおよびゼルバス法　38
1.4.3　*N*-カルボキシ-α-アミノ酸無水物法　39

第2章　タンパク質構成アミノ酸

2.1　タンパク質構成アミノ酸発見の歴史 ———————————— 43
2.2　タンパク質を構成するアミノ酸の分類 ————————————— 46
2.2.1　中性アミノ酸・酸性アミノ酸・塩基性アミノ酸　46
2.2.2　芳香族アミノ酸と脂肪族アミノ酸　47
2.2.3　必須アミノ酸と非必須アミノ酸　49
2.2.4　その他の分類　50
2.3　タンパク質構成アミノ酸各論 ———————————————— 51
2.3.1　L-アスパラギン　51
2.3.2　L-アスパラギン酸　52
2.3.3　L-アラニン　54
2.3.4　L-アルギニン　55
2.3.5　L-イソロイシン　57
2.3.6　グリシン　59
2.3.7　L-グルタミン　62
2.3.8　L-グルタミン酸　64
2.3.9　L-システイン　67
2.3.10　L-スレオニン　70
2.3.11　L-セリン　73
2.3.12　L-チロシン　75
2.3.13　L-トリプトファン　78
2.3.14　L-バリン　83
2.3.15　L-ヒスチジン　85
2.3.16　L-フェニルアラニン　88
2.3.17　L-プロリン　89

2.3.18　L-メチオニン　92
2.3.19　L-リジン　94
2.3.20　L-ロイシン　96
2.4　タンパク質を構成するアミノ酸の生合成と代謝 ──────── 99
2.5　タンパク質を構成するアミノ酸の調製 ──────────── 101

第3章　アミノ酸由来のアルカロイド

3.1　アルカロイドの分類とアルカロイドの起源となるアミノ酸 ──── 107
　3.1.1　真性アルカロイド，不完全アルカロイド，擬アルカロイド　107
　3.1.2　アルカロイドと神経伝達物質　108
3.2　芳香族アミノ酸由来のアルカロイド ─────────────── 110
　3.2.1　フェニルアラニンおよびチロシン由来のアルカロイド　110
　　(1)　L-チロキシン　111
　　(2)　メスカリン　111
　　(3)　ホルデニンおよび類縁化合物　112
　　(4)　d-ツボクラリン　113
　　(5)　ベルベリン　114
　　(6)　モルヒネとパパベリン　115
　　(7)　コルヒチン　117
　3.2.2　トリプトファン由来のアルカロイド　119
　　(1)　オーキシン　119
　　(2)　サイロシビンとサイロシン　121
　　(3)　インジゴ　121
　　(4)　フィゾスチグミン　123
　　(5)　レセルピン　125
　　(6)　ヨヒンビン　125
　　(7)　ストリキニーネ　126
　　(8)　麦角アルカロイドとLSD　127
　　(9)　キニーネ　129
　　(10)　ビンブラスチンとビンクリスチン　131
　3.2.3　ヒスチジン由来のアルカロイド　132
　　(1)　ピロカルピン　132

3.2.4 ニコチン酸由来のアルカロイド　133
　　(1) ニコチン，ニコチン酸，ニコチンアミド　133
3.2.5 アントラニル酸由来のアルカロイド　135
　　(1) フェブリフジンとイソフェブリフジン　136
　　(2) ピオシアニン　138
　　(3) フェナジノマイシン　139
　　(4) アクロナイシン　140
3.2.6 m-C_7N ユニット由来のアルカロイド　140
　　(1) マイトマイシン C　141
　　(2) リファンピシン（リファンピン）　142

3.3 脂肪族アミノ酸由来のアルカロイド ──────── 145
　3.3.1 アルギニン由来のアルカロイド　145
　　(1) アトロピンとその関連アルカロイド　146
　　(2) コカイン　148
　3.3.2 リジン由来のアルカロイド　149
　　(1) ピペリン　150
　　(2) ペレチエリン　150
　3.3.3 グルタミン酸由来のアルカロイド　151
　　(1) カイニン酸　152
　　(2) アクロメリン酸　154
　　(3) イボテン酸，トリコロミン酸，ムシモール　154
　　(4) GABA と L-テアニン　156
　3.3.4 2,3-ジアミノプロピオン酸由来のアルカロイド　157
　　(1) キスカル酸　157
　3.3.5 プロリン由来のアルカロイド　158
　　(1) プロジギオシン　158
　　(2) スタキドリン　159
　　(3) ピロール-2-カルボン酸　160

3.4 プリンおよびピジミジン骨格を有するアルカロイド ──── 161
　3.4.1 プリン骨格を有するアルカロイド　164
　　(1) カフェインと関連アルカロイド　164
　　(2) ATP と cAMP　165
　　(3) イノシン酸　166
　3.4.2 ピリミジン骨格を有するアルカロイド　169

(1) シトシン，チミン，ウラシルおよび関連化合物　170
　　　(2) ビタミン B_1　173
3.5　擬（プソイド）アルカロイド ──────────────── 173
　3.5.1　ポリケチド由来の骨格を有するアルカロイド　174
　　　(1) コニイン　174
　　　(2) ニグリファクチン　175
　3.5.2　テルペノイド由来の骨格を有するアルカロイド　176
　　　(1) アコニチン　176
　　　(2) ソラニン類　177
　3.5.3　その他の擬アルカロイド　178
　　　(1) エフェドリン類　178

第4章　生活や産業に深く結びついたアミノ酸

4.1　味覚とアミノ酸 ──────────────────── 183
　4.1.1　L-グルタミン酸とうま味　183
　4.1.2　アミノ酸の味　184
　4.1.3　人工甘味料とアスパルテーム　187
　4.1.4　メイラード反応とメラノイジン　188
　4.1.5　腐敗とアミノ酸　189
4.2　美容・健康とアミノ酸 ─────────────────── 191
　4.2.1　コールドパーマとアミノ酸　191
　4.2.2　メラニン色素とアミノ酸　193
　4.2.3　アミノ酸系界面活性剤　194
　4.2.4　ラチリズムとアミノ酸　195
　4.2.5　パーキンソン症候群とアミノ酸　196
　4.2.6　ペラグラとニコチン酸　196
　4.2.7　フェニルケトン尿症　197
　4.2.8　鎌形赤血球症　198
　4.2.9　分岐鎖アミノ酸　198
　4.2.10　ニンニク，アリイン，ビタミン B_1　199
　4.2.11　シジミに含まれる L-オルニチン　201
　4.2.12　β-アラニン，パントテン酸，コエンザイム A　201

    4.2.13　タウリン　202
    4.2.14　パラアミノ安息香酸　204
4.3　医薬品とアミノ酸 ─────────────────────── 205
    4.3.1　日本薬局方とアミノ酸　205
    4.3.2　アミノ酸輸液　206
    4.3.3　アミノ酸のさまざまな効用　207
    4.3.4　インスリン　207
    4.3.5　サイクロセリン　210
    4.3.6　ポリミキシンB　210
    4.3.7　GABAと関連化合物　211
    4.3.8　トラネキサム酸　213
    4.3.9　パラアミノサリチル酸（PAS）　215
    4.3.10　レボドパ　216
    4.3.11　メチルドパ　217
    4.3.12　5-アミノレブリン酸　217
    4.3.13　エンドルフィン（エンケファリン）　219
    4.3.14　カナバニン　221
    4.3.15　ビアラホス　222
    4.3.16　コプリン　222
    4.3.17　グルタチオン　223
    4.3.18　シトルリン　224
4.4　有毒ペプチドと有毒タンパク質 ─────────────── 225
    4.4.1　コレラ毒　225
    4.4.2　ヘビ毒　227
    4.4.3　イモガイなどの海産動物のペプチド毒・タンパク毒　229
    4.4.4　きのこ毒のアマニチン類　230
    4.4.5　ボツリヌス毒素　231
    4.4.6　リシンとアブリン　232
    4.4.7　プリオンとプリオン病　234
4.5　アミノ酸と高分子化学 ──────────────────── 236
    4.5.1　コラーゲン，アミノ酸，壊血病　236
    4.5.2　真珠および象牙とアミノ酸　238
    4.5.3　絹とナイロン　238

4.5.4 納豆のポリグルタミン酸　242

参考文献　245

索引　249

第1章

アミノ酸とは

　1つの分子の中に，酸性を呈する基と塩基性を呈する基の双方が存在する化合物を，アミノ酸という。アミノ酸は，糖や脂肪酸などとともに，生体にとって基本的な化合物群のひとつである。典型的なアミノ酸は，酸性を呈する基としてカルボキシ基（-COOH；カルボキシル基ともいう）を，塩基性を呈する基としてアミノ基（-NH$_2$）を有する。

　アミノ酸のうち，私たちにもっとも身近なのは，タンパク質（筋肉や酵素などを構成している）を形づくっているアミノ酸である。私たちの体の約60％は水であるが，残りのうちアミノ酸が20％，脂肪や骨が20％である。私たちの体に含まれるタンパク質を構成するアミノ酸を，タンパク質構成アミノ酸あるいは常アミノ酸という（第2章で詳しく述べる）。

　タンパク質構成アミノ酸を分類すると，カルボキシ基とアミノ基をそれぞれ1個ずつ有している中性アミノ酸が15種，アミノ基が1個に対してカルボキシ基が2個あって全体で酸性となっている酸性アミノ酸が2種，そして，カルボキシ基が1個に対して複数の塩基性基が結合している塩基性アミノ酸が4種，の合計21種に分けられる。これらは，不斉炭素（4つの異なる基が結合した炭素）をもたないグリシンを除いて，すべてL型アミノ酸（L体）となっている。このL体の意味については本章の中で説明する。

　これらのアミノ酸のうち，たとえば，L-グルタミン酸のモノナトリウム塩は昆布のうま味の正体であり，いわゆる「味の素」として知られる物質である。また，グリシンはカニの甘味の主成分である。一般に私たちがおいしいと感じ

る食材や調味料には、タンパク質構成アミノ酸が遊離アミノ酸として多く含まれており、その含量は、牛肉エキスで5％、醤油で7～9％、味噌で3～5％、チーズでは3～6％に及ぶ。また、ブドウやトマトにもそれぞれ0.2％および0.4％の遊離アミノ酸が含まれている。

一方、タンパク質を構成する常アミノ酸に対して、それ以外の（すなわちタンパク質を構成しない）アミノ酸を、異常アミノ酸ということがある。たとえば、猛毒を有するきのことして知られるドクツルタケの有毒成分の構成成分には、異常アミノ酸が含まれている（4.4.4項参照）。

また、アミノ酸の中には、アルカロイドと称される重要な生物活性成分の多い化合物群の生合成前駆物質となっているものも多くある（第3章参照）。

1.1 アミノ酸の定義と存在

すでに述べたように、アミノ酸とは一般に、分子中にアミノ基（-NH$_2$）とカルボキシ基（-COOH）をもつ化合物の総称である。ただし、ここには、プロリンのような二級の窒素（-NH-）を有するイミノ酸や、タウリンのようにカルボキシル基の代わりにスルホ基（-SO$_3$H；以前はスルホン酸基と称した）をもつものなども、ここでは広義のアミノ酸としておく。

タンパク質を構成するアミノ酸は通常20種だが、システイン2分子がジスルフィド（S-S）結合してできたシスチンを別のアミノ酸と考えれば21種となる。さらに、タンパク質の中には、20種のアミノ酸のほかに、これらの誘導体であるヒドロキシプロリンやメチルヒスチジン、アセチルリジンなどが含まれることがある。また、私たちの体内のアミノ酸としては圧倒的にタンパク質を構成する分子として存在するアミノ酸が多いが、遊離アミノ酸として存在するアミ

1.1 アミノ酸の定義と存在

GABA H₂N-CH₂-CH₂-CH₂-COOH

ニコチン酸

ピロール-2-カルボン酸

L-α-カイニン酸

ノ酸も一部にはある。

タンパク質構成アミノ酸には共通して，1つの炭素にアミノ基とカルボキシ基が結合している部分構造があり，これらを α-アミノ酸と称する。一方，カルボキシ基の結合している炭素の隣りである β 位やそのまた隣りの γ 位にアミノ基が結合しているアミノ酸もあり，これらはそれぞれ β-アミノ酸および γ-アミノ酸とよばれる。β-アミノ酸の例としては β-アラニン，γ-アミノ酸の例としては γ-アミノ酪酸（γ-aminobutyric acid；GABA）などがある。

なお，ニコチン酸やピロール-2-カルボン酸，カイニン酸も，1分子内にアミノ基（またはイミノ基あるいは第三級アミン）とカルボキシ基を含んでいることから，広義のアミノ酸ということができる。ただし，これらの化合物の生合成のされ方を考慮に入れると，これらの化合物はアルカロイドと称してもよいと考えられる。

1.1.1　生命の起源とアミノ酸の生成

原始地球がどのようなものであったかということについては，さまざまな推定がなされている。近年まで，生命が誕生したときの地球は，メタンやアンモニア，水素，水を主成分とする還元的な大気に覆われていて，そこで生命が誕生したと考えられてきた（図1.1）。無機成分からアミノ酸を生成させる実験としては，1953年にシカゴ大学で行なわれたミラー（S. L. Miller, 1930-2007）の実験が有名である。この実験においては，メタン，アンモニア，水素，水を主成分とする還元的な気体中で放電を起こすことによって，グリシンが2.1%生成したほか，アラニンやアスパラギン酸，グルタミン酸，さらに有機酸などが生成された。

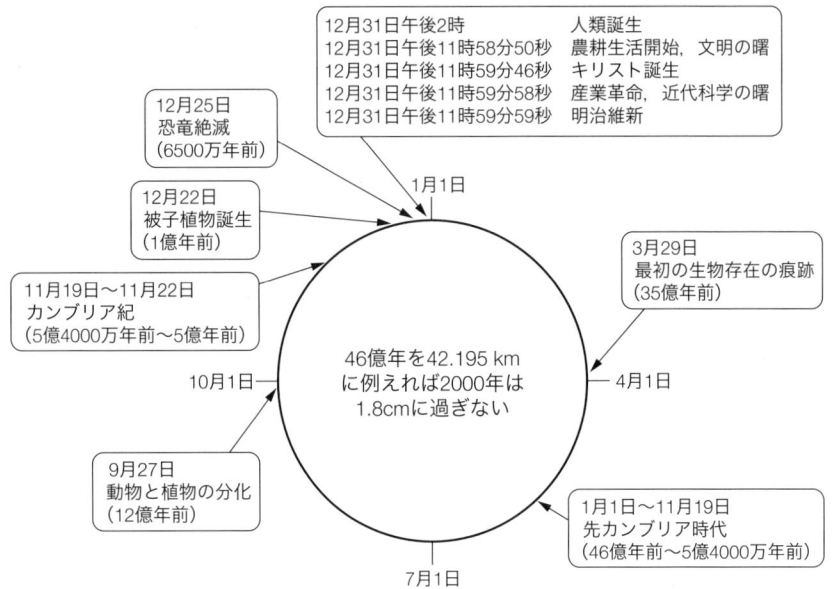

図 1.1　地球の歴史 46 億年を 1 年に換算した図

　しかし，その後の研究によって，原始大気は二酸化炭素がたいへん多い酸化的な環境であったと考えられるようになってきた。そして，米国航空宇宙局（NASA）によれば，多量の二酸化炭素の存在によって，地表の気温は 88℃ にも達していたと推定されている。また，上空にオゾンが存在していなかったので，地表には大量の紫外線が到達していたと考えられている。川端ら[1]も，生命の誕生時の大気は酸化的であると考えた。そして，二酸化炭素とアンモニアあるいは炭酸アンモニウムを含む水溶液を 80℃ 以上で紫外線照射したところ，アミノ酸や核酸塩基や有機酸が同時に生成することや，この際にマグネシウムやリン酸イオンを共存させると生成量が大幅に増加することを見いだした。これらの結果から，生命起源物質は，大量の二酸化炭素（現在の 10 倍以上）の存在下，酸化的な大気に覆われた地球（地表温度は 80℃ 以上）の高温海洋で，紫外線をエネルギーとして誕生した可能性を示唆するとしている。

　一方，アミノ酸の起源としては，彗星上に有機物が存在しており，それが宇宙塵として地球に至った可能性も示唆されている。実際に，1969 年にオースト

1.1 アミノ酸の定義と存在

ラリアのマーチソンに落下した隕石から,微量のグリシン,アラニン,グルタミン酸,β-アラニンが検出されたことがあった.この事実は,宇宙におけるアミノ酸の存在を示す.

アミノ酸は,タンパク質を構成する生命の基本物質である.また,酵素もタンパク質である.遺伝をつかさどる DNA が重要なのは,これがタンパク質のアミノ酸の配列を決定するからである.DNA は,いわばタンパク質の設計図といえる.一方,RNA には 3 種あり,それぞれ,mRNA,tRNA,rRNA とよばれる.このうち,mRNA は DNA の塩基配列をコピーするメッセンジャー役をし,tRNA はタンパク質を形成するアミノ酸の運搬役,そして,rRNA はタンパク質合成の場であるリボソーム上でタンパク質をつくる役割をする.

最初の生物が地球上に誕生したのは 35 億年以上前といわれている.長い先カンブリア時代を経て,カンブリア紀に爆発的に種々の無脊椎動物が現われたのち,やがて脊椎動物や人類も現われて今日に至っている.現在,生命の初期において,核酸としては DNA ではなく RNA が遺伝情報を担って,生化学反応を触媒していたのではないかという説が有力となっている.RNA の中には,それ自身で酵素のはたらきをするものがあり,リボザイム(ribozyme)と称される.よって,酵素としてはたらくタンパク質がなくても,RNA だけで生きていけるのではないかとされるのである.この仮説を RNA ワールドという.すなわち,地球の誕生以来,そこは長いあいだ物質の世界であり生命の存在はなかったが,まずは高分子化合物が現われ,次いで自己増殖する分子の世界が展開して最初の生物が現われた.この最初の自己増殖する分子が RNA だったのではないかという説が,RNA ワールドである.ただし,現在までにこの RNA がどのようにつくられたのかはわかっていない.RNA を合成するタンパク質が存在したのかもしれないが,その証明はない.しかし,最初に RNA ワールド,そして RNA・タンパク質ワールドを経て,DNA が現われて現在の生物に至ったことはたしかなようである.

そして現在では,DNA の遺伝情報が RNA を介してタンパク質の合成につながるという,DNA・RNA・タンパク質ワールドとなっている.現在でも,タバコモザイクウイルスやインフルエンザウイルス,レトロウイルスのように,RNA のみからなる生物も存在することに注目したい.

RNAはたった4種のヌクレオシドからなる。すなわち，リン酸化されたリボースに，アデニン，グアニン，シトシン，ウラシルという4種の塩基が結合したヌクレオチドからなっている。これに対して，DNAもリン酸化されたデオキシリボースに，アデニン，グアニン，シトシン，チミンという4種の塩基が結合したものからなっている。一方，タンパク質は20種のアミノ酸から構成されている。生命の基本となるDNA，RNA，そしてタンパク質のいずれもが，比較的小さな分子のくり返し構造からなるということは興味深い。また，DNAやRNAの塩基部分の生合成にはアミノ酸が関与していることにも着目したい。やはり，アミノ酸は生命の基本物質なのである。ということは，この地球上にアミノ酸が現われてから最低でも35億年という途方もない年月が流れているということになる。

なお，アミノ酸の生成に関して，赤堀四郎（1900-1992）は，アミノ酸からペプチドが生成したのではなく，ペプチドがまず生成し，そこからアミノ酸が生成したのではないかと述べている。すなわち，まず無機化合物を最初の原料として生成した2-アミノアセトニトリル（2-aminoacetonitrile）が重合体となり，次いで，この重合体が加水分解してポリグリシン（polyglycine）が生成する。さらに，ポリグリシンのアミノ酸残基にあたる水素基がさまざまな基に置き換わることによって，他のアミノ酸ができるというわけである。たとえば，ポリグリシンのグリシン残基の水素原子の1個にホルムアルデヒドが結合すれば，この部分はアミノ酸のセリン分子となる。こうして，生成したペプチドが加水分解されることにより，さまざまなアミノ酸が生成してくることになる。これをポリグリシン説という（図1.2）。

なぜ，生体内の遊離アミノ酸やタンパク質を構成するアミノ酸は，動植物を問わず，L型のアミノ酸なのだろうか。このことこそ，生命の起源は同一だったことを示す証拠のひとつであろう。もし，ポリグリシン説によって各種のアミノ酸が生成したのであれば，水素原子が他の基に置き換わるときに立体特異的に置き換わったことになろう。一方で，菌類にはD型のアミノ酸を含むものも多い。たとえば，放線菌由来の抗生物質にはD-アラニンを含むものがある。ペニシリン類の生合成において，導入されたL-バリンが生合成過程でD-バリンに異性化することが証明されたような例（2.3.14項参照）はあるものの，もし

1.1 アミノ酸の定義と存在 7

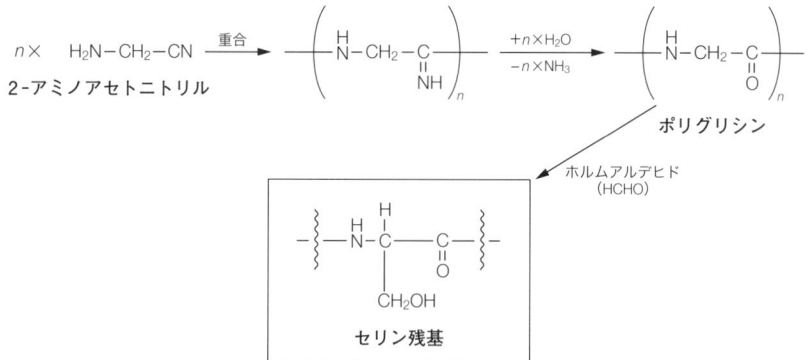

図 1.2 ポリグリシン説

かしたら，これらの菌類の中には生命の進化上，タンパク質を構成するアミノ酸がL型アミノ酸に決まっていく前の古い時点で分かれたものもあるのではないかと考えることもできるかもしれない。

1.1.2 アミノ酸と遺伝

遺伝の重要なところは，DNAの配列に従って，アミノ酸の配列が決まる点である。よく知られているように，DNAは，アデニン（adenine；A），グアニン（guanine；G），シトシン（cytosine；C），チミン（thymine；T）の4種の塩基を有するアデノシン，グアノシン，シチジン，チミジンの各ヌクレオシドからなる。これらの各ヌクレオシドのデオキシリボースの3′位および5′位にリン酸が結合したヌクレオチドの形となって，それぞれのヌクレオシドはリン酸によって結合していく。

これらの塩基の生合成において，アデニンとグアニンの基本骨格であるプリン骨格についてはグリシンが，またシトシンとチミンの基本骨格であるピリミジン骨格についてはアスパラギン酸が関与している。一方，DNAを構成しているヌクレオチドは塩基の種類によって決まり，A，G，C，Tの4種である。そして，アミノ酸はこれらの4種のヌクレオチドが3個並んだコードによって決定される。4種のヌクレオチド3個の並び方には4×4×4＝64種類が考えられる。この64種のコードで20種のアミノ酸を指定するわけであるが，1つの

アミノ酸に複数のコードが関与しているものや，コードの中にはアミノ酸の選定を「はじめよ」「やめよ」を指定するコードもある．なかには，アルギニンやロイシンのように，それぞれ6つのコードによって指定されるアミノ酸も存在する（2.1節参照）．

1.1.3 アミノ酸とペプチド，タンパク質

　カルボニル基とアミノ基とのあいだで生成する結合（-CONH-結合）をペプチド結合という（図1.3）．アミノ酸どうしがペプチド結合をしたものをペプチドといい，ペプチド中とくに多数のアミノ酸から生成した化合物をタンパク質という．

　一般に，アミノ酸が2個から数十個まで結合したものをペプチドといい，それ以上多数のアミノ酸が結合したものをタンパク質とよんでいるようである．ペプチドは，その構成アミノ酸の数によって，ジペプチド（dipeptide），トリペプチド（tripeptide）などとよばれるが，アミノ酸がおおむね2～10個からなるペプチドをオリゴペプチド（oligopeptide），約10～100個からなるペプチドをポリペプチド（polypeptide），約100個以上のアミノ酸からなるペプチドをタンパク質（protein）と称している．しかし，ポリペプチドとタンパク質との境界はきわめてあいまいである．その境界を分子量1万とすることもある．

　タンパク質（漢字では「蛋白質」と書く）の語源は，ドイツ語の"Eiweißstoff"の訳語で，「卵（蛋）の白身成分」という意味である．しかし国際的には，ギリシャ語の"proteios"（もっとも重要なもの）に由来する"protein"という語が用いられている．タンパク質は一般に熱や酸に遭遇すると性質が変わる．また，タンパク質の中には酵素としてはたらくものもある．酵素の中にも，その分子の大きさの大小があり，たとえばインスリンは分子量約6000であるが，ペプシンは分子量約35000，ウレアーゼは分子量約480000である．

図1.3　α-アミノ酸のペプチド結合

1.1 アミノ酸の定義と存在

タンパク質は一般に熱に弱いと述べたが，異常プリオンとして知られるタンパク質は加熱にきわめて強い。プリオン（prion）とは，感染能をもつタンパク質因子を示す英語の"proteinaceous infectious particle"からつくられた言葉であり，ウイルスやバクテリア（細菌）と同格の用語として使われる。プリオンは 1982 年にプルシナー（S. B. Prusiner, 1942- ）によって発見され，プルシナーはこの業績で 1997 年のノーベル医学生理学賞を単独受賞した。異常プリオンタンパク質は，ヒツジのスクレイピーやヒトのクロイツフェルト・ヤコブ病，ウシ海綿状脳症（BSE）において，中枢神経に蓄積することが確認されており，これらの疾患の原因物質であるとする説が有力である。

プリオンが体内に取り込まれると，哺乳動物の脳や脊髄を中心に分布するタンパク質の一種である正常プリオンタンパク質の立体構造が，異常プリオンタンパク質の立体構造に変換されてしまうと考えられている。つまり，タンパク質のアミノ酸配列やアミノ酸の立体化学に変化を及ぼすのではなく，ペプチド鎖の折りたたみ構造（1.3.3 項参照）を変化させてしまうのである。このため，プリオンは，タンパク質という無生物でありながら，感染症の病原体としての取り扱いが求められている。

ペプチドの化学構造を示す際には，アミノ酸の略記号を用いて表示することが多い。鎖状ペプチドでは，左側に N 末端アミノ酸を，右側に C 末端アミノ酸を書き，直線で結ぶことになっている。よって，グリシン（Gly）を例にとって示せば，このアミノ酸が N 末端にあるときは Gly- となり，また C 末端にあるときは -Gly となる。さらに，このグリシンが両末端ではなくペプチドの中間にある場合には -Gly- と示される（図 1.4）。また，環状ペプチドでは，カルボキシ基側からアミノ基側に向かって，すなわち，CO→NH の方向に矢印で結合様式

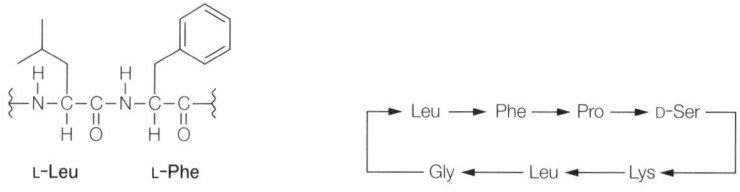

図 1.4　-L-Leu-L-Phe- 部分の構造　　図 1.5　環状ペプチドの記載例

を表わす。この方法による記載例を図1.5に示す（L型アミノ酸についてはL-の表示を省略してある）。

一方，ペプチドにアミノ酸以外の化合物が結合しているものを，デプシペプチド（depsipeptide）とよぶことがある．たとえば，第2章に述べる抗生物質のバリノマイシン（2.3.14項参照），第4章に述べる抗生物質のポリミキシン類（4.3.6項参照）などは，デプシペプチドの例である．

1.1.4 アミノ酸を多く含む食品

アミノ酸を多く含む食品とは，タンパク質に富む食品ということである．これらには，植物性のものとして，ナッツ類，大豆，大豆製品のきな粉，納豆，豆腐，ゴマ，海苔などがあり，一方，動物性の食品としては，エビ類，かつお節，ゼラチン，しらす干しなどがある．

タンパク質には味はないが，遊離アミノ酸が含まれているためにさまざまな味が醸し出される．これらの味を醸し出すアミノ酸の中には，グリシンやL-アラニンなどの甘味を呈するものや，L-バリンやL-ロイシンなどの苦味を呈するものなどがある．

一方，発酵によって，含まれるタンパク質の一部がアミノ酸に分解され，独特の味が出ることもある．たとえば，日本の味噌，醤油，中国のピータン（アヒルの卵の発酵製品），韓国のキムチ，タイのナンプラー，インドネシアのテンペ，ヨーロッパのチーズやヨーグルトなどは，世界各地で見いだされ発展した独特の風味をもつさまざまな発酵食品である．

1.1.5 双極性イオンとしてのアミノ酸

アミノ酸は，塩基性のアミノ基（またはイミノ基など）と，酸性のカルボキシ基（広義のアミノ酸では硫酸基など）を有する両性物質である．そこで，たとえば一般的な α-アミノ酸であれば，中性において正負の両電荷が共存する双性イオン（zwitter ion）構造である $R\text{-}CH(NH_3)^+COO^-$ の形をとっている．アミノ酸は，溶液中の水素イオン濃度（pH）に応じて，図1.6のように異なるイオン状態をとって解離しており，非解離型（$R\text{-}CH(NH_2)COOH$）で存在するものはほとんどない．タンパク質構成アミノ酸のうち，酸性アミノ酸に属するグルタミ

1.1 アミノ酸の定義と存在

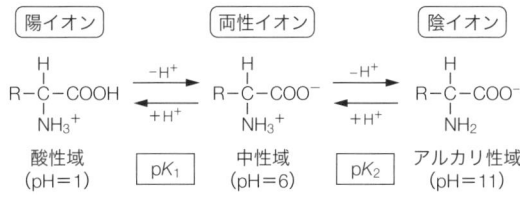

図 1.6 中性 α-アミノ酸のイオン状態

$$\text{HOOCCH}_2\text{CH}_2\text{CHCOOH} \underset{}{\overset{\text{p}K_1=2.19}{\rightleftarrows}} \text{HOOCCH}_2\text{CH}_2\text{CHCOO}^- \underset{}{\overset{\text{p}K_2=4.25}{\rightleftarrows}} {}^-\text{OOCCH}_2\text{CH}_2\text{CHCOO}^-$$
$$\text{NH}_3^+ \quad\quad\quad\quad\quad \text{NH}_3^+ \quad\quad\quad\quad\quad \text{NH}_3^+$$

$$\overset{\text{p}K_3=9.67}{\rightleftarrows} {}^-\text{OOCCH}_2\text{CH}_2\text{CHCOO}^-$$
$$\text{NH}_2$$

図 1.7 グルタミン酸のイオン状態

$${}^+\text{H}_3\text{NCH}_2\text{CH}_2\text{CH}_2\text{CH}_2\text{CHCOOH} \overset{\text{p}K_1=2.20}{\rightleftarrows} {}^+\text{H}_3\text{NCH}_2\text{CH}_2\text{CH}_2\text{CH}_2\text{CHCOO}^- \overset{\text{p}K_2=8.90}{\rightleftarrows}$$
$$\text{NH}_3^+ \quad\quad\quad\quad\quad\quad \text{NH}_3^+$$

$${}^+\text{H}_3\text{NCH}_2\text{CH}_2\text{CH}_2\text{CH}_2\text{CHCOO}^- \overset{\text{p}K_3=10.28}{\rightleftarrows} \text{H}_2\text{NCH}_2\text{CH}_2\text{CH}_2\text{CH}_2\text{CHCOO}^-$$
$$\text{NH}_2 \quad\quad\quad\quad\quad\quad \text{NH}_2$$

図 1.8 リジンのイオン状態

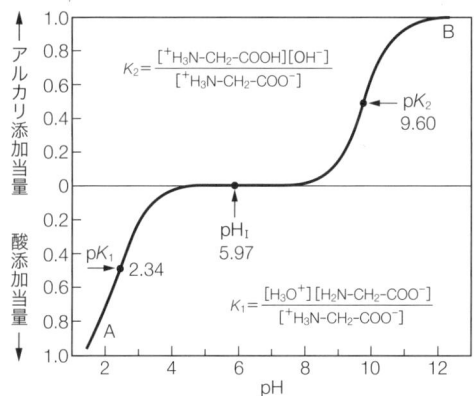

図 1.9 グリシン塩酸塩の滴定曲線

ン酸は2個のカルボキシ基をもっているので，pK値は3つある（図1.7）。また，塩基性アミノ酸であるリジンは2個のアミノ基を有しているので，3つのpK値を示す（図1.8）。

代表的な中性アミノ酸であるグリシン塩酸塩の水溶液を水酸化ナトリウム水溶液などのアルカリで滴定して，アルカリの添加量とpHの関係を求めると，図1.9のような滴定曲線が得られる。

引用文献
1) 川端泰典・西田洋之・木原壮林：日本分析化学会第54年会，C1031，名古屋（2005）

1.2 アミノ酸の立体化学

私たちが認識できるこの世の中は，3次元の世界である。よって，この世の中の物を構成している化合物も3次元構造をもっている。

たとえば，私たちはプロパンという化合物が1種類しかないことを知っている。しかし，もし有機化合物の世界が2次元であるとすれば，プロパンには図1.10（a）に示す2種類が存在することになる。ところが，有機化合物の世界も3次元と認識すれば，プロパンについて2次元的に描かれた2種類の化学構造式はまったく同じものであることがわかる。一方，タンパク質構成アミノ酸の中でたったひとつ，不斉炭素をもたないアミノ酸があり，それがグリシンであ

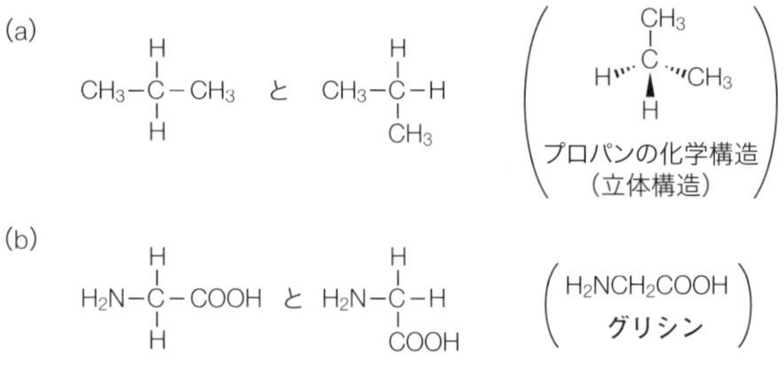

図1.10　2次元構造と3次元構造
もし炭素化合物の形が平面だったら，プロパン（a）とグリシン（b）は2種類存在することになる。

1.2 アミノ酸の立体化学

るが,もし,グリシンの化学構造も2次元的に描けば,同図 (b) のように2種類の分子が存在することになる。

立体(光学)異性体という概念を発見したのは,狂犬病ワクチンや低温殺菌法(パスツーリゼーション)などの発見もあるパスツール(L. Pasteur, 1822-1895)である。彼は,酒石酸(tartaric acid)の研究をしているうちに,この事実を見いだした。酒石酸とは,葡萄酒(ワイン)の製造過程で生成する化合物である。

通常の酒石酸の水溶液は,旋光計で測定すると,$+12.0°$($[\alpha]_D^{20}$, $c=20$ in H_2O)の右旋性(dextrorotatory)を示す。そこで,この酒石酸には右旋性という意味を示す d または($+$)が頭に付けられ,d-酒石酸,または,($+$)-酒石酸と称していた。ところが,他の性質はまったく同じなのに,旋光計で測定しても旋光度を示さない(旋光度が0である)酒石酸が見つかった。それは,パラ酒石酸(paratartaric acid)とよばれていた。

パスツールは,このパラ酒石酸のナトリウムおよびアンモニウムの複塩を調製し,これを結晶化して顕微鏡で観察したところ,2種類の形状の結晶が生成していることを見いだした(図1.11)。彼はこれら2種類の結晶をピンセットでたんねんに取り分け,それぞれの化合物(複塩)を元の酒石酸に戻して水溶液としたところ,片方は d-酒石酸(($+$)-酒石酸)と旋光度(右旋性)を含めてまったく一致することがわかった。ところが,もう一方の化合物は,旋光度の絶対値は同じものの,前者とは逆に左旋性(levorotatory)の旋光度を示したのである。そこで,こちらは l-酒石酸,または,($-$)-酒石酸と称されることになった。この化合物は,旋光度を除けば前者とまったく同じ性質を示す。

以上の発見の結果,パラ酒石酸とは,右旋性の d-酒石酸(($+$)-酒石酸)と左旋性の l-酒石酸(($-$)-酒石酸)との等量混合物であることがわかった。右旋性

図1.11 右旋性および左旋性の酒石酸ナトリウムアンモニウム塩 $Na(NH_4)C_4H_4O_6 \cdot 4H_2O$ の結晶形[1]

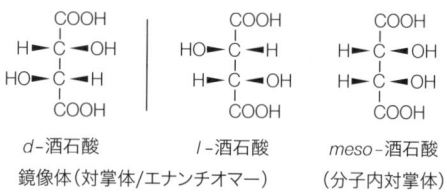

図 1.12 酒石酸の異性体

のものと左旋性のものが等量混合され，光学的性質を打ち消しあったため，旋光度が相殺されて0となったのである．このような混合物を現在では，ラセミ体（racemic body）と称している．図1.12に示すとおり，酒石酸には2つの不斉炭素があるが，*d* 体と *l* 体は，この部分についておたがいに鏡に写したような立体構造をもっている．このような *d* 体と *l* 体の関係を鏡像体と称する．

なお，酒石酸の異性体の中には，平面構造的に上下対称となっているものがあり，こうした化合物はその鏡像体が元の化合物と同一になる．このように，分子中に不斉炭素を有しながら旋光性を示さない化合物は，メソ体（*meso* 体）と称される．

ここに示した *d*, *l* または（+），（−）はあくまでも旋光度を示すものであり，化合物の立体化学（絶対構造）を示すものではない．化合物の絶対構造は，次項に述べる D, L や *R*, *S* で示される．

1.2.1 アミノ酸の立体化学とその表示法

アミノ酸の絶対構造を示す D 系列と L 系列は，セリンの絶対構造を基本として決定される．天然に存在する（−）-セリンの不斉炭素の立体配置は，すでに L 系列と確認されている（−）-リンゴ酸（(−)-L-malic acid）の不斉炭素の立体配置と結びつくことが確立された．すなわち，（−）-セリンから化学誘導された（+）-アラニンのアミノ基を水酸基に替えて生成した乳酸（lactic acid）は，（−）-L-リンゴ酸から（+）-L-グリセリン酸を経て生成した（+）-L-乳酸に一致した．このことから，（−）-セリンと（+）-アラニンはそれぞれ，（−）-L-セリンと（+）-L-アラニンであると結論づけられた（図1.13）．

この方法によって，（−）-セリンと（+）-アラニンが L 系列であることがわか

1.2 アミノ酸の立体化学

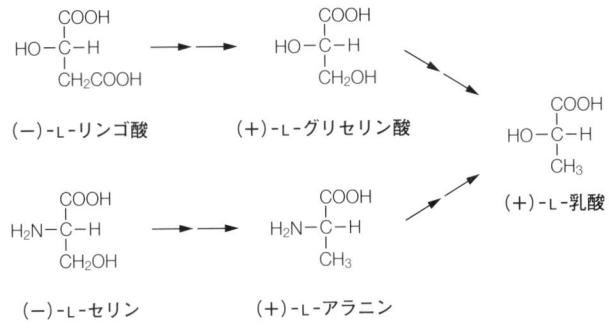

図 1.13 (−)-セリンおよび(+)-アラニンの絶対構造の決定

ったが，その後，(−)-システインも L 系列であることがわかり，さらに他の 17 種のタンパク質構成アミノ酸のいずれもが L 系列であることが明らかにされた。すなわち，フィッシャー (Fischer) の投影式においては，タンパク質構成アミノ酸のいずれもが，図 1.14 のように示される。たとえば，R = CH$_2$OH の場合は L-セリン，R = CH$_3$ の場合は L-アラニン，R = CH$_2$CH$_2$COOH の場合は L-グルタミン酸となる。ここで，プロリンのみがイミノ酸となっており様相が一見異なるように見えるが，結局は同じである。

このように，タンパク質構成アミノ酸である α-アミノ酸の絶対構造は，セリンを基準とし，α 位の不斉炭素原子の立体配置によって命名する。これに対して，同じ化合物の絶対構造を炭水化物命名法によって検証する場合には，カルボキシ基からもっとも離れた不斉炭素原子の立体配置によって命名することになる。この方法によっても，タンパク質構成アミノ酸については，スレオニンのみを除けば，どちらの方法でも同じ L 系列に分類されることになる。

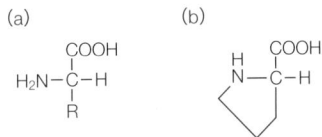

図 1.14 フィッシャーの投影法で示した図
(a) タンパク質構成アミノ酸の一般式，(b) イミノ酸であるプロリン。

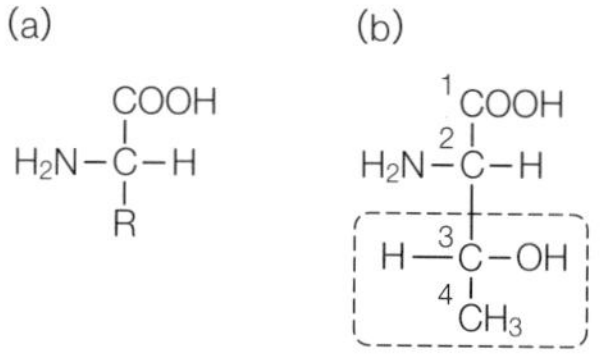

```
    (a)              (b)
     COOH           ¹COOH
H₂N−C−H        H₂N−²C−H
     |               |
     R          ┌─ H−³C−OH ─┐
                │     |     │
                │    ⁴CH₃   │
                └───────────┘
```

図 1.15　フィッシャーの投影法で示した図
(a) スレオニンの C_3-C_4 位を R で示したもの，(b) スレオニンの全構造を示したもの．

　スレオニンの立体化学について説明しよう（図 1.15）．L-スレオニンをアミノ酸とみなしてセリンを基準とした立体化学を考える場合（a）と，炭水化物とみなして立体化学を考える場合（b）とに分けて考えてみる．スレオニンをフィッシャーの投影式で示すと図のようになる．

　まず，この化合物をアミノ酸の立体として考えた場合，C_3-C_4 位の部分を R とすれば，α 位である C_2 位の NH_2 基は左側にあるので，この化合物は L-スレオニンであると結論づけられる．

　ところが，この同じスレオニンを炭水化物としてみなした場合には，カルボキシ基からもっとも離れた C_3 位の水酸基によって D か L かを決定することになるので，D-スレオニンとなってしまう．

　このような混乱を避けるために，化合物の D/L による立体化学を示すときに，アミノ酸の系列として示すときには D_s または L_s と表記し，炭水化物の系列として示すときには D_g または L_g と表記する．よって，この表示法を用いて，(−)-セリンの立体を示せば，(−)-L_s-セリンであり，また，(−)-D_g-セリンとなる．ここで，「s」はセリン（serine），「g」は糖の立体化学を決定する場合の基本物質であるグリセルアルデヒド（glyceraldehyde）の頭文字である．

　すでに述べたように，ある炭素に結合している置換基のうち 2 つ以上が同一の場合には，この部分の 3 次元構造に関しては 1 種類しか存在しない．これに対して，ある炭素に結合している基がすべて異なる場合，この炭素に関して立体的に異なる 2 種類の化合物が描ける．このような炭素をとくに不斉炭素（asymmetric carbon；不整炭素と書くこともある）といい，すでに本書でもこの語を使ってきた．この不斉炭素についての立体的なちがいは，R（rectus）と S

1.2 アミノ酸の立体化学

(sinister) で区別して表示する。R は時計回り、S は反時計回りである。

タンパク質構成アミノ酸の一種であるアラニン（alanine）を例にとって説明しよう。アラニンには1個の不斉炭素があり、この不斉炭素には4つの異なる基、すなわち、水素基（-H）、メチル基（-CH$_3$）、カルボキシ基（-COOH）、アミノ基（-NH$_2$）が結合している。R/S 表示をするためには、まずこれらの基の順位を決定する。そこで使うのが、カーン・インゴルド・プレログ（Cahn-Ingold-Prelog）則である[2]。

この方法によれば、まずは不斉炭素に直接結合している原子の原子量の大きいものが優位となることから、アラニンのα炭素に結合している各基の順位は、水素が最下位の4位であり、窒素原子が直接結合しているアミノ基が1位であることはすぐに決まる。そこで次に、カルボキシ基とメチル基のいずれが優位にあるかを判断する。それは、これらの2つの基では、いずれも炭素が直接、α炭素に結合しているからである。このように、直接結合している原子で順位が決められないときには、その次に結合している原子の大小で順位を決めることになっている。カルボキシ基とメチル基を比較した場合、カルボキシ基は次に酸素と炭素が結合しているが、メチル基のほうは水素が結合しているだけなので、カルボキシ基のほうが優位となる。すなわち、α炭素に結合した基の順位は、アミノ基＞カルボキシ基＞メチル基＞水素基となる。そして、これらの3次元的な並べ方は、図1.16に示す2とおりのみとなる。

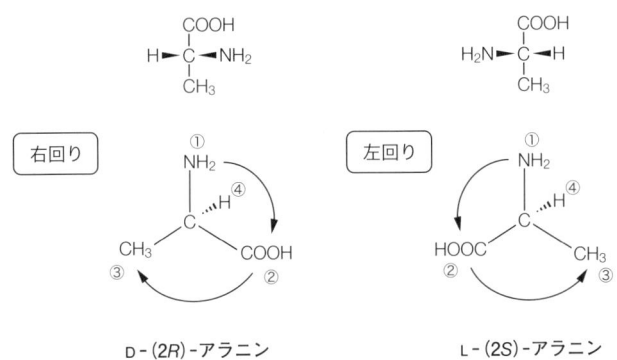

図 1.16 R/S 法によるアラニンの立体構造表示

さて、この2つをどのように区別するかが、この R/S 法の見せ所である。4つの基のうち、もっとも小さな水素基を奥に置き、手前に3つの基がくるように描く。そして、この3つの基を順位の高いほうから低いほうへと見ていくのである。それが、右回りであれば R、左回りであれば S とする。この方法は、ある不斉炭素に着目した場合、どのような基が結合しても区別が可能である。

1.2.2　天然型アミノ酸と非天然型アミノ酸

この世の中に存在するアミノ酸を、天然型アミノ酸と非天然型アミノ酸に分けることがある。天然型アミノ酸はさらに、タンパク質を構成するアミノ酸（常アミノ酸あるいは一般アミノ酸）とそれ以外のアミノ酸（異常アミノ酸）に分けることができる。たとえば、D-アラニンは微生物由来の抗生物質に結合した形でしばしば得られ、さらに微生物の細胞壁の構成成分にもなっており、天然型アミノ酸である。しかし、このアミノ酸は、常アミノ酸である L-アラニンとは立体構造が異なっていることから、異常アミノ酸の一種ともいえる。

従来、D 型アミノ酸はヒトの体内には存在していないと考えられてきたが、次項で述べるように、近年になってヒト体内にもかなり高濃度の D 型アミノ酸が存在し、大切な機能をはたしていることが明らかにされている[3,4]。天然に存在するタンパク質構成アミノ酸はすべて L 型であるが、通常の方法で化学合成すると L 体と D 体の等量混合物であるラセミ体、すなわち DL 体のアミノ酸になる。

また、非天然型アミノ酸には、アミノ酸の化学変換によって得られたものがある。たとえば、生薬には「黒焼き」といって、薬材を蒸し焼きして製したものがある。その化学成分として Trp-1 や Trp-2 があり、これらはトリプトファンが変化して生成したものである。Trp-1 や Trp-2 については、第2章（2.3.13項）で述べる。

1.2.3　生体内における D 型アミノ酸

原始地球ではアミノ酸はラセミ体として存在したが、化学進化の過程で L 型アミノ酸が選択されて生命体が生まれたと考えられている。よって、地球上のすべての生命体は、L 型アミノ酸を基本とする生物であると長いあいだ考えら

1.2 アミノ酸の立体化学

れてきた。しかし，微生物には D 型アミノ酸が含まれることがよく知られている。たとえば，細菌の細胞壁には D-アラニン-D-アラニン（D-Ala-D-Ala）のユニットが部分結合として存在する。また，微生物の産生する成分である抗生物質には，やはり D 型アミノ酸を含むものがかなりある。これに対して，ヒトのタンパク質を構成するものは，すべて L-アミノ酸であると考えられてきた。

ところが近年，タンパク質中の D 型アミノ酸が老化に関連するという興味深い研究が報告された。眼の水晶体や歯，脳，皮膚などのタンパク質中には D 型アミノ酸が検出されているが，タンパク質中に D 型アミノ酸が生成すると，タンパク質の高次構造に変化が生じ，タンパク質の安定性が減少し，タンパク質の不溶化や機能低下を招くというのである。

水晶体や脳では，D-アスパラギン酸の増加が，白内障やアルツハイマー病に深く関与していると考えられている。たとえば，ヒトの水晶体では，加齢に伴ってアスパラギン酸残基のラセミ化が進行し，本来ならば存在しないはずの D-アスパラギン酸が蓄積していることが報告されている。水晶体中に含まれるタンパク質の中でも，とくに α_A-クリスタリンおよび α_B-クリスタリンに存在することが明らかにされている。これらのタンパク質は，紫外線照射によって特定のアスパラギン酸残基が D 化し，さらに隣接するアミノ酸との結合が α 結合から β 結合に変化（異性化）していることがわかった。

さらに皮膚においても，80 歳代の老人の顔の皮膚には D-アスパラギンの存在が認められたが，子供の顔の皮膚には D-アスパラギンがまったく存在していないことがわかった。ただし，80 歳代の老人では，紫外線被曝の影響がほとんどないと考えられる腹部や胸部の皮膚では，顔の皮膚に比較してその量がいちじるしく少ないということも明らかとなった。この結果は，タンパク質中での D-アスパラギンの生成が比較的低い温度で増加するが，紫外線照射がそれを促進するということを示している[3]。

ヒトは，一部の L 体のアミノ酸と D 体のアミノ酸とを味覚で区別することができる。そして，タンパク質構成アミノ酸のうち，L 体のアミノ酸には苦味を呈するものがかなり多いのに対して，D 体のアミノ酸には甘味を呈するものが多いことも知られている。とくに必須アミノ酸と称されるものに苦味を呈するものが多いことには興味がもたれる。

1.2.4 ペニシリンの毒性発現機構

微生物学が発展して，人類は病原菌の存在を知ることになり，こんどは病原菌に対処する方法を模索することになった。そのなかで，1929年にイギリスのフレミング（A. Fleming, 1881-1955）がアオカビの培養物からペニシリン（penicillin）を発見したこと，1940年代にアメリカのフローリー（H. W. Florey, 1898-1968）とチェイン（E. B. Chain, 1906-1979）らがペニシリンを再発見したこと，そして，アメリカのワクスマン（S. A. Waksman, 1888-1973）らが放線菌からストレプトマイシン（streptomycin）を発見したことは，医薬品の歴史と人類の運命を根本的に変えたといっても過言ではない。すなわち，抗生物質の発見である。抗生物質の発見は，それまでに脅威であった各種の病原微生物による疾病から人類を救った。

ペニシリンは，ヒトにとっては一般にさしたる毒性を示さないが，ある種の細菌にとっては強い毒となる。こういう現象を選択毒性という。なぜ，そういうことが起きるのか。それは，ペニシリンの化学構造の一部が，対象となる微生物の細胞壁の化学構造の一部に似ているからである（図1.17）。ヒトの体を構成しているのはL型アミノ酸である。これに対して，細菌の細胞壁の形成に関与しているのは光学異性体のD-アラニン（D-Ala）で，その化学構造の一部が-D-Ala-D-Ala-となっている。ペニシリンは，菌が細胞壁を形成するときにこの構造部分の代わりに入り込み，不完全な細胞壁を形成させる。こうして形成さ

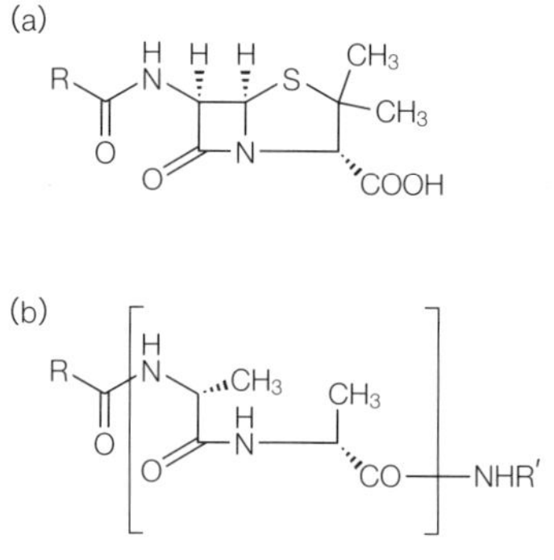

図1.17 ペニシリンの一般化学構造（a）と細菌の細胞壁の
D-Ala-D-Ala部分化学構造（b）の比較

れた細胞壁をもった細菌はパンクしてしまうのである。

引用文献
1) 中崎昌雄:『有機立体化学』の解説, 日本化学会編 有機立体化学（化学の原典 11）所収, p.182, 東京大学出版会（1975）
2) R. S. Cahn, C. Ingold, V. Prelog : *Angew. Chem. Int. Ed.*, **5**, 385（1966）
3) R. Konno, H. Brückner, A. D'Aniello, G. Fisher, N. Fujii, H. Homma : D-Amino Acids: A New Frontier in Amino Acid and Protein Research, Nova Biomedical Books（2007）
4) 藤井紀子・木野内忠稔:ファルマシア, **41**, 875（2005）

1.3 アミノ酸・ペプチドの分析と合成

　タンパク質やタンパク質を構成するアミノ酸の分析は古くから行なわれてきた。かつては，タンパク質を加水分解して個々のアミノ酸に分け，加水分解物を濾紙（ペーパー）クロマトグラフィーによって分析することが多かったが，近年は濾紙の代わりに，シリカゲルをガラス板あるいはアルミニウム板に塗布したものを使用した薄層クロマトグラフィーが使用されるようになった。日本薬局方においても 2006 年に公布された第十五改正版からは，濾紙クロマトグラフィーに代わって薄層クロマトグラフィーのみが使用されることになった。

　また，イオン交換樹脂を充填したイオン交換クロマトグラフィーによって，アミノ酸が分離・分析されることも多い。その場合には，陽イオン交換クロマトグラフィーおよび陰イオン交換クロマトグラフィーが使用される。カラムに詰めた担体にサンプルを導入したあと，希塩酸や希水酸化ナトリウム溶液，pH をさまざまに合わせた緩衝液などで展開・溶出される。現在では，イオン交換樹脂用以外の担体を詰めたカラムを用いた高速液体クロマトグラフィー（HPLC）が応用されることも多い。

1.3.1　イオン交換樹脂

　アミノ酸の分離や分析には，イオン交換樹脂（ion exchange resin）を使ったイオン交換クロマトグラフィーがよく用いられる。イオン交換クロマトグラフ

ィーとは，担体（イオン交換樹脂）と液相の境界において，それぞれ電気的に担体に捕捉されているイオンと液相中に浮遊しているイオンが交換される現象をいう。イオン交換樹脂は，担体に捕捉されているイオンの性質によって，陽イオン交換樹脂と陰イオン交換樹脂に大別される。そして，それぞれに強弱の区別があるので，結局，担体の種類は，強酸性イオン交換樹脂，弱酸性イオン交換樹脂，強塩基性イオン交換樹脂，弱塩基性イオン交換樹脂の4種類に分類される。

強酸性イオン交換樹脂の代表的なものには Amberlite IR-120 や Dowex 50 などがあり，その交換基は $-SO_3^-$，有効 pH 範囲は 1〜14 である。また，弱酸性イオン交換樹脂の代表的なものには Amberlite IRC-50 や Dowex CCR-2 などがあり，その交換基は $-COO^-$，有効 pH 範囲は 5〜14 である。一方，強塩基性イオン交換樹脂の代表的なものには Amberlite IRA-400 や Dowex 1 などがあり，その交換基は $-N^+(CH_3)_2$，有効 pH 範囲は 0〜12 である。また，弱塩基性イオン交換樹脂の代表的なものには Amberlite IR-45 や Dowex 3 などがあり，その交換基は $-N^+H_3$，有効 pH 範囲は 0〜9 である。

イオン交換クロマトグラフィーの実際の使い方や使用溶媒については成書[1,2]などにゆずるが，希塩酸や希酢酸，希アンモニア水，希水酸化ナトリウム水溶液，各種の緩衝液（buffer）などを使用して，アミノ酸を分離することになる。イオン交換クロマトグラフィーは，アミノ酸自動分析装置に応用されているし，イオン交換樹脂を使った HPLC 用のカラムもある。

イオン交換クロマトグラフィーを使うと，水溶性化合物を塩基性物質，酸性物質，両性物質，中性物質に分離することができる。アミノ酸は両性物質であることから，強酸性イオン交換樹脂および強塩基性イオン交換樹脂のいずれにも吸着させることができる。この方法で，アミノ酸を糖のような水溶液の中性物質や塩基性物質，酸性物質から明確に分離することができるので，イオン交換クロマトグラフィーの応用はアミノ酸の分離に有用である。

《イオン交換樹脂のアミノ酸分離への応用例》

イボテングタケ（*Amanita strobiliformis*）から，NMDA 受容体阻害活性を有する異常アミノ酸をイオン交換クロマトグラフィーを応用して単離した例[3]を示す。なお，この新規アミノ酸は，L-システインにフマル酸が結合した化学構

1.3 アミノ酸・ペプチドの分析と合成

造を有していることがわかった。

弱酸性イオン交換樹脂である Dowex 1 を CH_3COO^- 型としたものに，イボテングタケの65％水性エタノール抽出物から得られた中酸性アミノ酸画分を導入し，まず水で溶出させると中性アミノ酸が溶出する。次いで，$1N$ 酢酸および $4N$ 酢酸で溶出させると，酸性アミノ酸画分ⅠとⅡが得られる。

このうち，酸性アミノ酸画分Ⅱを，弱酸性イオン交換樹脂である Dowex 50w を pH 2.50 のアンモニア-蟻酸緩衝液で処理したものに通液し，同緩衝液での展開溶出をくり返すことによって，$(2R),(1'R)$- および $(2R),(1'S)$-2-amino-3-(1,2-dicarboxyethylthio)propanoic acid を得ることができた[3]。このアミノ酸は，ヒトの尿やモルモットの腎臓，子ウシの水晶体，そしてアスパラガスなどからも単離されているが，これらの両ジアステレオマーが分離されたのは，このイボテングタケからの単離が最初である。

1.3.2 ペプチドの命名法

ペプチドは，構成アミノ酸の残基の名前を，アミノ基末端（N 末端）のアミノ酸からカルボキシ基末端（C 末端）のアミノ酸に向かって順次列記して命名することになっている（図1.18）。たとえば，L-フェニルアラニンとグリシンからなるジペプチドの N 末端が L-フェニルアラニンである場合，このペプチドの

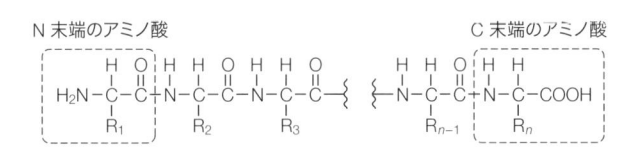

図1.18 ペプチドの N 末端と C 末端

L-フェニルアラニルグリシン

グリシル-L-フェニルアラニン

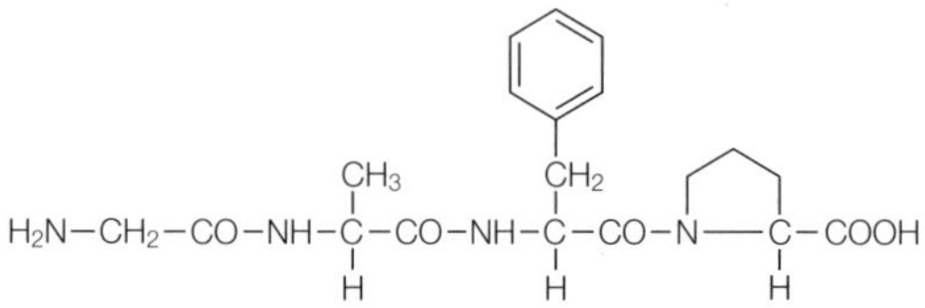

24   第1章　アミノ酸とは

$$H_2N-CH_2-CO-NH-\underset{H}{\underset{|}{\overset{CH_3}{\overset{|}{C}}}}-CO-NH-\underset{H}{\underset{|}{\overset{CH_2-C_6H_5}{\overset{|}{C}}}}-CO-N\underset{H}{\overset{}{\diagup}}\overset{}{C}-COOH$$

図 1.19　Gly-L-Ala-L-Phe-L-Pro の構造

名称は L-フェニルアラニルグリシンとなり，N 末端がグリシンの場合にはグリシル-L-フェニルアラニンとなる。

　この命名法は，アミノ酸の数が 3 つ以上になっても同様である。たとえば，N 末端からグリシン，L-アラニン，L-フェニルアラニン，L-プロリンとなっている場合，このペプチドの名称はグリシル-L-アラニル-L-フェニルアラニル-L-プロリンであり，Gly-L-Ala-L-Phe-L-Pro とも記載する（図 1.19）。

1.3.3　タンパク質の 1 次～4 次構造

　タンパク質は，基本的には 20 種のタンパク質構成アミノ酸が一定の順序でペプチド結合をして生成したポリペプチド鎖からなる。こうして生成した構造を，タンパク質の 1 次構造という。タンパク質の 1 次構造は，それぞれの生物種に固有な遺伝子によって支配される。すなわち，DNA の 1 次構造によって規定される。

　一方，アミノ酸どうしの結合には，ペプチド結合のほかに，ゆるい結合として，イオン結合，静電結合，水素結合などの，たがいに引き合う結合がある。これらのほか，アミノ酸どうしの結合にかかわる因子として重要なのは，ジスルフィド結合（S-S 結合）である。タンパク質を構成するアミノ酸の中では，システインが SH 基を有することから，その SH 基どうしはジスルフィド結合を形成する。ジスルフィド結合はタンパク質の 2 次構造を形成するときに重要な役割を果たす。ポリペプチド鎖はらせん状に湾曲した α らせん構造あるいは γ らせん構造（α/γ ヘリックスコンホメーション）をとったり，比較的まっすぐに伸展した β 構造（β コンホメーション）をとったりする。α らせん構造あるいは γ らせん構造をもったタンパク質は，羊毛や筋肉のように強靭で曲げやすく弾

性を有する。一方，β構造のタンパク質は，引っ張り力は強いが弾性は少ない。この状況をタンパク質の2次構造という。

さらに，ポリペプチドを構成するアミノ酸残基のジスルフィド結合や疎水基間のファンデルワールス力，静電的反発，牽引のような各種の相互作用によって，α型およびβ型の2次構造はところどころでゆがめられ，ポリペプチド鎖は3次元的に折りたたまれた構造をとるようになる。これをタンパク質の3次構造という。

さらにタンパク質によっては，先に述べたような単位ペプチド（ユニット）が2個またはそれ以上会合して，もっと大きなかたまりを生成する。これをタンパク質の4次構造ということがあり，この場合はそれぞれのユニットをサブユニットという。

タンパク質は，その2次〜4次構造において準安定状態にあるが，熱や酸，アルカリ，有機溶剤，振とうなどの要因によって変性する。こうして生じたタンパク質を変性タンパク質と称し，この際にしばしば不溶性の沈殿を生じる。

ちなみに，粘りの原因成分としては，たいていの穀物では澱粉であるが，小麦粉ではタンパク質である。小麦粉にはタンパク質が7〜15％含まれるが，そのタンパク質の含量によって，強力粉，中力粉，薄力粉などに分けられる。

小麦粉に含まれるタンパク質には，グリアジン（gliadin）とグルテニン（glutenin）があり，両者がほぼ同量ずつ存在する。グリアジンのほうは軟らかくて水をあまり吸わないがベタつく性質を有し，食塩を加えると粘性を増す。この性質は麺類やパンの製造に応用される。一方，グルテニンのほうは硬くて弾力があって，水をよく吸う。そして，鹹水（海水）を使うと伸展性が増す。この性質はラーメンの製造に応用される。

小麦粉をよくこねると，水を仲立ちとしてそれぞれのタンパク質分子内のジスルフィド結合が分子間のジスルフィド結合に変化し，グルテン（gluten）となる。このグルテンだけを取り出したのが麩であり，麩を分離した小麦の残りの澱粉分を浮き粉という。一方，小麦粉に砂糖を加えると，生地中の水分を奪い，グルテンの形成を遅らせ，粘弾性を減弱させる。こうして，軟らかく，もろい物性を得たものはケーキの製造に応用される。グルテンを加水分解して生成するアミノ酸にはL-グルタミン酸やL-プロリンが多く，L-グルタミン酸モノナト

リウム塩（味の素）の製造原料とされる。

1.3.4　タンパク質の分類

タンパク質は，加水分解によって，主としてアミノ酸のみを遊離する単純タンパク質（simple proteins）と，アミノ酸以外の物質と結合している複合タンパク質（conjugated proteins）に二大別される。近年，単純タンパク質の中に，ごく少量の糖成分を含むことが明らかになったものもあるが，その含量が少量で，しかもタンパク質の性質にとくに重要な役割を示さない場合は，従来どおり単純タンパク質とみなしておいたほうが便利である。

単純タンパク質の例としては，アルブミン（albumins），アルブミノイド（albuminoids），グルテリン（glutelins），ヒストン（histones），プロタミン（protamines）などがある。

アルブミンには，卵アルブミンや血清アルブミン，乳汁中のラクトアルブミンなどがある。微量のマンノースなどを含み，一般に水に易溶で熱で凝固する性質を有する。なお，卵アルブミンや血清アルブミンには少量の糖が結合していることが知られているが，従来の慣習により，これらのタンパク質は単純タンパク質として取り扱われている。一方，アルブミノイドは硬タンパク質ともいい，繊維状不溶性動物タンパク質であり，羽毛，皮，爪，角，甲羅，絹糸などの主成分である。アルブミノイド中，コラーゲン（collagen）は骨や筋肉など結合組織中に広く分布する。コラーゲンは動物体の全タンパク質の半分以上を占め，水で長時間加熱処理することによって，水溶性のゼラチン（gelatin）を生じる。コラーゲンやゼラチンには，含硫アミノ酸は比較的少ないのに対し，羽毛や毛髪，爪などに含まれるケラチン（keratin）と称するアルブミノイドは含硫アミノ酸に富む。

グルテリンは，主として穀粒中に貯蔵される単純タンパク質の総称で，前述のグルテニンはグルテリンの一種である。また，ヒストンは動植物細胞核に存在する塩基性タンパク質である。DNAと結合してクロマチン（chromatin）をつくる。L-リジン，L-アルギニンなどの塩基性アミノ酸に富むが，L-トリプトファンを含まない。さらに，プロタミンは動物の精子中に存在する分子量9000程度の比較的小さなタンパク質である。プロタミンはL-アルギニン含量が多く，

L-トリプトファンや L-チロシン，含硫アミノ酸を含まない。

一方，複合タンパク質には，糖タンパク質，リポタンパク質，リンタンパク質，色素タンパク質，金属タンパク質，核タンパク質などがある。複合タンパク質におけるタンパク質部分と非タンパク質部分とのあいだの結合は，化学結合のほかに，水素結合やイオン結合など種々雑多であり，また，その量的な割合もいろいろ異なっている。

糖タンパク質とは，タンパク質のポリペプチド鎖に糖が化学的に結合しているものと定義されている。糖としては，グルコサミンやガラクトサミンのようなアミノ糖を含むものが多く，このようなアミノ糖からなる多糖類をムコ多糖と称するが，ムコ多糖類と結合したタンパク質を一般にムコタンパク質とよぶ。

複合タンパク質には，その他にも種々あるが，それらについてはタンパク質について詳述されている成書を参照されたい。

1.3.5 セミミクロケルダール法

タンパク質などの窒素を含む医薬品の定量や純度試験には，セミミクロケルダール法とよばれる窒素定量法が応用される（図 1.20）。

この方法では，まず，窒素を含む有機化合物を，図の右側にあるケルダールフラスコに入れ，分解触媒である硫酸カリウム，硫酸銅の存在下に硫酸および過酸化水素で加熱分解し，硫酸アンモニウムとする。次に，ケルダールフラスコに水酸化ナトリウム水溶液を導入することによってアルカリ性とし，硫酸アンモニウムの分解によって遊離するアンモニアを左側の丸底フラスコ（水蒸気発生器）で発生させた水蒸気で水蒸気蒸留して，中央の三角フラスコ（受器）に入れたホウ酸溶液（1→25）中に捕集する。そして，このホウ酸液を 0.005 ml/l 硫酸で滴定し，窒素量を求める。この場合の滴定の指示薬はブロモクレゾールグリン・メチルレッド試液で，緑色が微灰赤紫色に変わることによって滴定を完了する（装置の各部のサイズなどについては日本薬局方に規定されている）。

中国において，2008 年に牛乳にメラミン（melamine）を混入する事件が起きた。水でうすめた牛乳にメラミンを混入させたものを出荷したのである。メラミン 1 分子には 6 つの窒素原子を含む。そこで，この牛乳をセミミクロケルダール法のような窒素定量法に付すると，全体のタンパク質含量は少なくてもメ

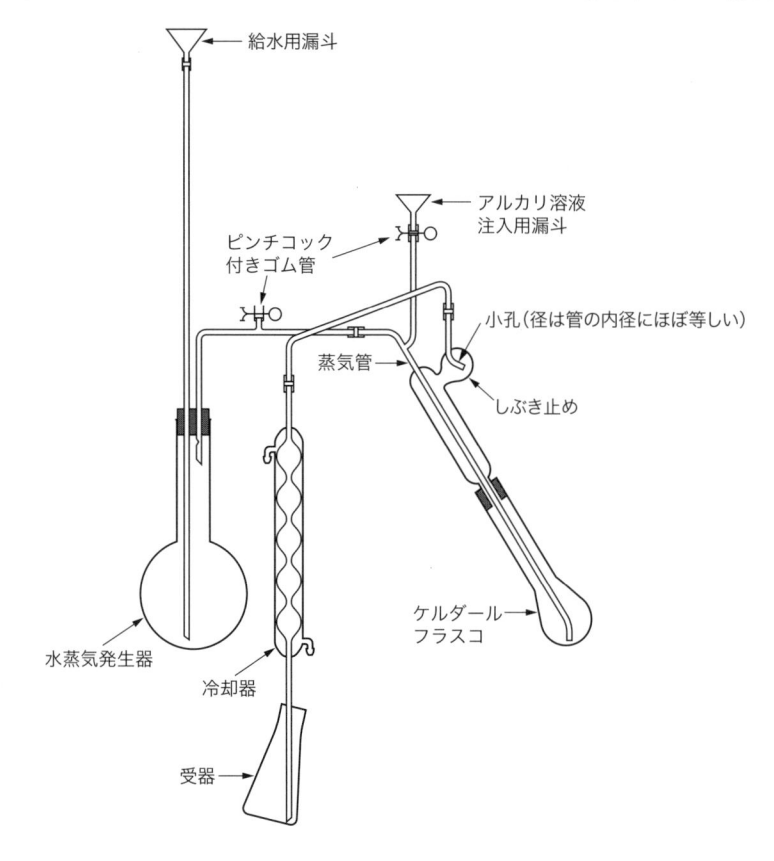

図1.20 セミミクロケルダール法に用いられる装置
水蒸気発生器には硫酸2〜3滴を加えた水を入れ，突沸を避けるために沸騰石を入れる。冷却器の下端は斜めに切ってある。

ラミンのために窒素含量は多くなる。そこで，あたかもこの牛乳が適正な量のタンパク質を含むようなデータを与える。犯人たちはこのしくみを悪用したの

メラミン

1.3 アミノ酸・ペプチドの分析と合成　　　　　　　　　　　　　　　　29

である。

1.3.6　ニンヒドリン反応

　アミノ酸は，ニンヒドリン反応によって，ルーエマン紫（Ruhemann's purple）とよばれる青紫色の色素を生成する（図1.21）。ニンヒドリン反応においては通常，検体を薄層クロマトグラフィーで展開したものにニンヒドリン試液を噴霧し，加熱することによって呈色する。ただし，プロリンのようなイミノ酸は，はじめは黄色となり，さらに加熱を続けると赤紫色となる（図1.22）。また，ニ

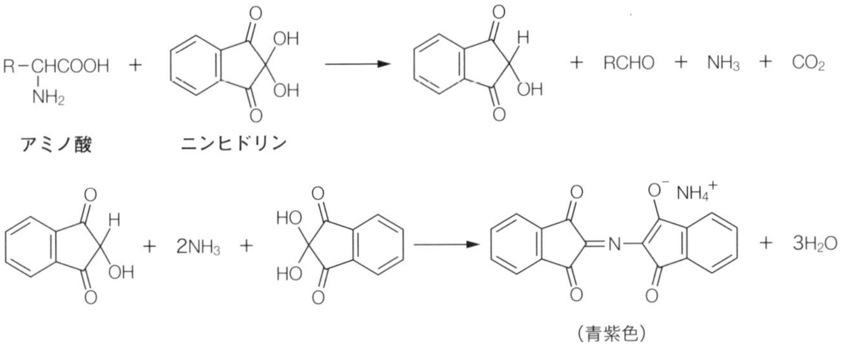

図1.21　ニンヒドリンによるアミノ酸の呈色反応

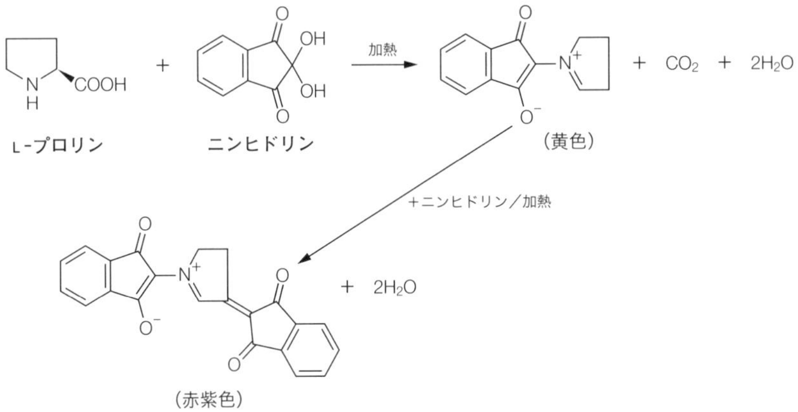

図1.22　ニンヒドリンによるL-プロリンの呈色反応

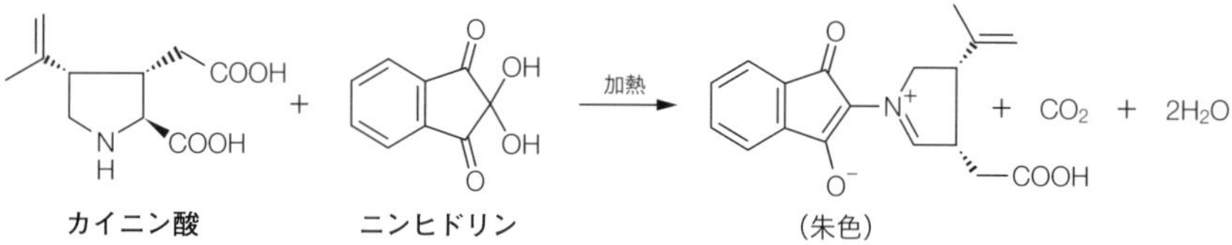

図1.23　ニンヒドリンによるカイニン酸の呈色反応

ンヒドリン反応は，アミノ酸のみならず，第一級または第二級アミンを含む化合物やペプチドにおいても同様の発色をする。

のちにやや詳しく述べるが，カイニン酸はカイニンソウという海藻から得られた回虫駆除作用をもつ広義のアミノ酸であり，その分子にはプロリンのような部分構造がある。プロリン様の二級アミン（イミノ基）をもつアミノ酸のニンヒドリン反応においては黄色を呈するはずであるが，カイニン酸をニンヒドリン反応に付すと，朱色のきわめて特異な呈色をする。そこで，この呈色を示す反応生成体がどのようなものであるかが調べられた。その結果，図1.23に示すような特殊な化合物であることが確認された[4]。

日本薬局方において，ニンヒドリン反応は，催眠鎮静や抗てんかんの目的で使用されるニトラゼパムのような薬物の確認反応にも応用されている。ニトラゼパムの場合，希塩酸中で加熱すると分解してグリシンを生成する（2.3.6項参照）ので，このグリシンをニンヒドリン発色によって確認する。なお，日本薬局方の一般試験法においては，アミノ酸のシリカゲル薄層クロマトグラフィーを実施する際には，n-ブタノール／酢酸（100）／水（3：1：1）を展開溶媒とすることになっている。展開を終えた薄層板は80℃で30分間乾燥させ，これにニンヒドリンのアセトン溶液（1→50）を均等に噴霧したあと，80℃で5分間加熱して呈色したスポットを観察する。

アミノ酸の検出にニンヒドリン試液を応用したアミノ酸自動分析計の導入によって，植物やきのこに含まれる遊離アミノ酸の研究は飛躍的に発展した。たとえば，カイニンソウに含まれる回虫駆除物質としてカイニン酸を得たのち東北大学医学部薬学科（当時）に赴任した竹本常松（1913-1989）らは，ハエトリシメジの研究に着手し，きのこに含まれるトリコロミン酸を得た。また，宮城県

1.3 アミノ酸・ペプチドの分析と合成

の海岸沿いの松林にはイボテングタケ（1.3.1項参照）という大型の毒きのこが多くはえる。このイボテングタケからはイボテン酸が単離された。イボテン酸は上品な甘味を有するが，これが分解して生成するムシモールには向精神作用がある。カイニン酸やトリコロミン酸，イボテン酸，ムシモールについては，第3章（3.3.3項）のグルタミン酸に関連する項目において詳述するが，これらの研究にはアミノ酸自動分析計が駆使された。

一方，ニンヒドリンのアセトンやメチルエーテル溶液は，鑑識において指紋検出に用いられる。どこかを手で触ると汗に含まれているアミノ酸がそこに付着するが，それをニンヒドリンと反応させると指紋の形状が紫青色に染め出される。この方法は，紙や白木についた指紋の検出に適しており，ニンヒドリン試液を検体の状態に応じて塗布あるいは噴霧したのち，乾いたらアイロンやヘアドライヤーなどで加熱して呈色させる。

なお，ニンヒドリンには発癌作用があるといわれており，取扱いには十分な注意が必要である。

1.3.7 ビウレット反応

ビウレット（biuret）とは，尿素を180℃以上に加熱したときに生成する化合物の名称である。ビウレットはアルカリ性条件下において，微量の硫酸銅により紫色を呈する。これをビウレット反応という。

ビウレット反応は，ビウレットに限らず，一般に2個の酸アミドまたはペプチド結合が直接存在するとき，または，あいだに炭素原子1個をはさんで存在するときにも見られる。したがって，ペプチド結合が2個以上存在するトリペプチド以上の大きさをもつペプチドやタンパク質においても，この反応が見ら

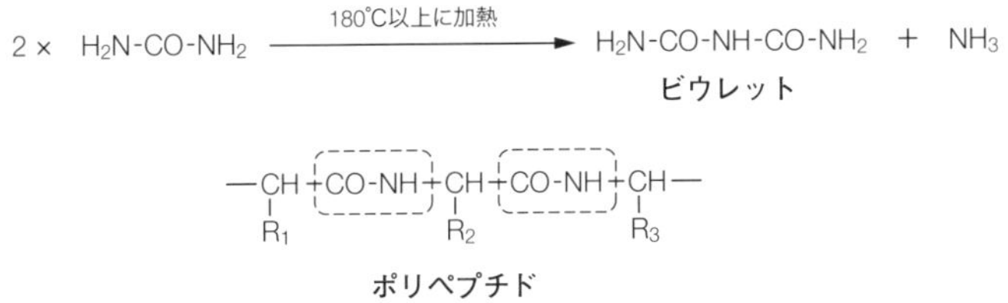

$$2 \times \text{H}_2\text{N-CO-NH}_2 \xrightarrow{180℃以上に加熱} \text{H}_2\text{N-CO-NH-CO-NH}_2 + \text{NH}_3$$
ビウレット

$$-\text{CH}-\underset{R_1}{\overset{}{|}}\text{CO-NH}-\text{CH}-\underset{R_2}{\overset{}{|}}\text{CO-NH}-\text{CH}-\underset{R_3}{\overset{}{|}}-$$
ポリペプチド

図1.24 ビウレットとポリペプチド

れる（図1.24）。

1.3.8 坂口反応

坂口反応とは，塩基性アミノ酸のL-アルギニン（2.3.4項参照）のようなグアニジル基（-NHC(=NH)NH$_2$）を有する化合物に特有の反応である。坂口試薬（α-ナフトールと次亜塩素酸ナトリウムを含む）により赤紅色を呈することにより，化合物内にグアニジル基が存在することを確認する。

日本薬局方によれば，この反応はL-アルギニン塩酸塩注射液に適用され，L-アルギニン塩酸塩注射液の水溶液（1→10）5 mlに水酸化ナトリウム試液（1 mol/l）2 mlおよび1-ナフトールのエタノール（95）溶液（1→1000）1～2滴を加え，5分間放置したのち，次亜塩素酸ナトリウム試液1～2滴を加えると，液は赤橙色を呈する。

1.3.9 ミロン反応

ミロン反応（Millon reaction）はタンパク質の呈色反応のひとつで，オルト位に置換基のないフェノール核を有する化合物に特有の反応である。タンパク質構成アミノ酸中では，L-チロシンがこの反応で呈色する。たいていのタンパク質にはL-チロシンが含まれるのでこの反応に陽性であるが，ゼラチンやコラーゲンのようなタンパク質はL-チロシンを含まないので呈色しない。

試料液約3 mlにミロン試薬（水銀4 gに濃硝酸6 mlを加え，長時間加温溶解させたのち，2倍容量の水で薄めたもの）1 mlを滴下すると白色沈殿を生じるが，これを加熱すると沈殿は赤褐色を示すか，または赤色液となる。

上述の方法は，試薬のつくり方が面倒で，感度も低くなりがちなので，現在はその改良法が使われる。検体水溶液に同体積の10%硫酸水銀（II）の10%硫酸水溶液を加え，100℃で10～15分間加熱したあと流水で冷却する。これに5%亜硝酸ナトリウム水溶液を滴下すると，陽性の場合は濃赤色となる。

1.3.10 キサントプロテイン反応

少量のタンパク質に濃硝酸を添加して加熱すると黄色となる。また，これを冷やしてからアンモニアあるいはアルカリを加えると橙黄色に変化する。これ

1.3 アミノ酸・ペプチドの分析と合成

をキサントプロテイン反応という。キサント（xantho-）とは，ギリシャ語で"黄色"を意味する。

この反応は，タンパク質を構成するアミノ酸のうち，L-チロシン，L-トリプトファン，L-フェニルアラニンのようなベンゼン環を有するものに対して陽性であり，加熱することで反応が促進される。この呈色はベンゼンのニトロ化物の色である。たいていのタンパク質は上記のようなベンゼン環を有するアミノ酸を含むので，タンパク質の検出に応用される。

実際のところ，L-フェニルアラニンのベンゼン環は，ほとんどニトロ化されない。その一方，L-チロシンの場合には，ヒドロキシ基の存在により比較的容易にヒドロキシ基のオルト位がニトロ化される。

なお，ゼラチンやコラーゲンなど，ベンゼン環をもつアミノ酸を含まないタンパク質は，キサントプロテイン反応を示さない。

1.3.11　ジニトロフェニル化（DNP化）アミノ酸生成とサンガー法

タンパク質は，アミノ酸がペプチド結合して生成した化合物である。よって，そのアミノ酸の配列を調べると，タンパク質の化学構造（1次構造）が判明することになる。

2,4-ジニトロフェニルフルオリド（2,4-dinitrophenylfluoride；2,4-DNP）は，またの名を 2,4-ジニトロフルオロベンゼン（2,4-dinitrofluorobenzene；DNFB），または，1-フルオロ-2,4-ジニトロベンゼン（1-fluoro-2,4-dinitrobenzene；FDNB）という。

2,4-DNP（FDNB）は，タンパク質構成アミノ酸の α-アミノ基と弱塩基性下で

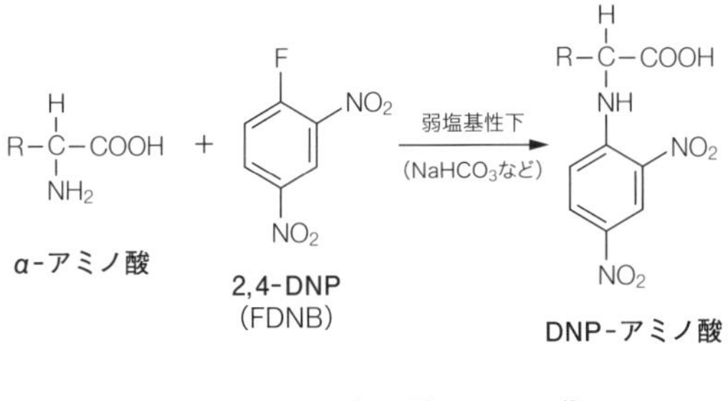

図 1.25　α-アミノ酸の DNP 化

容易に反応し，2,4-DNP 化（2,4-ジニトロフェニル化）されたアミノ酸誘導体を生成する．こうして生じた生成物を一般に，DNP-アミノ酸と称する（図1.25）．DNP-アミノ酸は黄色を呈するので，ペーパークロマトグラフィー上などでアミノ酸の定性・定量を行なう際に利用される．

また，DNP 化はタンパク質の N 末端アミノ基に起きるので，タンパク質を DNP 化したあと加水分解して得られた DNP-アミノ酸が何であるかを調べれば，タンパク質の N 末端アミノ酸を同定することができる．ただし，DNP 化は α-アミノ基以外にも，L-リジンの ε-アミノ基や L-チロシンのヒドロキシ基，L-システインのチオール基，L-ヒスチジンのイミダゾール基などでも起こる．

この DNP 化と DNP 化によるタンパク質の N 末端アミノ酸決定法は，サンガー（F. Sanger, 1918- ）が 1945 年に開発した方法である．そこで，この方法はサンガー法（Sanger's method）ともよばれる．この方法はインスリンの 1 次構造決定に応用され，サンガーはこの業績で 1958 年にノーベル化学賞を得ている．第 4 章にインスリンの化学構造を示すが，インスリンには，1 次構造のみならず，分子内におけるジスルフィド結合による 2 次構造，そして，2 本のペプチド鎖がさらにジスルフィド結合でつながっている 3 次構造のあることが見てとれる．なお，サンガーは，DNA の塩基配列の決定法（この方法もサンガー法とよばれることが多い）も考案し，この業績で 1980 年に再びノーベル化学賞を受賞している．ちなみに，これまでにノーベル化学賞を 2 度受賞したのはサンガーだけである．

1.3.12 エドマン反応

α-アミノ酸は，フェニルイソシアン酸（phenyl isothiocyanate）と反応して，フェニルチオカルバミルアミノ酸となる．さらに，ニトロメタン中，酸で処理することにより，フェニルチオヒダントイン誘導体となる（図1.26）．この反応は，オリゴ（またはポリ）ペプチドのアミノ酸配列の決定にも利用される．すなわち，この方法でオリゴ（またはポリ）ペプチドの N 末端のアミノ酸を同定できる（図1.27）．この方法をエドマン反応（Edman reaction）という．

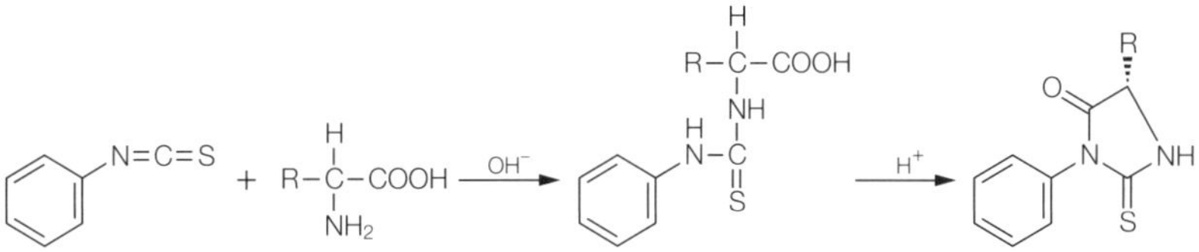

1.3 アミノ酸・ペプチドの分析と合成

図 1.26 エドマン反応

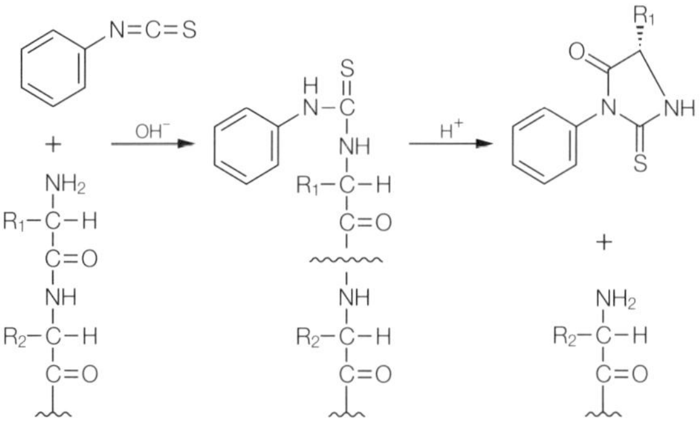

図 1.27 エドマン反応を応用したペプチドの N 末端アミノ酸の決定法

1.3.13 ヒドラジン分解による C 末端アミノ酸の決定

ペプチドをヒドラジン（NH_2NH_2）とともに封管中で加熱分解（ヒドラジン分解，hydrazinolysis）すると，それぞれの単一アミノ酸が得られるが，C 末端アミノ酸を除いてすべてアミノ酸ヒドラジドとなっている．したがって，この反応ののちにヒドラジド化されていない遊離アミノ酸を調べれば，C 末端アミノ酸を同定することができる（図 1.28）．この方法は 1952 年に赤堀四郎（1.1.1 項参照）らにより創始された．

1.3.14 酵素法によるアミノ酸配列決定

カルボキシペプチダーゼ（carboxypeptidase）は，ペプチドの C 末端アミノ酸から順次加水分解を行なう．一方，アミノペプチダーゼ（aminopeptidase）は，ペプチドの N 末端アミノ酸から順次加水分解を行なう．そこで，これらの酵素

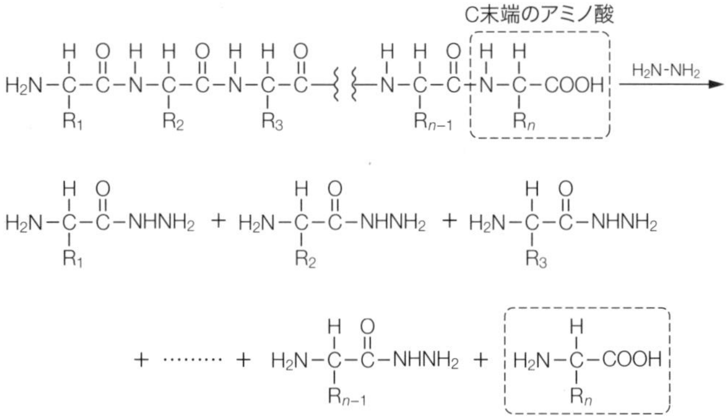

図1.28 ヒドラジン法によるペプチドの分解反応

を適当な条件下で作用させて，順次遊離されてくるアミノ酸を時間的に調べることにより，C末端あるいはN末端アミノ酸配列についての知見が得られる．

1.3.15 機器分析法によるペプチドの化学構造決定

前項までにサンガー法をはじめとしたペプチドの化学構造決定法について述べたが，現在，タンパク質の1次構造研究は，機器を使用した自動分析で行なうことができるようになった．また，あまり大きくないペプチドの場合，^{1}Hおよび^{13}C NMR法を駆使すれば，その1次構造を決定することができる．さらに，ペプチドやタンパク質の一定以上の大きさの単結晶が得られれば，その結晶の化学構造をX線結晶回折法で決定することができる．この方法によれば，タンパク質の1次構造のみならず，2次～4次構造についての知見も得ることができる．

引用文献

1) 本田雅ほか編：イオン交換樹脂—基本操作と応用—，廣川書店（1955）
2) 大岳望ほか著：物質の単離と精製—天然生理活性物質を中心として—，東京大学出版会（1976）
3) S. Fushiya, Q. -Q. Gu, K. Ishikawa, S. Funayama, S. Nozoe：*Chem. Pharm. Bull.*, **41**, 484（1993）
4) ヒキノヒロシ・鈴木滋・今野長八・竹本常松：薬誌，**91**, 630（1971）

1.4 ペプチドの合成法

ペプチドの合成法には種々あるが，ここでは，フィッシャー（Fischer）の方法，ベルグマンおよびゼルバス（Bergman & Zervas）法，ならびに，N-カルボキシ-α-アミノ酸無水物法について述べる。

1.4.1 フィッシャーの方法

フィッシャーの方法ではまず，N末端に該当するアミノ酸のアミノ基がハロゲンとなったα-ハロゲン酸塩化物を調製する。そして，これをアミノ酸（ペプチド）のアミノ基に結合させたあと，アンモニアによってα-ハロゲンをアミノ酸に変換する。この方法では，光学的に活性なハロゲン酸塩化物を調製することが困難であることから，生じるペプチドもラセミ体となる。図1.29には，アラニル-L-フェニルアラニンを合成する過程を示す。この方法により，アラニンの部分がラセミ化したペプチドをつくることができる。

アラニル-L-フェニルアラニンはジアステレオマーであるから，クロマトグラフィー法によって，L-アラニル-L-フェニルアラニンとD-アラニル-L-フェニルアラニンに分割することができる。

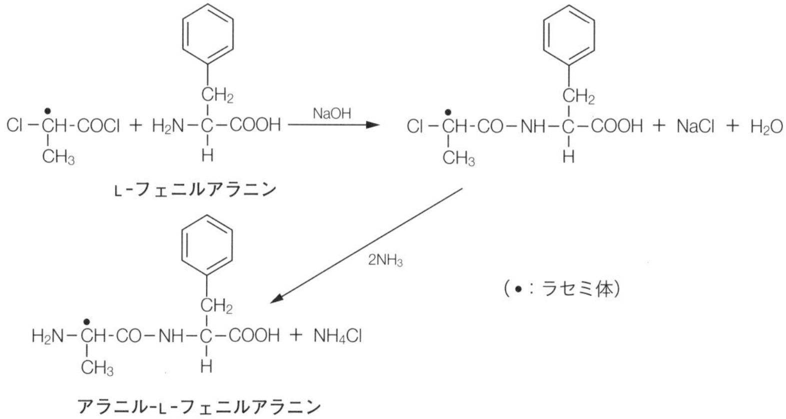

図 1.29 フィッシャーの方法によるアラニル-L-フェニルアラニンの合成

1.4.2 ベルグマンおよびゼルバス法

ベルグマンおよびゼルバス法ではまず，N末端アミノ酸にカルボベンゾキシクロリド（carbobenzoxy chloride）を作用させて，カルボベンゾキシ誘導体を調製し，これのカルボキシ基を五塩化リンで酸クロリドとする。そして，これを結合させたいアミノ酸に結合させる。この操作をくり返したのち，最後に接触的水素還元法でカルボベンゾキシ基を除去すれば，目的のペプチドが得られる。この方法では，目的とする立体配置を有するアミノ酸からなるペプチドのみを合成することができる。

図1.30に，L-アラニル-L-フェニルアラニンを合成する過程を示す。この方法では，目的とするL-アラニル-L-フェニルアラニンのみが合成されることがわかる。

なお，この反応で用いられているカルボベンゾキシ基は，Cbz基（またはZ基）と略される。Cbz誘導体は，接触水素添加，または，冷時酢酸中臭化水素で加水分解すると，ベンジル-O結合が容易に切断されて不安定なカルバミン酸を生じる。次いで，このカルバミン酸は脱炭酸して，アミノ基が遊離すること

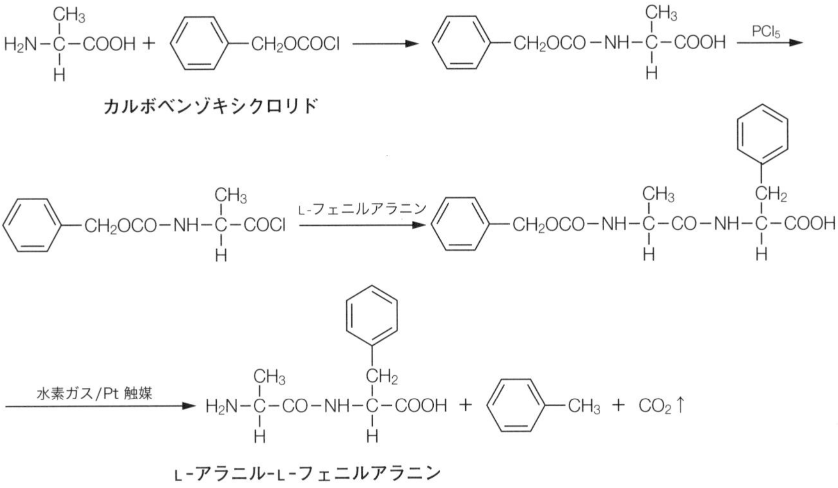

図1.30 ベルグマンおよびゼルバス法によるL-アラニル-L-フェニルアラニンの合成

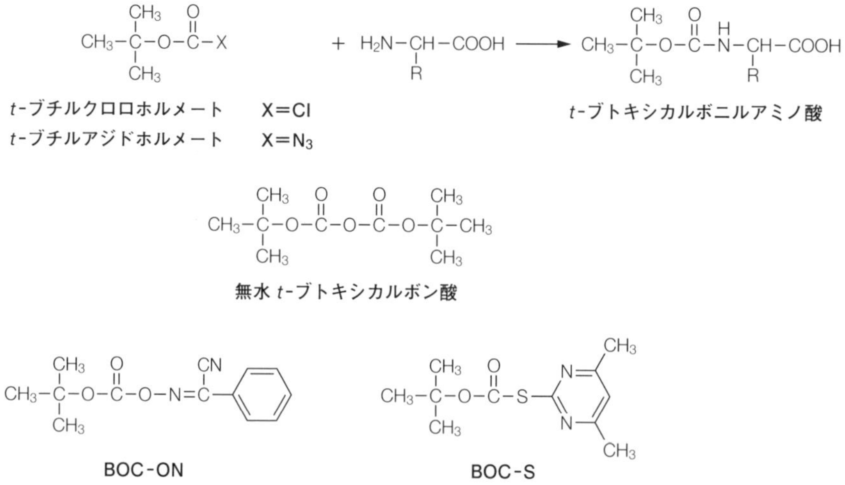

1.4 ペプチドの合成法

図1.31 Boc基によるアミノ酸の保護法とBoc基剤の例

になる。ペプチド結合は，この条件下では影響を受けない。

　ペプチド合成に関連し，アミノ基の保護基には，ここに述べたCbz基（Z基）のほかに，よく使用される保護基としてBoc基もある。Boc基とはt-ブトキシカルボニル（t-butoxycarbonyl）基のことであり，Boc化試薬として，以前はt-ブチルクロロホルメート（t-butylchloroformate）やt-ブチルアジドホルメート（t-butylazidoformate）が使用されていた。しかし，これらのBoc化剤は，前者においては低収率，後者は爆発の可能性などの問題があって現在では用いられない。現在では，無水t-ブトキシカルボン酸やBOC-ONやBOC-Sと略される改良Boc剤が用いられる（図1.31）。

　Boc基は，還元に比較的安定であるが，酸できわめて容易に除去することができる。酸としては，ペプチドの加水分解を避けるために，氷酢酸のような非水溶媒中，塩化水素やトリフルオロ酢酸が用いられる。

1.4.3　N-カルボキシ-α-アミノ酸無水物法

　N-カルボキシ-α-アミノ酸無水物法の例として，この方法を応用してL-アラニル-L-フェニルアラニンを合成する方法を説明する。

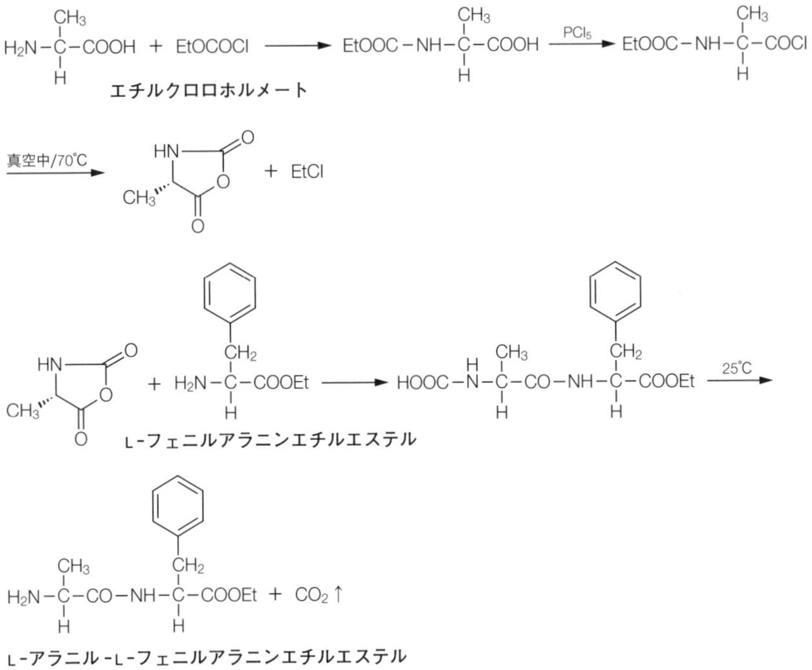

$H_2N-\underset{\underset{H}{|}}{\overset{\overset{CH_3}{|}}{C}}-COOH + EtOCOCl \longrightarrow EtOOC-NH-\underset{\underset{H}{|}}{\overset{\overset{CH_3}{|}}{C}}-COOH \xrightarrow{PCl_5} EtOOC-NH-\underset{\underset{H}{|}}{\overset{\overset{CH_3}{|}}{C}}-COCl$

エチルクロロホルメート

$\xrightarrow{真空中/70℃}$ (N-カルボキシ-α-アミノ酸無水物) + EtCl

(N-カルボキシアラニン無水物) + $H_2N-\underset{\underset{H}{|}}{\overset{\overset{CH_2-C_6H_5}{|}}{C}}-COOEt \longrightarrow HOOC-N-\underset{\underset{H}{|}}{\overset{\overset{CH_3}{|}}{C}}-CO-NH-\underset{\underset{H}{|}}{\overset{\overset{CH_2-C_6H_5}{|}}{C}}-COOEt \xrightarrow{25℃}$

L-フェニルアラニンエチルエステル

$H_2N-\underset{\underset{H}{|}}{\overset{\overset{CH_3}{|}}{C}}-CO-NH-\underset{\underset{H}{|}}{\overset{\overset{CH_2-C_6H_5}{|}}{C}}-COOEt + CO_2\uparrow$

L-アラニル-L-フェニルアラニンエチルエステル

図 1.32　N-カルボキシ-α-アミノ酸無水物法

　まず，N 末端の原料である L-アラニンにエチルクロロホルメート（ethylchloroformate）を作用させ，五塩化リンで酸クロリドとしたものを真空中で加熱して，N-カルボキシ-α-アミノ酸無水物を調製する．一方，L-フェニルアラニンのカルボキシ基をエチルエステルとしたものを調製し，これと上述の N-カルボキシ-α-アミノ酸無水物をトリエチルアミン（NEt$_3$）中，−40〜−65℃で反応させると，ペプチド結合が生成する（図1.32）．

　このペプチドを25℃に置くと炭酸ガスが発生して，N 末端のアミノ基が遊離する．ここに，さらに N 末端に結合させたいアミノ酸の N-カルボキシ-α-アミノ酸無水物を同様に作用させると，ペプチド鎖を延長することができる．目的のペプチドが生成したら，最後に C 末端のエステル結合を切ればよい．

第2章

タンパク質構成アミノ酸

　すでに述べたように，アミノ酸には，天然に存在するアミノ酸と化学合成によって得られる非天然型アミノ酸がある。天然に存在するアミノ酸はさらに，タンパク質を構成するアミノ酸とそれ以外のアミノ酸に分類され，前者をタンパク質構成アミノ酸または常アミノ酸，後者を異常アミノ酸と称することがある。本書では前者を，タンパク質構成アミノ酸ということにする。なお，タンパク質を構成するアミノ酸は，一般アミノ酸（common amino acid）とよばれることもある。

　非天然型アミノ酸の中には，平面構造は天然型アミノ酸と同じでありながら，立体構造のみが異なるものも存在する。もちろん，現在は非天然型アミノ酸とみなされていても，将来，同一物が天然界に見いだされる可能性はあり，非天然型アミノ酸と天然型アミノ酸との境界はあいまいなものであると理解しておいたほうがよい。

　タンパク質構成アミノ酸20種中，システイン2分子がジスルフィド（S-S）結合して生成したシスチンを別種のアミノ酸と解釈し，合計21種と数えることもある。さらに，コラーゲンやゼラチンにのみ見いだされる（4R）-4-ヒドロキシ-L-プロリンや（5R）-5-ヒドロキシ-L-リジンのような特殊な存在のタンパク質構成アミノ酸も存在する。ただし後述するように，これらのアミノ酸は当該タンパク質中に存在はするが，それぞれのアミノ酸が生合成原料となっているわけではない。すなわち，L-プロリンやL-リジンがタンパク質に導入されてから，それぞれのヒドロキシ体に変化することが知られている。

なお，タンパク質構成アミノ酸のうち，L-アスパラギン酸，L-アルギニン，L-イソロイシン，グリシン，L-スレオニン（局方名ではL-トレオニン），L-トリプトファン，L-バリン，L-フェニルアラニン，L-メチオニン，L-リジン，L-ロイシンの11種は，日本薬局方に収載されている。

アミノ酸にはD型とL型の2種類の立体化学構造が考えられるが，タンパク質を構成するアミノ酸はL型のみに限られる。この現象は，まちがいなく生命の化学進化の過程でもたらされたものである。微生物のなかにはD型のアミノ酸をもっているものがあるが，このことは，これらの微生物が高等動植物が分化する以前から存在していたためであろうか。ただし，近年はとくに老化に伴ってD型のアミノ酸も私たちの体内に生成してくることがわかってきた。

本章では，アミノ酸，とくにタンパク質を構成するアミノ酸を理解するために必要な基礎知識について述べる。まず，タンパク質を構成するアミノ酸の分類について述べる。次いで，タンパク質を構成するアミノ酸それぞれについて，その出自や性質，かかわりのあることがらについて述べる。さらに，タンパク質構成アミノ酸全般の生合成や代謝の概要について述べ，さらに化学合成や抽出，発酵などによる調製法についても若干述べていく。

タンパク質構成アミノ酸の融点は高いものが多く，たとえばL-バリンでは315℃である。融点というよりも炭化する感じであることから，融点はタンパク質構成アミノ酸の指標にはあまり使われない。よって，融点についてはほとんど示していない。

なお，第1章で示したが，タンパク質を構成するα-アミノ酸は一般に，図2.1 (a) のように両性イオン（zwitter ionあるいはdipolar ion）として存在している。そのため，無機塩の性質に類似しており，水に溶けやすく，エーテルやエタノールなどの有機溶媒には難溶である。ただし，本書では特別な場合を除いて，

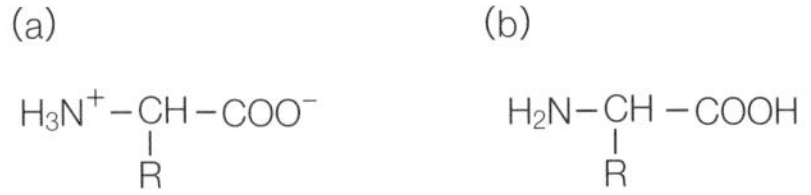

(a) $H_3N^+-CH-COO^-$
         |
         R

(b) $H_2N-CH-COOH$
        |
        R

図2.1　α-アミノ酸の一般式
(a) 両性イオンとして示す。(b) イオン化していない形で示す。

アミノ酸を両性イオンの形ではなく，図の (b) に示すようにイオン化していない形で示すことにする。

2.1 タンパク質構成アミノ酸発見の歴史

アミノ酸の発見の嚆矢は，1801年，イギリスの医師ウラストン（W. H. Wollaston）が膀胱結石を分析したことに始まる。得られた物質は主としてイオウを含んだ有機化合物からなることがわかり，彼はこの有機化合物にシスチン（cystine）と命名した。この名称はギリシャ語の"膀胱"（kystis）に由来する。シスチンはタンパク質構成アミノ酸発見の嚆矢となったアミノ酸である。しかし，その後，シスチンは，1899年に得られたL-システインがジスルフィド結合したものであることがわかった。そこで現在，L-シスチンはL-システイン由来成分とみなされ，タンパク質構成アミノ酸に含めないことが多い。

以後，タンパク質構成アミノ酸20種の発見（単離・発表）の歴史が始まるわけであるが，それには，最初のL-アスパラギンが1806年に発見されてから，最後のL-スレオニンが1935年に発見されるまで，約130年を要している。このうち，19世紀の前半の1801～1850年のあいだに報告されたアミノ酸は5個，

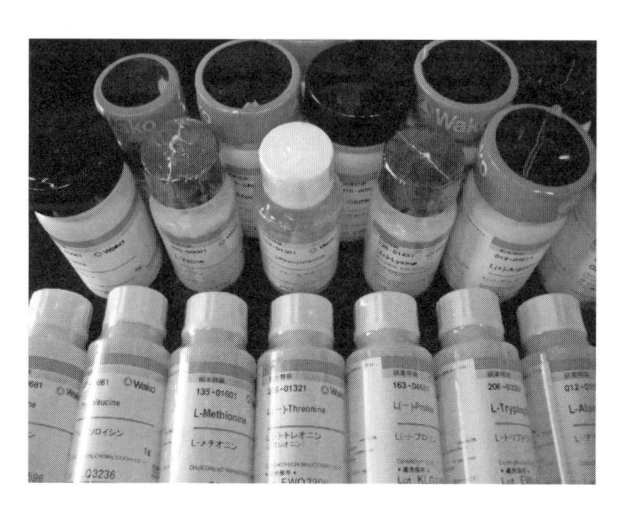

図2.2 市販されているタンパク質構成アミノ酸（和光純薬の例）

表2.1 タンパク質

日本名	英語名	分子式	分子量	分類	等電点
L-アスパラギン	L-asparagine	$C_4H_8N_2O_3$	132.12	中性	5.41
L-アスパラギン酸	L-aspartic acid	$C_4H_7NO_4$	133.10	酸性	2.77
L-アラニン	L-alanine	$C_3H_7NO_2$	89.09	中性	6.00
L-アルギニン	L-arginine	$C_6H_{14}N_4O_2$	174.20	塩基性	10.76
L-イソロイシン	L-isoleucine	$C_6H_{13}NO_2$	131.18	中性	6.02
グリシン	glycine	$C_2H_5NO_2$	75.07	中性	5.97
L-グルタミン	L-glutamine	$C_5H_{10}N_2O_3$	146.15	中性	5.65
L-グルタミン酸	L-glutamic acid	$C_5H_9NO_4$	147.13	酸性	3.22
L-システイン	L-cysteine	$C_3H_7NO_2S$	121.16	中性	5.07
L-スレオニン	L-threonine	$C_4H_9NO_3$	119.12	中性	6.16
L-セリン	L-serine	$C_3H_7NO_3$	105.09	中性	5.68
L-チロシン	L-tyrosine	$C_9H_{11}NO_3$	181.19	中性	5.66
L-トリプトファン	L-tryptophan	$C_{11}H_{12}N_2O_2$	204.23	塩基性	5.89
L-バリン	L-valine	$C_5H_{11}NO_2$	117.15	中性	5.96
L-ヒスチジン	L-histidine	$C_6H_9N_3O_2$	155.16	塩基性	7.59
L-フェニルアラニン	L-phenylalanine	$C_9H_{11}NO_2$	165.19	中性	5.48
L-プロリン	L-proline	$C_5H_9NO_2$	115.13	中性	6.30
L-メチオニン	L-methionine	$C_5H_{11}NO_2S$	149.21	中性	5.74
L-リジン	L-lysine	$C_6H_{14}N_2O_2$	146.19	塩基性	9.74
L-ロイシン	L-leucine	$C_6H_{13}NO_2$	131.18	中性	5.98

19世紀後半の1851〜1900年のあいだに報告されたアミノ酸は10個,そして,20世紀になってから報告されたアミノ酸は5個である.市販されているアミノ酸のサンプルを写真で示すが,このようにタンパク質構成アミノ酸のそれぞれが純粋な形で容易に手に入るようになるまでには,相当の年月を必要としたことを理解していただきたい(図2.2).

タンパク質構成アミノ酸の英語名,分子式・分子量,中性・酸性・塩基性アミノ酸の別,水溶液の等電点(isoelectric point;ip),pK,3文字名・1文字名,対応するコドン,発見年を,表2.1にまとめておく.これらのアミノ酸の化学構造式は図2.3(次節)に示す.

L-アスパラギンは1806年の報告である.これは,アミノ酸の単体として最初の報告であるが,この年は,第3章(3.2.1項)に述べるゼルチュルネルによる

2.1 タンパク質構成アミノ酸発見の歴史

構成アミノ酸

pK			3文字	1文字	コドン	発見年
2.02,	8.80		Asn	N(B)	AAU, AAC	1806
1.88,	3.65,	9.60	Asp	D(B)	GAU, GAC	1827
2.35,	9.87		Ala	A	GCU, GCC, GCA, GCG	1875
2.18,	9.09,	13.2	Arg	R	CGU, CGC, CGA, CGC, AGA, AGG	1886
2.32,	9.76		Ile	I	AUU, AUC, AUA	1904
2.34,	9.60		Gly	G	GGU, GGC, GGA, GGG	1820
2.17,	9.13		Gln	Q(Z)	CAA, CAG	1883
2.19,	4.25,	9.67	Glu	E(Z)	GAA, GAG	1866
1.71,	8.33,	10.78	Cys	C	UGU, UGC	1899
2.15,	9.12		Thr	T	ACU, ACC, ACA, ACG	1935
2.21,	9.15		Ser	S	UCU, UCC, UCA, UCG	1865
2.20,	9.11,	10.07	Tyr	Y	UAU, UAC	1846
2.38,	9.39		Trp	W	UGG	1902
2.32,	9.62		Val	V	GUU, GUC, GUA, GUG	1879
1.78,	5.97,	8.97	His	H	CAU, CAC	1896
2.58,	9.24		Phe	F	UUU, UUC	1879
1.99,	10.60		Pro	P	CCU, CCC, CCA, CCG	1901
2.28,	9.21		Met	M	AUG	1922
2.20,	8.90,	10.28	Lys	K	AAA, AAG	1889
2.36,	9.60		Leu	L	UUA, UUG, CUU, CUC, CUA, CUG	1819

モルヒネの単離の報告（1805年）と同じころである．当初，L-アスパラギン酸は，そのアミド体のL-アスパラギンが発見され，このことがL-アスパラギン酸の発見につながった．

　一方，A，G，C，Uの4種のヌクレオシド3個ずつからなるコドンの組合せは $4^3=64$ 種が可能であるが，各アミノ酸に対してL-トリプトファンとL-メチオニンを除いては複数のコドンが対応しており，全部で各アミノ酸には合計59種のコドンが対応している．なかには，L-アルギニンやL-ロイシンのように，それぞれ6つのコドンが対応しているものもある．

2.2 タンパク質を構成するアミノ酸の分類

　ヒトを含めた動物の筋肉を構成するタンパク質は，アミノ酸分子中のカルボキシ基と別のアミノ酸分子中のアミノ基とのあいだで水が脱離して生じる，ペプチド結合といわれる -CONH- の形で，アミノ酸が多数結合してできたものである。各種の酵素も，またタンパク質である。これらの筋肉や酵素などを構成するアミノ酸は，タンパク質構成アミノ酸20種のアミノ酸からなる。なお，くり返すが，L-システインがジスルフィド結合によって2量体となったL-シスチンを独立のアミノ酸として，タンパク質構成アミノ酸を21種と数えることもある。しかし，ここではL-シスチンはL-システインの関連アミノ酸であるものとみなし，タンパク質構成アミノ酸を20種とする。

　ヒトの体内には，遊離アミノ酸として，筋肉や臓器などの組織タンパク質中のアミノ酸や血漿遊離アミノ酸が存在する。組織タンパク質中のアミノ酸とは細胞質あるいは細胞間質に遊離状態で存在するアミノ酸であり，血漿遊離アミノ酸とは血液中に遊離状態で存在するアミノ酸のことである。ヒトの筋肉量は一般に体重の約40%とされるが，筋肉には1kgあたり約3～4gの遊離アミノ酸が含まれており，この遊離アミノ酸は，タンパク質の合成と分解において重要な役割を果たしていると考えられている。一方，血漿に含まれる遊離アミノ酸量は，筋肉や臓器に含まれる組織遊離アミノ酸量の約20～50分の1にすぎない。しかし，体内で起きているアミノ酸異常は血漿アミノ酸に反映されるため，血液中のアミノ酸を分析することによって体内に生じているアミノ酸異常を知ることが可能となる。

　タンパク質構成アミノ酸の分類法には，化学的に中性アミノ酸・酸性アミノ酸・塩基性アミノ酸に分ける方法や，ヒトにとっての摂取の必要性から必須アミノ酸と非必須アミノ酸に分ける方法などがある。ここでは，これらの分類法を中心に説明する。

2.2.1 中性アミノ酸・酸性アミノ酸・塩基性アミノ酸

　上述のように，タンパク質を構成するアミノ酸には，塩基性基としてアミノ

基（L-プロリンについてはイミノ基）やイミダゾール基，グアニジル基，インドール基が存在し，また，酸性基としてカルボキシ基が存在する．それぞれの基を1個ずつ有しているものは酸性と塩基性がつりあっていると考えられることから，中性アミノ酸と称される．

一方，L-アスパラギン酸とL-グルタミン酸は，いずれも1個のアミノ基に対して2個のカルボキシ基を有し，1分子としては酸性に偏っていることになる．そこで，これら2つのアミノ酸は，酸性アミノ酸と称される．

これに対して，L-リジンは，カルボキシ基が1個に対してアミノ基が2個あり，1分子としては塩基性に偏っているので，塩基性アミノ酸と分類される．L-アルギニン，L-ヒスチジン，L-トリプトファンには，それぞれアミノ基とカルボキシ基が1個ずつ存在するが，そのうえさらに，それぞれに塩基性の基として，L-アルギニンではグアニジル基，L-ヒスチジンではイミダゾール基，L-トリプトファンではインドール基が結合しているため，これらのアミノ酸は分子全体としては塩基性に偏っている．よって，これらのアミノ酸も，塩基性アミノ酸に分類されることになる．

この分類方法は一般的であり，図2.3に，この方法によって分類したタンパク質構成アミノ酸（配列は五十音順）の名称と化学構造式を示す．

2.2.2　芳香族アミノ酸と脂肪族アミノ酸

タンパク質構成アミノ酸は，分子中に芳香環を有するか否かで，芳香族アミノ酸と脂肪族アミノ酸に分類することもできる．

この分類法によれば，ベンゼン環を有するL-フェニルアラニンとL-チロシン，インドール環を有するL-トリプトファン，イミダゾール環を有するL-ヒスチジンの4種と，これらの芳香環を有していない他の16種のアミノ酸の2つに分けることができる．

第3章で述べるが，アミノ酸はさまざまな生物活性を有するアルカロイド類の起源にもなっている．その場合，芳香環を有しているアミノ酸を起源とするアルカロイドであるL-フェニルアラニン，L-チロシン，L-トリプトファンは，アルカロイドとして種類の多いイソキノリンやインドール骨格を有するアルカロイドの骨格の起源となっており，これらのアルカロイドの芳香環の全部あ

【中性アミノ酸】

L-アスパラギン　L-アラニン　L-イソロイシン　グリシン

L-グルタミン　L-システイン　L-シスチン

L-スレオニン　L-セリン　L-チロシン　L-バリン

L-フェニルアラニン　L-プロリン　L-メチオニン　L-ロイシン

【酸性アミノ酸】

L-アスパラギン酸　L-グルタミン酸

【塩基性アミノ酸】

L-アルギニン　L-トリプトファン　L-ヒスチジン

L-リジン

図2.3　タンパク質構成アミノ酸の化学構造

いは一部がこれらのアミノ酸由来となっている。したがって、アルカロイドの起源となるアミノ酸を議論する場合には、この分類法は有用である。

2.2.3 必須アミノ酸と非必須アミノ酸

アミノ酸が、必須アミノ酸と非必須アミノ酸に分類されることがある。何を基準に「必須」あるいは「非必須」と称するかというと、体内で合成することができるアミノ酸か否かということになる。体内で合成できるアミノ酸であれば食物から摂取しなくてもいいので、栄養学的に非必須のアミノ酸となる。これに対して、必須アミノ酸のほうは食物から補給しなければならない。

ヒトにとっての必須アミノ酸は、L-イソロイシン、L-スレオニン、L-トリプトファン、L-バリン、L-ヒスチジン、L-フェニルアラニン、L-メチオニン、L-リジン、L-ロイシンの9種である。L-ヒスチジンは当初、乳幼児には必須とされていたが、1985年からは成人にとっても必須なアミノ酸となった。なお、このなかで、L-バリン、L-ロイシン、L-イソロイシンは、とくに分岐鎖アミノ酸（branched chain amino acids；BCAA）と称されることがある。BCAAはエネルギー源になるといわれる。

結局、ここにあげた以外の11種のタンパク質構成アミノ酸は非必須アミノ酸といわれ、体内でつくりだすことができるアミノ酸ということになる。必須アミノ酸については、その相互の割合が重要であり、特定の必須アミノ酸だけを与えても、かえって害になることが知られている。たとえば、BCAAはたがいに拮抗することが動物実験において示されており、どれか1つが多すぎると他のアミノ酸の使用が妨げられてしまう。

乳児にとっては、上記9種のアミノ酸のほかに、さらにL-システイン、L-アルギニン、L-チロシンの必須姓が高いことが明らかにされ、必須アミノ酸に等しい扱い（準必須アミノ酸）をされることがある。成人の場合、L-システインは必須アミノ酸であるL-メチオニンからL-ホモシステイン、そしてL-シスタチオニンを経て生体内で合成される。しかし、乳児のアミノ酸代謝においては、L-シスタチオニンをL-システインに変換する過程において必要なシスタチオナーゼという酵素の活性が弱いために、L-メチオニンからL-システインを十分につくりだすことができないのである。L-システインは、生体内の酸化還元系の

調整などに必要なグルタチオン（4.3.17項参照）の原料となる。

アミノ酸は，以上のように必須アミノ酸と非必須アミノ酸に分類されるが，必須アミノ酸と非必須アミノ酸という言葉は不適切である。すなわち，非必須アミノ酸という名前から，重要ではないと思われてしまいかねないからである。非必須アミノ酸という名称であるが，非必須とは必要ではないという意味ではなく，あくまでも，食べ物などとして体内に取り入れなければならないアミノ酸ではないアミノ酸ということである。たとえば，いうまでもなく，非必須アミノ酸であるグルタミン酸はきわめて重要なアミノ酸のひとつであるが，食べ物などで摂取しなくても体内で十分に合成することができる。非必須アミノ酸とは，いわば「必須な非必須アミノ酸」ともいえる。

2.2.4　その他の分類

以上述べた分類法以外の分類法についても若干述べておく。これらの分類法が使用されることは少ないが，このように分類すれば便利なこともあるという前提で見ておいてほしい。

(1) タンパク質構成アミノ酸は，L-プロリンが二級の窒素を含んだイミノ酸となっており，他の19種はアミノ酸である。

(2) タンパク質構成アミノ酸の中には，分子中に水酸基を有するものとして，L-セリン，L-スレオニン，L-チロシンの3つがあり，他の17種のアミノ酸と分けられる。

(3) タンパク質構成アミノ酸中のα位炭素は不斉炭素となっているが，このα位炭素のほかにも不斉炭素を有するタンパク質構成アミノ酸がある。これらは，L-スレオニンとL-イソロイシンであり，それぞれ1分子中に2つの不斉炭素がある。また，グリシンには不斉炭素を欠き，他のタンパク質構成アミノ酸には，それぞれ1個ずつしか不斉炭素がない。

(4) タンパク質構成アミノ酸中には，分子中にイオウ原子を含むものとして，L-システインとL-メチオニンがあり，他の18種のアミノ酸と区別することができる。

(5) タンパク質構成アミノ酸中，L-リジン，L-アルギニン，L-ヒスチジンの3種の塩基性アミノ酸はいずれも炭素6個からなることから，六炭塩基

2.3　タンパク質構成アミノ酸各論

(hexon base）と総称されることがある。
(6) タンパク質構成アミノ酸のα位炭素の絶対構造を R および S 配置で示すと，L-システイン以外のアミノ酸は S 配置であるのに対して，L-システインのα位炭素の絶対構造のみ R 配置である。これは，L-システインにはβ位にイオウ原子が結合しているためである。
(7) なお，タンパク質構成アミノ酸を水への溶解量（50℃の水100 gへの溶解量）で分類すると，きわめて溶けやすいもの（L-アルギニン塩酸塩，L-システイン塩酸塩，L-プロリン，L-リジン），溶けやすい～やや溶けにくいもの（L-アラニン，L-アルギニン，グリシン，グルタミン酸モノナトリウム，L-スレオニン，L-セリン，L-ヒスチジン塩酸塩），やや溶けにくい～溶けにくいもの（L-アスパラギン酸，L-イソロイシン，L-グルタミン酸，L-トリプトファン，L-バリン，L-フェニルアラニン，L-メチオニン，L-ロイシン），きわめて溶けにくいもの（L-チロシン，L-ヒスチジン）となる。

2.3　タンパク質構成アミノ酸各論

2.3.1　L-アスパラギン

　L-アスパラギン（L-asparagine）は1806年に得られた。すなわち，20種知られているタンパク質構成アミノ酸のうち最初に得られている。L-アスパラギンは，ユリ科のアスパラガス（*Asparagus officinalis* var. *altilis*）の芽から最初に得られたので，この名前がつけられた[1]。

　L-アスパラギンは，酸性アミノ酸のひとつであるL-アスパラギン酸のカルボキシ基のうちの1つがアミド基となった構造をしており，アスパラギン酸β-アミド（aspartic acid β-amide）に該当する。別名は 2-aminosuccinamic acid である。そして，L-アスパラギンを加水分解すると，次項に述べる L-アスパラギン

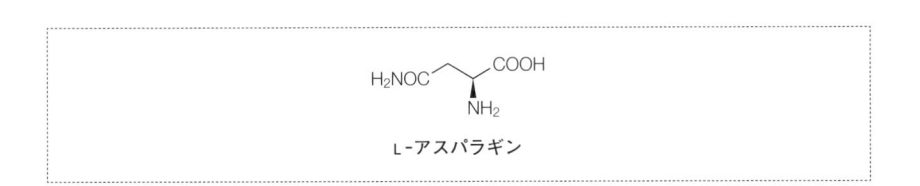

L-アスパラギン

酸が得られる。実際のところ，L-アスパラギン酸は当初，L-アスパラギンの加水分解物として報告された。

なお，L-アスパラギンは，いずれも非必須アミノ酸であるL-アスパラギン酸やL-グルタミンから生合成される。よって，L-アスパラギンは必須アミノ酸ではない。

マメ科のゲンゲ属植物であるキバナオウギ（*Astragalus membranaceus* var. *membranaceus*）の根には，対乾燥重量0.2%にのぼるL-アスパラギン酸が含まれており，ラットの静脈に投与すると一過性の血圧上昇作用の認められることが報告されている[2]。

2.3.2 L-アスパラギン酸

L-アスパラギン酸（L-aspartic acid）は，前項で述べたように，当初，L-アスパラギンの加水分解物として見いだされた[3]。その後，1868年に至り，L-アスパラギン酸はタンパク質の加水分解物としても得られた[4]。L-アスパラギン酸は，L-アミノコハク酸（L-aminosuccinic acid）に相当する。

L-アスパラギン酸は日本薬局方に収載されており，そこに記載されている化学名は（2*S*）-2-aminobutanedioic acid である。L-アスパラギン酸は，経口・経腸栄養剤やアミノ酸輸液などに用いられるほか，安定剤，可溶化剤，矯味剤，賦形剤としても用いられる。L-アスパラギン酸は，体内においてオキザロ酢酸を原料とし，トランスアミナーゼによってL-グルタミン酸からアミノ基を得ることによって生合成される（図2.4）。よって，L-アスパラギン酸は必須アミノ酸ではない。

近年，ヒトの水晶体構成タンパク質中にD体のアスパラギン酸が存在することが確かめられ，その部位も明らかにされている。また，人体の老化組織にD-アスパラギン酸が蓄積されていることや，D-アスパラギン酸形成における紫外

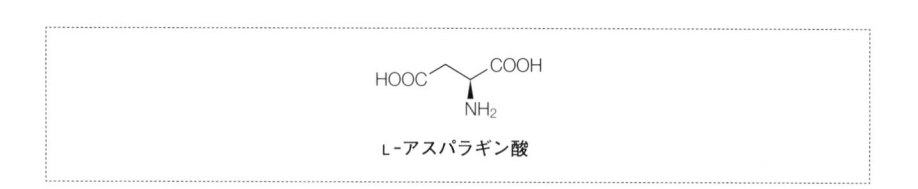

HOOC―CH(NH$_2$)―CH$_2$―COOH

L-アスパラギン酸

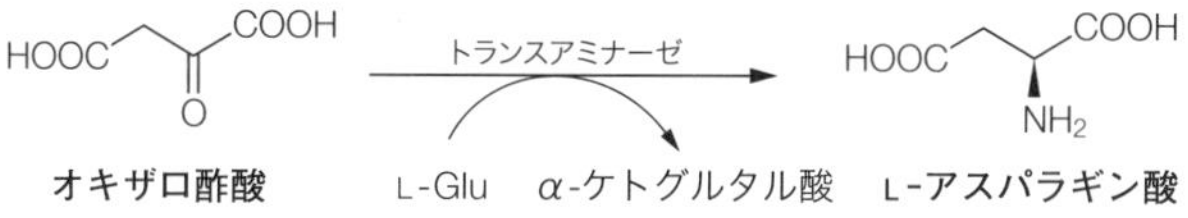

2.3 タンパク質構成アミノ酸各論

図2.4 L-アスパラギン酸の生合成

線の役割についても報告されている。そして，基本的にL-アミノ酸からなるタンパク質中にD-アミノ酸が生成されると，タンパク質の高次構造に変化が生じ，タンパク質の安定性が減少し，不溶化や機能低下を招く。ヒトの眼の水晶体や脳では，D-アスパラギン酸の増加が白内障やアルツハイマー病に深く関与していると考えられている[5]。

トマトの味は，有機酸や糖のほかに，アミノ酸としてL-アスパラギン酸とL-グルタミン酸が主成分として関与していることが知られている。なお，L-アスパラギン酸には酸味があるのに，D-アスパラギン酸が無味であることは，すでに1886年，ピアッティ（Piutti）によって発見されていた[6]。

人工甘味料として広く使われるようになったアスパルテームの基本骨格は，L-アスパラギン酸と後述のL-フェニルアラニンからなるジペプチドであり，そのL-フェニルアラニン部のカルボキシ残基がメチル化された形をしている。

また，第4章（4.2.6項）でも述べるが，不足すると下痢や皮膚炎，痴呆などを症状とするペラグラを発症させる成分であるナイアシン（ニコチン酸やニコチンアミド）の生合成は，動物においてはL-トリプトファンを原料としているが，

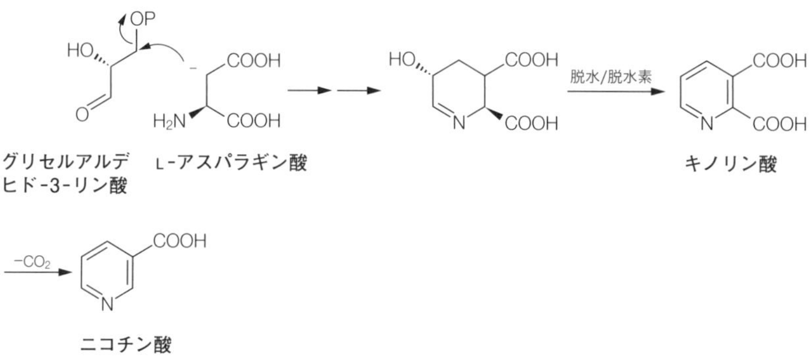

図2.5 高等植物におけるニコチン酸の生合成

高等植物においてはグリセルアルデヒド-3-リン酸とL-アスパラギン酸を前駆体として生合成される（図2.5）。さらに，アスパラギン酸はピリミジン骨格の生合成原料ともなっている（3.4.2項参照）。

なお，興奮惹起性アミノ酸（excitatory amino acids；EAA）として，D-アスパラギン酸誘導体である N-メチル-D-アスパラギン酸（N-methyl-D-aspartic acid；NMDA）が知られている。EAAの例としては，ほかに第3章（3.3.3, 3.3.4項）で述べるカイニン酸やキスカル酸も知られている。

2.3.3 L-アラニン

L-アラニン（L-alanine）は，後述のグリシンとともに絹糸中に多く含まれる。実際に，L-アラニンは1875年に絹糸の加水分解物から得られた[7]。しかし，じつはそれ以前の1850年にすでに化学合成で得られていた[8]。アラニンは 2-aminopropionic acid に該当する。

L-アラニンは，体内で，ピルビン酸に対するトランスアミナーゼによるアミノ基転位反応で生成する（図2.6）。この場合，アミノ基供与体はL-グルタミン酸かL-アスパラギン酸である。これらのアミノ基供与体であるアミノ酸も，それぞれα-ケトグルタル酸およびオキザロ酢酸がアミノ基を得て体内で生合成される非必須アミノ酸である。よって，L-アラニンは必須アミノ酸ではない。

L-アラニンには，L-グルタミンの項（2.3.7項）で後述するように，L-グルタミンとともにアルコールの代謝を促進している可能性や，肝障害の改善にも有

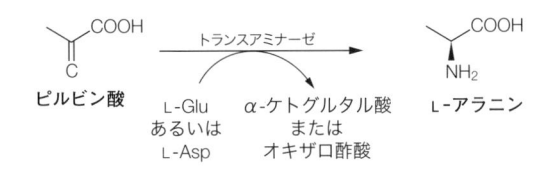

図2.6　L-アラニンの生合成

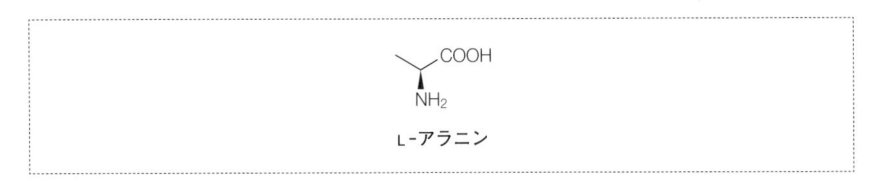

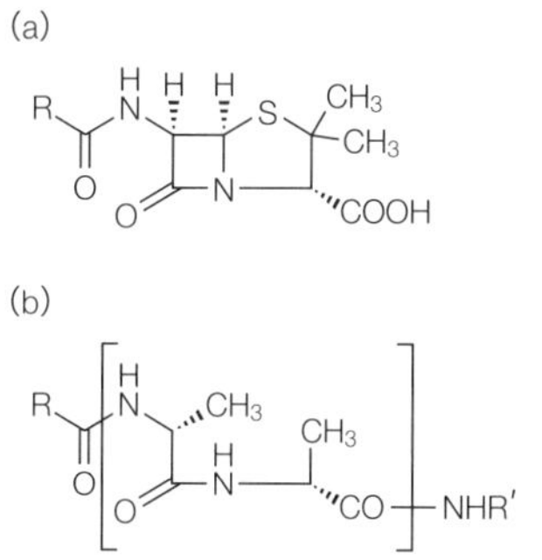

2.3 タンパク質構成アミノ酸各論

図2.7 ペニシリンの一般化学構造 (a) と細菌の細胞壁の
D-Ala-D-Ala 部分化学構造 (b) の比較

効である可能性があるといわれる。

　ペニシリン（図2.7a）の抗菌作用発現機構は，アラニンに関係がある。すなわち，菌には細胞壁があり，その構造の一部にL-アラニンの立体異性体であるD-アラニンが2分子連続して結合している部分がある。ペニシリンの化学構造は，このD-Ala-D-Ala部分構造（図2.7b）と類似しているために，菌が細胞膜を構築するときに，まちがってペニシリンを取り入れてしまう。そのために，本来の細胞壁が構築されず，菌は破壊されてしまうのである。なお，ペニシリン類の生合成には，その基本骨格中にL-システインとL-バリンが導入されている（2.3.14項参照）。

2.3.4　L-アルギニン

　L-アルギニン（L-arginine）は，1886年にマメ科のルピナス（*Lupinus* sp.）の芽生えから得られた[9]。アルギニンは 2-amino-5-guanidinovaleric acid に該当す

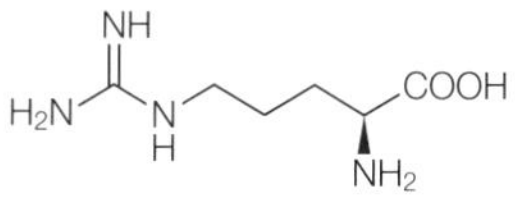

L-アルギニン

る。また，L-アルギニンは日本薬局方に収載されており，日本薬局方における名称は (2S)-2-amino-5-guanidinopentanoic acid である。

　L-アルギニンは，細胞核中で DNA に結合しているヒストンやプロタミンなどの塩基性タンパク質に多く含まれる。たとえば，L-アルギニンは，プロタミンを構成するアミノ酸の 60〜70% を占める。

　L-アルギニンは，グアニジル基を有する点が特徴的である。そのため塩基性を示し，L-ヒスチジンなどとともに塩基性アミノ酸の一種となっている。また，分子中にグアニジル基を有することから，坂口反応（1.3.8項参照）に陽性である。後述の L-ヒスチジンや L-リジンも塩基性アミノ酸の一種であるが，グアニジル基の塩基性はきわめて強いのに対して，やはり塩基性アミノ酸に分類される L-ヒスチジンの塩基性は弱く，L-リジンの塩基性は L-アルギニンと L-ヒスチジンの中間ぐらいである。

　L-アルギニンは，ゼラチン（gelatin）を濃塩酸で加水分解したのち，ベンズアルデヒドを加えて得られるベンジリデンアルギニンを 5 mol/l 塩酸と加熱して，ベンズアルデヒドを除いた部分から塩酸塩として得られる。また，L-オルニチンが発酵法によって大量に得られることから，L-アルギニンは L-オルニチンからの化学変換によっても得られる（図 2.8）。

　L-アルギニンは，幼児においては必須アミノ酸であるが，成人では体内で十分に生合成が行なわれるため，必須アミノ酸ではない。ただし，非必須アミノ酸の中では，L-アルギニンは L-グルタミンとともに重要な生理機能を担っている。L-アルギニンは，オルニチン回路の構成因子として，アンモニアの解毒に効果があるとされる。また，L-アルギニンを静脈注射すると，血管の拡張によって血圧が下降する。さらに，L-アルギニンには血小板が凝集するのを防ぐ作用もあるといわれている。

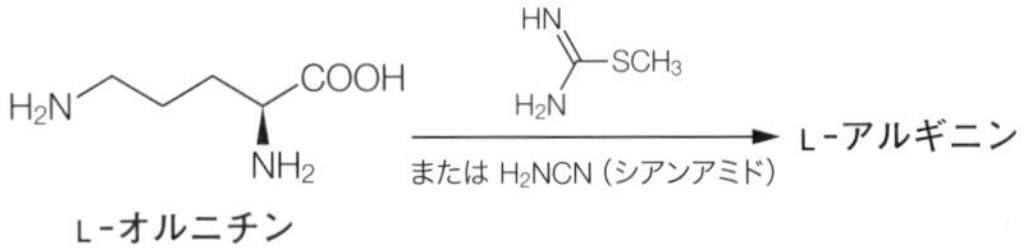

図 2.8　L-オルニチンから L-アルギニンの調製

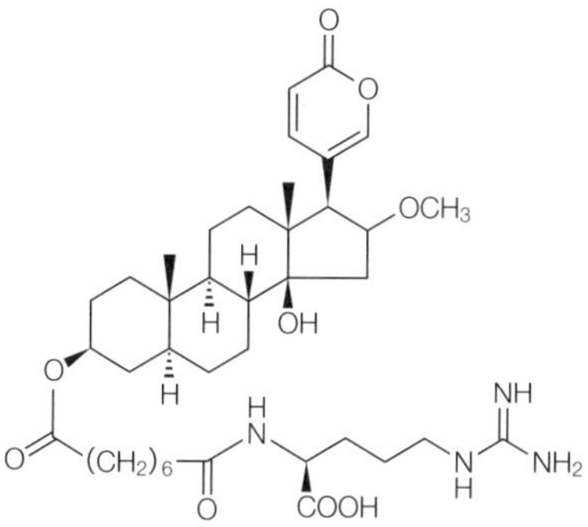

2.3 タンパク質構成アミノ酸各論

ブフォトキシン

　ヨーロッパでは，L-アルギニン塩酸塩などを，肝機能促進やアンモニア中毒による肝性昏睡の治療に用いるようになった。日本では，L-アルギニン投与による負荷試験が，下垂体機能異常の早期発見に応用される。それは，L-アルギニンが下垂体を刺激して，成長ホルモンの分泌を促進させるためである。

　ガマ毒として知られている強心性ステロイド化合物の中には，ヨーロッパ産のガマ毒由来のブフォトキシン（bufotoxin）のように，末端にL-アルギニンが結合しているものがある。L-アルギニンはまた，L-オルニチンを経てアトロピンやコカインのようなアルカロイドの生合成前駆体にもなっている（3.3.1項参照）。また，L-アルギニンのδ位のメチレン基が酸素に置き換わった化合物として，L-カナバニンがある。L-カナバニンは，カイコに対する毒性を示すことが知られている（4.3.14項参照）。

2.3.5　L-イソロイシン

　L-イソロイシン（L-isoleucine）は，1904年にアカザ科のサトウダイコン（*Beta vulgaris* var. *rapa*）の糖蜜から得られたことが報告されている[10]。のちにL-イソロイシンは，フィブリンや卵アルブミン，牛乳からも分離されている。このアミノ酸の化学構造は1907年に決定され，(2*S*,3*S*)-2-amino-3-methylvaleric acid に該当することがわかった。1931年にはアブデルハルデン（Abderhalden）らにより合成された。L-イソロイシンは日本薬局方にも収載されており，日本薬局

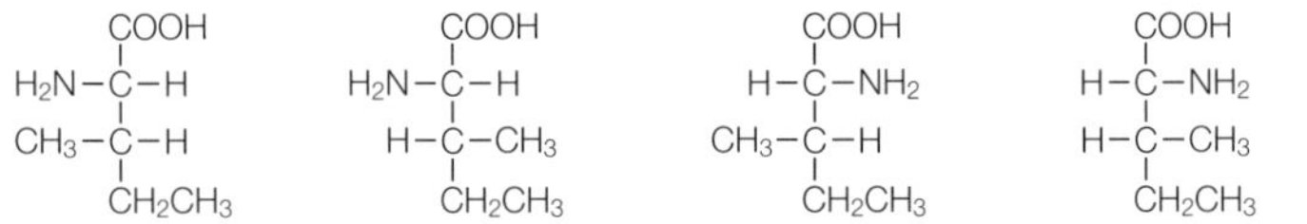

```
      COOH            COOH            COOH            COOH
   H₂N-C-H         H₂N-C-H         H-C-NH₂         H-C-NH₂
   CH₃-C-H         H-C-CH₃         CH₃-C-H         H-C-CH₃
      CH₂CH₃          CH₂CH₃          CH₂CH₃          CH₂CH₃
   L-イソロイシン   L-アロイソロイシン   D-アロイソロイシン   D-イソロイシン
```

図 2.9　L-イソロイシンとその立体異性体

方における名称は (2*S*,3*S*)-2-amino-3-methylpentanoic acid である。

L-イソロイシンには，α位炭素のほかにもうひとつ不斉炭素がある。2つめの不斉中心の配置の異なる異性体には，アロ（*allo*）という接頭語がつけられる決まりになっている。そこで，通常のイソロイシンの化学合成法においては，L-イソロイシン，D-イソロイシンのほかに，L-アロイソロイシン（L-allo-isoleucine）とD-アロイソロイシンも生成し，これら4種の異性体の混合物として得られる（図 2.9）。そのため，この混合物を精製して，L-イソロイシンを得ることが必要となる。

L-イソロイシンは，ヒトの必須アミノ酸のひとつである。また，L-イソロイシンは，L-バリン，L-ロイシンとともに，すでに述べたように分岐鎖アミノ酸（BCAA：2.2.3項参照）と称され，必須アミノ酸の中でもとくに重要視されている。たとえば，筋原線維はアクチンとミオシンというタンパク質でできているが，アクチンやミオシンの主成分はBCAAである。L-イソロイシンが欠乏すると，骨格筋に障害が起こる。L-イソロイシンの必要量は，成人において1日あたり体重1 kgに対して20 mgとされるが，最低でも成人1人あたり1日に0.5〜0.7 gが必要であるともいわれる。また，肝硬変になると血中のアルブミン量が減少するが，アルブミン製剤とともにBCAAを投与すると，肝臓のタンパク質合成が促進され，血清アルブミン量も増加する。よって，アルブミン製剤の使用を抑えることが可能となる。化学合成で得られる4種の異性体のうち，人

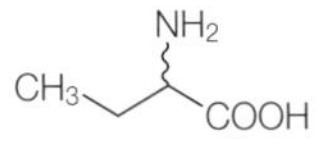

```
              NH₂
      CH₃-  -COOH
        α-アミノ酪酸
```

2.3 タンパク質構成アミノ酸各論 59

体には L-イソロイシンのみが有効かつ必要である。

一方，L-イソロイシンは，dl-α-アミノ酪酸を原料として，発酵法によって得ることもできる。この方法では，α-アミノ酪酸 20 mg/ml を含む培地を使って，最高で 12〜14 mg/ml の L-イソロイシンが得られたという報告がある。

2.3.6 グリシン

グリシン（glycine）は，1820 年にゼラチンの加水分解物から初めて結晶として単離された[11]。グリシンには甘味があり，ゼラチンから得られた甘味成分であるので，当初はゼラチン糖と命名された。これに対して，グリシンという名称は，ベルセリウス（J. J. Berzelius, 1779-1848）によって 1848 年に付けられている。グリシンの名称も，甘味のある（Glykys：甘い）ことに因む。グリシンは，タンパク質を構成する 20 種のアミノ酸中，唯一，不斉炭素をもたないアミノ酸である。グリシンは，非必須アミノ酸の L-セリンからグリシンヒドロキシメチルトランスフェラーゼによって体内で生合成される。よって，グリシンは非必須アミノ酸である。

ゼラチンは，コラーゲン（collagen）を水で長く加熱処理することによって得られる。コラーゲンは硬タンパク質（seleroprotein）に分類され，骨や筋肉などの結合組織中に広く分布する。そして，コラーゲンを構成する全アミノ酸の 1/3 はグリシンである。コラーゲンのアミノ酸配列を調べてみると，グリシンは正確に 3 つめごとに存在している。すなわち，コラーゲンの鎖は –グリシン–（アミノ酸）–（アミノ酸）– のくり返しとなっているのである[12]。

一方，グリシンは，aminoacetic acid の名称で日本薬局方にも収載されている。また，日本薬局方においては，催眠鎮静・抗てんかん・抗不安薬として応用されるニトラゼパム（nitrazepam）の確認試験において，グリシンの検出試験が応用されている。ニトラゼパムと推定される検体を確認するには，この検体を希塩酸中で加熱して，分解の結果，点線で囲った部分から生じるグリシンを検出する方法がとられている（図 2.10）。

グリシンは，絹糸を濃塩酸で加水分解したものからも分離される（絹については 4.5.3 項でも述べる）。これは，絹糸を構成するタンパク質であるフィブロインには，前述の L-アラニンとともにグリシンが多く含まれるためである。フ

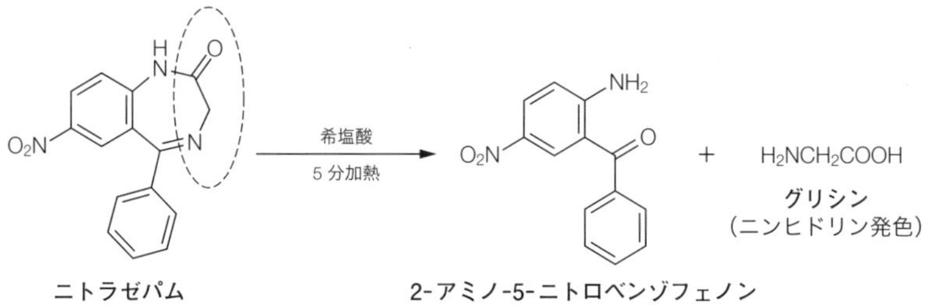

ニトラゼパム　　　　　　　　2-アミノ-5-ニトロベンゾフェノン

図 2.10　ニトラゼパムの確認反応

ィブロインの分子量は約 35〜37 万であり，1 分子のフィブロインは約 3500〜4500 個のアミノ酸がペプチド結合してできている。この長い分子は，側鎖の小さいグリシン（G），L-アラニン（A），L-セリン（S）で約 9 割を占め，グリシンと L-アラニン（または L-セリン）がくり返し連結した -G-A-G-A-G-A-（A は S でもよい）の構造を有する部分と，グリシン，L-アラニン，L-セリン以外の大きな側鎖をもつアミノ酸も入ってアミノ酸の並び方が不規則となった部分とが，交互に連絡していることがわかっている。すなわち，絹フィブロインの主要なアミノ酸の並びは -G-A-G-A-G-S- で，これが全配列の 7 割を占める。結局，絹タンパク質に含まれるアミノ酸含有量の多いものとして，モル比で，グリシン 45％，L-アラニン 30％，L-セリン 12％，L-チロシン 5％となっている。

　絹糸を $2N$ 塩酸で 110℃，24 時間加水分解したものを水酸化ナトリウム水溶液で中和すると，シルク醬油ができる。また，これを脱塩するとシルク溶液となる。上述のように，絹はグリシンを多く含むので，その加水分解物であるシルク醬油にはさわやかな甘味がある。さらに，シルク溶液を乾燥させると，砂糖の 2 倍以上の甘味のある水溶性シルク粉末となる。

　グリシンの解毒作用は古くから知られている。たとえば，安息香酸はグリシン抱合体である馬尿酸を形成して尿中に排泄される（図 2.11）。また，コール酸はグリシンと抱合体をつくり，グリココール酸（glycocholic acid）となる。グリココール酸は胆汁酸の 2/3 を占める。残り 1/3 はタウリンの抱合体のタウロコール酸（taurocholic acid）である。その他，グリシンは，クレアチンやグルタチオン，ヘムや葉緑素を形成するポルフィリン骨格，カフェインなどのプリン骨

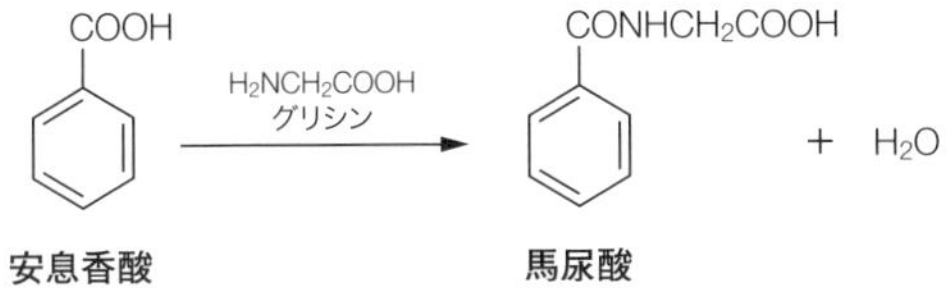

2.3 タンパク質構成アミノ酸各論

図2.11 安息香酸のグリシン抱合体の生成

格など，種々の重要な化合物の生合成の起源物質にもなっている。

ズワイガニには多くの呈味成分が含まれるが，その味を特徴づけているのは，甘味のグリシンやL-アラニン，苦味のL-アルギニン，うま味のL-グルタミン酸などである。カニが旬を迎える時期には，とくに甘味を呈するグリシンとL-アラニンが増加し，苦味を呈するL-アルギニンが減少するため，甘味が増す。グリシンの存在は重要である。

グリシンは，豆腐などを日持ちさせる製剤としても使用されている。また，グリシンには，血中コレステロール濃度を低下させる作用がある。さらに，グリシンには睡眠を改善する効果のあることが味の素（株）の研究として報告され，「グリナ」という商品名の健康食品として2005年に上市されている。

グリシンの製造法には加水分解法と化学合成法とがあるが，加水分解法においては，くず絹を原料として用いる。くず絹を濃塩酸で加水分解し，水分を蒸発させたのち，無水エタノールに溶かし，塩化水素を通じて加熱して，グリシンのエチルエステルとする。さらに，塩化水素を飽和させて放冷すると，水に溶けにくいグリシンのエチルエステル塩酸塩が結晶として析出する。グリシンは，このグリシンエチルエステル塩酸塩を塩酸で加水分解することによって得

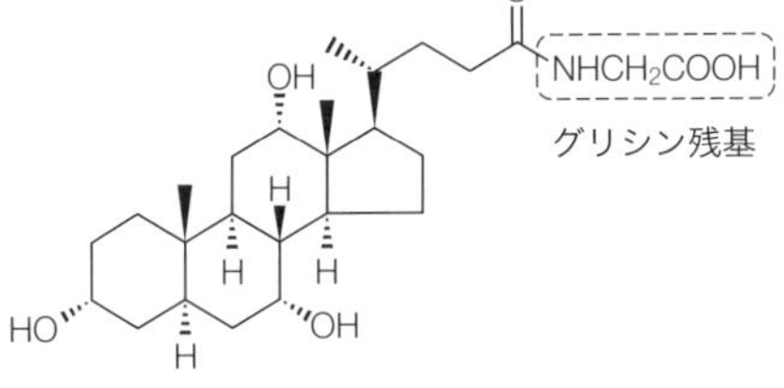

$$HCHO + HCN + NH_3 \longrightarrow H_2NCH_2CN + H_2O \xrightarrow{\text{加水分解}} H_2NCH_2COOH$$
グリシン

$$ClCH_2COOH + 2NH_3 \longrightarrow H_2NCH_2COOH + NH_4Cl$$

図 2.12　ストレッカー法およびモノクロロ酢酸のアミノ化によるグリシンの合成

られる。

　一方，化学合成法には，ストレッカー（A. F. L. Strecker, 1822-1871）によって考案されたストレッカー反応（Strecker reaction）を応用したストレッカー法とモノクロロ酢酸のアミノ化による方法とがある（図2.12）。ストレッカー法では，ホルマリン，シアン化水素，アンモニアを原料としてアミノアセトニトリルを合成し，次いで，このアミノアセトニトリルを加水分解してグリシンを得る。また，モノクロロ酢酸のアミノ化による方法では，ハロゲン酸のモノクロロ酢酸にアンモニアを作用させてグリシンを得る。条件がいろいろ検討された結果，酸に対して60倍量のアンモニアを使用し，50℃，4時間の反応で，グリシンが84.5％の収率で得られた[13]。

2.3.7　L-グルタミン

　L-グルタミン（L-glutamine）は，1883年にサトウダイコンの搾りかすから単離された[14]。L-グルタミンは，L-グルタミン酸γ-アミド（L-glutamic acid γ-amide）に該当する。L-グルタミンを加水分解すると，次項に述べるL-グルタミン酸が得られる。

　L-グルタミンは，グルタミンシンテターゼ（glutamine synthetase）によって非必須アミノ酸のL-グルタミン酸とアンモニアから生合成される（図2.13）。よって，L-グルタミンは必須アミノ酸ではない。L-グルタミンは人体にもっとも多く含まれているアミノ酸であり，骨格筋の遊離アミノ酸においてはその約6割を占めるという。

　L-グルタミンは，これまで窒素の運搬体（キャリア）としての機能以外は知られていなかったが，その後，前述のL-アルギニンとともに重要な役割をするアミノ酸であることがわかってきた。1980年代に入って，L-グルタミンは，消化管，とくに腸管のエネルギー源であることが明らかにされた。外科手術後など

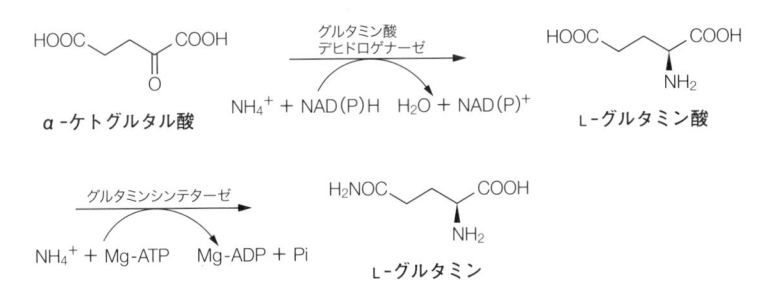

2.3 タンパク質構成アミノ酸各論

図2.13　L-グルタミン酸およびL-グルタミンの生合成

の侵襲期には，骨格筋に蓄えられているL-グルタミンが動員されて消化管に到達し，消化管のエネルギー源として利用される。また，ラットに大量のアスピリンを投与して生じさせた潰瘍に対して，L-グルタミンを投与したところ潰瘍病変がいちじるしく抑えられることも知られている。これらの知見から，L-グルタミンは健全な消化管の維持に重要な役割を担っているものと認識されている。

　また，L-グルタミンは，前述のL-アラニンとともに，アルコールの代謝を促進している可能性がある。味の素（株）グループの研究によれば，長期にわたって多量のアルコールを混ぜた食餌をラットに与えて，いずれのアミノ酸が選択摂取されるかを調べたところ，L-グルタミンとL-アラニンが選択摂取されることが見いだされた。また，アルコールに加えて，L-グルタミンおよびL-アラニンを単回投与したラットの自発運動量を測定すると，対照群（アルコールのみ投与）と比較して早期に自発運動量が改善することも示され，L-グルタミンやL-アラニンがアルコールの代謝を改善している可能性が強く示唆されたという。さらに，アルコールをラットの静脈内に注入して，血中アルコール濃度とその代謝産物を測定したところ，アルコールを静脈注射するとともにL-グルタミンとL-アラニンを経口投与した場合では，これらのアミノ酸を経口投与しなかった場合と比較して，血中アルコール濃度の減少が促進され，血中アセトアルデヒド濃度も低下したという[15]。

　一方，L-グルタミンおよびL-アラニンには，肝障害に対する改善効果もある。L-グルタミンとL-アラニンには，70％肝切除ラットの肝再生を促進させたり，

ガラクトサミン投与によって生じるラットの急性肝障害を改善させたりする効果のあることが明らかとなっている。

以上のことから，L-グルタミンやL-アラニンは，アルコールの代謝の改善のみならず，肝障害の改善にも広く有効である可能性が高く，新たな機能性食品などへの応用が期待されている。

2.3.8 L-グルタミン酸

L-グルタミン酸（L-glutaminic acid）は，1866年に小麦のタンパク質であるグルテン（gluten）の加水分解物から単離されたので，この名前がついた[16]。ケクレ（F. A. Kekulé, 1829-1896）がベンゼンの化学構造を提出したのは，この前年の1865年のことである。

L-グルタミン酸は，体内でα-ケトグルタル酸がグルタミン酸デヒドロゲナーゼによって還元的にアミノ化されることによって生成する（図2.13）。よって，L-グルタミン酸は必須アミノ酸ではない。

遊離のL-グルタミン酸は，$6N$塩酸中で正の旋光性（$[\alpha]_D^{22.4} +31.4°$）を示し，そのナトリウム塩も$1N$塩酸中で正の旋光性（$[\alpha]_D^{25} +24.2〜25.5°$（$c=8.0$））を示す。ただし，L-グルタミン酸の水溶液はわずかに負の旋光性を示すことが知られている。

さて，L-グルタミン酸の存在は，やがて1908年の池田菊苗（1864-1936）の「味の素」（L-グルタミン酸モノナトリウム塩，monosodium glutamate；MSG）の発見につながる（図2.14）。東京大学の池田菊苗教授は，1908年（明治41年）に「グルタミン酸塩を主成分とせる調味料製造法」の特許を取得し，翌1909年，東京化学会誌に「新調味料に就きて」という題の論文を発表した[17]。この論文の中で池田は，昆布のうま味成分としてグルタミン酸塩の抽出に成功したこと

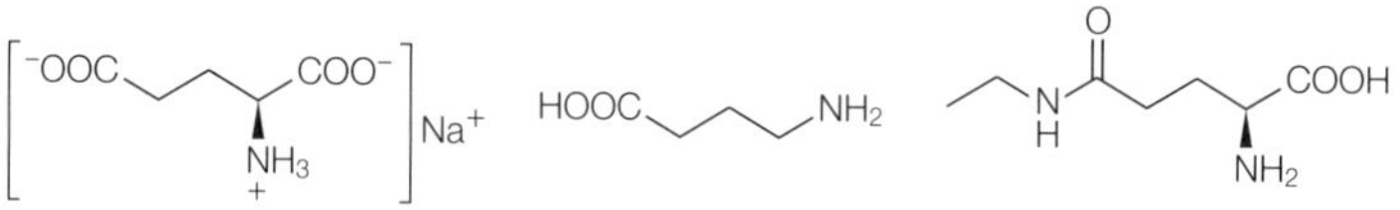

図2.14 L-グルタミン酸由来の化合物の例

を述べ，また，それまでの，すべての味は「甘味，塩味，酸味，苦味」の4基本味によって成り立っているという説に異議を唱え，5番目の基本味として「うま味 (umami)」のあることを提唱した．そして，1909 年に最初の「味の素」が売り出され，世界的にもユニークなアミノ酸工業が誕生した．現在の味の素（株）の発端である．L-グルタミン酸は，単品のアミノ酸としては現在もっとも生産量が多く，イネ科のサトウキビ (*Saccharum officinarum*) やサトウダイコン抽出物などを原料として，これにコリネバクテリウム (*Corynebacterium helassecola*) のような微生物を作用させて製造されている．なお興味深いことに，味の素の光学異性体となる D-グルタミン酸のモノナトリウム塩のほうはほとんど無味である．

うま味は現在，5 番目の味として認識されているが，うま味が基本味のひとつであるということは，国際的にはなかなか受け入れられなかった．米国では長いあいだ，グルタミン酸ナトリウムは，フレーバーエンハンサー (flavor enhancer；風味増強剤) として分類されていたのである．そのもの自体には味はないが，食品に加えることによって風味を増強する物質であるということである．現在，うま味は英語でも"umami"として国際的にも認識されている．そして，味の素のうま味は，かつお節由来のイノシン酸やシイタケ由来のグアニル酸などの他のうま味成分 (3.4.1 項参照) と相乗作用を示すことも知られている．

緑茶のうま味成分として知られているテアニン (theanine) は，L-グルタミン酸の γ 位のカルボン酸にエチルアミンがアミド結合した化合物であり，アルカロイドの一種といってもよい (図 2.14)．上級煎茶では約 1.6% 程度のアミノ酸が含まれているというが，テアニンのほかに，L-グルタミン酸，L-アスパラギン酸，L-セリン，L-アルギニンの 5 種で全アミノ酸の 90% 近くを占めているという[18] (テアニンについては 3.3.3 項でもふれる)．

味の素については，1970 年代に「中華料理店症候群 (チャイニーズレストランシンドローム)」として騒がれたことがあった．米国では中華料理に化学調味料が多用され，人によっては，のぼせ感や全身の倦怠感が起こったのである．この症状はグルタミン酸モノナトリウム塩の脳に対する作用と疑われた．しかし，この中華料理店症候群は現在はおそらく末梢性の症状と考えられている．米国

食品医薬品局（FDA）が応用生物学米国協会に研究依頼した結果，「味の素」は通常の摂取量では何の問題も起こさないが，大量に摂取すると，灼熱感，顔面の圧迫感，頭痛，眠気などをひき起こし，ごくまれに衰弱することもあるという報告が出された[19]。

じつは，血管と脳のあいだには関所があって，食品として摂取し血液中に入った物質を簡単には脳に通さないしくみになっている。脳以外の組織では，毛細血管の内壁を構成する内皮細胞を介したり，内皮細胞のあいだをぬって物質が運ばれたりするのに対して，脳内の毛細血管では，内皮細胞間の隙間がずっとせまく，物質が通りづらい。さらに脳では，血管の外側をグリア細胞と称される数多くの細胞が取り囲んだ構造となっていて，物質の通過を妨げている。これを「血液脳関門」と称している。L-グルタミン酸は，脳内の興奮性伝達物質となっているし，脳内にもっとも高密度に存在する物質であるが，脳内のグルタミン酸は外部から入るのではなく，脳のグルコース代謝系から生成される。

グルタミン酸のα位のカルボキシ基が1個脱炭酸して生成したのが，γ-アミノ酪酸（γ-aminobutyric acid；GABA）である（図2.14）。γ-アミノ酪酸は，その英名の頭文字をとったGABA（ギャバ）という名前でよばれることが多い。GABAは，生体内ではL-グルタミン酸（L-glutamic acid）から，グルタミン酸デカルボキシラーゼ（glutamate decarboxylase）と補酸素ピリドキサルリン酸（pyridoxal phosphate）のはたらきでつくられる。よって，GABAはグルタミン酸由来のアルカロイドともいえる。なお，上述のように，グルタミン酸は脳内では神経伝達物質としてもはたらいている。甲殻類のイセエビやザリガニなどでは，L-グルタミン酸が興奮性の，そして，GABAが抑制性の伝達物質となっている。GABAは，ヒトにおいても脳内の抑制性の伝達物質となっている（4.3.7項で再び述べる）。

L-グルタミン酸が分子内に取り込まれて生成したアルカロイドに，カイニン酸がある。カイニン酸は，もともとは回虫駆除薬である「海人草」の有効成分として発見された化合物であるが，近年は脳神経系の研究用の試薬としても重要な位置を占めるようになった。カイニン酸様の作用を示す化合物群を，カイノイド（kainoids）と称する（カイニン酸については3.3.3項でもふれる）。カイニン酸および類縁のドウモイ酸は，血液脳関門を通りやすい。

2.3 タンパク質構成アミノ酸各論

```
Glu-P-1    R=CH₃
Glu-P-2    R=H
```

また，L-グルタミン酸と同質のうま味をもち，しかも，そのうま味の強度がより強いアミノ酸（アルカロイド）として，トリコロミン酸とイボテン酸がある。イボテン酸の分解で生じるムシモールは，テングタケの有毒主成分と目される。これらのアミノ酸（アルカロイド）も，L-グルタミン酸（あるいはGABA）の化学構造が五員環として固定された形を有している。さらに，アセタケなどの有毒成分になっているムスカリンは，グルタミン酸とピルビン酸の縮合によって生合成される（これらの化合物についても3.3.3項で再びふれる）。グルタミン酸はまた，葉酸の部分構造にもなっている（葉酸については4.2.15項で再びふれる）。

ナス科のトマト（*Lycopersicon esculentum*）の果実には，うま味成分としてグルタミン酸が大量に含まれていることが知られている。また，納豆にもL-グルタミン酸がかなり濃厚に含まれており，納豆の糸の主成分はポリグルタミン酸である（納豆のポリグルタミン酸については4.5.4項で述べる）。

さらに，とくに民間薬においては，さまざまな動植物成分を蒸し焼きにした「黒焼き」といわれるものが使用されることがある。黒焼きにおいては，L-グルタミン酸やL-トリプトファンが変化した化合物が生成することが知られており，L-グルタミン酸からはGlu-P-1やGlu-P-2と命名された化合物が生成することが知られている。

2.3.9 L-システイン

L-システイン（L-cysteine）は，分子中にイオウを含むアミノ酸（含硫アミノ酸）の一種であり，化学名は2-amino-3-mercaptopropionic acid（3-mercaptoalanineともいう）である。L-システインは当初，その2量体が1899年に哺乳動物の角の加水分解物から，L-シスチン（L-cystine）として単離された[20]。L-システ

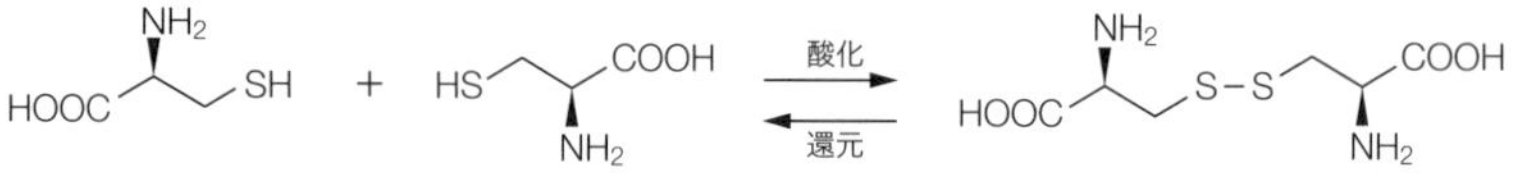

図 2.15　L-システインと L-シスチン

インは，非必須アミノ酸である L-セリンから体内で生合成される。よって，L-システインは必須アミノ酸ではない。

　L-システインは，SH 基を含むために容易に酸化して，もう 1 分子の L-システインの SH 基とのあいだでジスルフィド (S-S) 結合をつくり，タンパク質の 2 次構造形成に寄与している。くり返すが，L-システインが 2 分子，ジスルフィド結合している形のアミノ酸が，L-シスチンである（図 2.15）。そのため，L-シスチンを L-システインとは別のアミノ酸とみなして，タンパク質構成アミノ酸の数を 21 個とすることもある。

　L-システインは，L-シスチンの形で，タンパク質のケラチンを構成するアミノ酸としてヒトの髪の毛や羊毛などに多く含まれる。毛髪における L-シスチンの含量は 14〜18% にのぼる。毛髪や羊毛を燃やすと悪臭がするのは，含硫アミノ酸である L-シスチンを大量に含むためである。食物では小麦胚芽に多く，100 g あたり 460 mg 含まれるという。

　髪の毛をいわゆるコールドパーマによってパーマネントウェーブとするときには，髪の毛のタンパク質の L-シスチンのジスルフィド結合を化学的に切断し，また再結合させる操作を行なう（この過程については 4.2.1 項で詳述する）。

　なお，他のタンパク質構成アミノ酸の α 位炭素の絶対配置が S であるのに対して，L-システインの α 位炭素の絶対配置は R である（図 2.16）。これは，絶対配置の決定に伴うカーン・インゴルド・プレログ則（1.2.1 項参照）によって

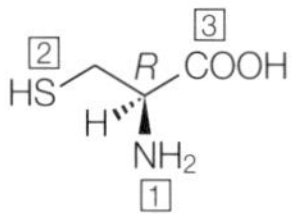

図 2.16　L-システインの絶対構造

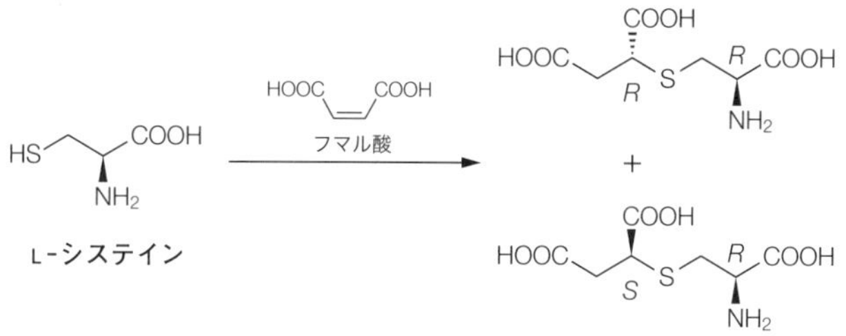

2.3 タンパク質構成アミノ酸各論

図 2.17　L-システインとフマル酸の反応

優位度を比較する際の順位のちがいによる。すなわち，L-システインには，他のタンパク質構成アミノ酸とちがって，β位炭素にイオウ原子（S）が結合していることがその理由である。α位炭素に結合する基の中で最優位となるのは，いずれのタンパク質構成アミノ酸でも窒素であり，L-システインにおいてもこのことは共通である。しかし，第2位には，他のアミノ酸の場合はC＝Oを含む基となるのに対して，L-システインではCH_2SH基となる。ゆえに，他のタンパク質構成アミノ酸の絶対配置とはR/Sの判定が逆転するのである。

第4章に述べるニンニク成分のアリインは，L-システイン誘導体とみることもできる。また，すでにふれたが（1.3.1項），イボテングタケからNMDA（*N*-methyl-D-aspartic acid）受容体阻害作用を有する活性成分として，L-システインにフマル酸（fumaric acid）あるいはマレイン酸（maleic acid）が結合した形の化合物〔(2*R*)(1′*R*)- および (2*R*)(1′*S*)-2-amino-3-(1,2-dicarboxyethylthio)propanoic acid〕が得られている[21]。これらの化合物は，実際にL-システインとフマル酸から調製できることがわかった（図2.17）。さらに，L-システインの主たる酸化生成物として，第4章（4.2.13項）に述べるタウリンが知られている。

日本薬局方においては，L-システインにカルボキシメチル基が結合したL-カルボシステイン（L-carbocysteine；(2*R*)-2-amino-3-carboxymethylsulfanylpropanoic

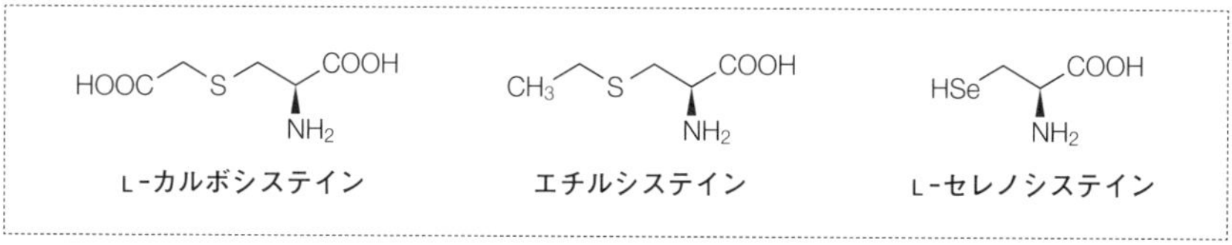

L-カルボシステイン　　エチルシステイン　　L-セレノシステイン

acid）やエチルシステインが収載されている。L-カルボシステインは，経口投与により，去痰・粘膜正常化薬として，上気道炎や急性・慢性気管支炎，気管支喘息などに際して用いられている。L-カルボシステインの重大な副作用として，中毒性表皮壊死症が現われることがある。また，一方のエチルシステインは，去痰薬として応用されている。

なお，L-システインはペニシリン類の生合成の際，その基本骨格中にL-バリンとともに導入されている（2.3.14項参照）。

土壌中にセレンを多く含むところに生えているマメ科の植物の中には，L-システインのイオウ原子（S）がセレン原子（Se）に変換されたアミノ酸を含むものがある。これをL-セレノシステインといい，L-セレノシステインを含む植物を食べた家畜に対して中毒作用を示すことが知られている。同じように，分子中にセレンを含むアミノ酸には，L-メチオニンの本来イオウ原子を含むところにセレン原子が入りこんだL-セレノメチオニンもある。L-セレノメチオニンも，家畜に対して中毒作用を示す[22]。

2.3.10 L-スレオニン

L-スレオニン（L-threonine）は，1935年に血液のフィブリンの加水分解物からアメリカのローズ（W. C. Rose, 1887-1985）らにより，タンパク質構成アミノ酸の20番目，すなわち，タンパク質構成アミノ酸としては最後のアミノ酸として発見された[23]。ローズらは1931年に，当時知られていた19種の純アミノ酸混合物を与えて白ネズミを飼育したところ，体重が急激に減少することを観察した。ところが，これにカゼインやニカワのようなタンパク質を少し加えると白ネズミがよく成長することから，タンパク質中には栄養上必要な未知のアミノ酸が含まれていると考えたのであった。

L-スレオニンは，L-2-amino-3-hydroxybutyric acidに該当する。L-スレオニンは必須アミノ酸のひとつであり，必要量は1日0.5gとされる。L-スレオニンは，日本薬局方にL-トレオニンとして収載されており，日本薬局方における物質名は（$2S,3R$）-2-amino-3-hydroxybutanoic acidである。L-スレオニンは，医薬品としては他のアミノ酸と配合され，総合アミノ酸製剤として，低タンパク質血症，低栄養状態，手術前後のアミノ酸補給のために静注または点滴され

2.3 タンパク質構成アミノ酸各論

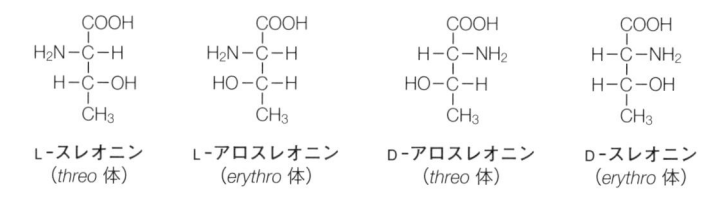

```
    COOH            COOH            COOH            COOH
H2N-C-H         H2N-C-H         H-C-NH2         H-C-NH2
    H-C-OH          HO-C-H          HO-C-H          H-C-OH
    CH3             CH3             CH3             CH3
L-スレオニン      L-アロスレオニン   D-アロスレオニン   D-スレオニン
(threo 体)       (erythro 体)      (threo 体)       (erythro 体)
```

図2.18　L-スレオニンとその立体異性体

るか，または経口投与される。

スレオニンには，L-スレオニン（または，$2S,3R$-スレオニン，L-threonine），L-アロスレオニン（または，$2S,3S$-スレオニン，L-allothreonine），D-アロスレオニン（または，$2R,3S$-スレオニン，D-allothreonine），D-スレオニン（または，$2R,3R$-スレオニン，D-threonine）の4種の異性体が存在する（図2.18）。これらのスレオニンの4種の立体異性体のうち，動物の成長に効果を示すのはL-スレオニンのみである。L-スレオニンの立体化学をニューマンの投影式で描き，2つの炭素に結合した3つの基に1〜3の順位をつけると，図2.19に示すようになる。ここで，炭素-炭素結合を回転させて2つの炭素に結合した基の1位どうしを重ね合わせたとき，2〜3位が重なり合わない場合をスレオ（threo）型（またはスレオ体）といい，重なる場合をエリスロ（erythro）型（またはエリスロ体）という。L-スレオニンの場合，スレオ型になっている。ちなみに，D- および L-アロスレオニンはエリスロ型となっている。

一方，D,L-アロスレオニンのアロ（allo）の意味は，D,L-スレオニンに対してそれぞれ，α位以外の他の不斉炭素の絶対配置が異なっていることを示す。よ

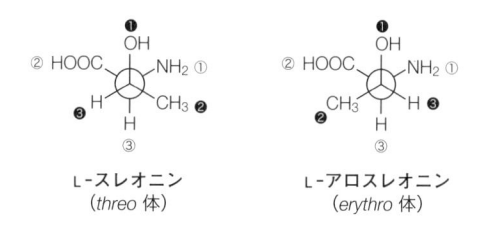

図2.19　L-スレオニンとL-アロスレオニン

って，L-アロスレオニンではL-スレオニンが2S,3R-スレオニンとなっているのに対して，β位（3位）の不斉炭素の絶対構造がSとなり，2S,3S-スレオニンとなっている。

L-スレオニンはアミノ酸の一種であるから，その立体化学を議論する場合には，後述する（2.3.11項）セリンの立体化学を基本としている。天然型のものは通常，L-スレオニンという。しかし，この化合物は水酸基をも有することから，糖の誘導体とみなして，糖の立体化学によって表示することも可能である。すなわち，L-スレオニンをグリセルアルデヒドの誘導体とみて，立体化学を判断することもできる。ところが，スレオニンを糖の誘導体とみた場合，フィッシャーの投影式で示すときカルボキシ基からもっとも遠い水酸基が右側にあることから，L-スレオニンはD型の糖ということになってしまう。すなわち，D-スレオニンとなる。

この混乱を避けるために，D/Lの記号に，アミノ酸のセリンを基準として用いる場合には下付きのs（sはselineの頭文字）を付記して，D_sおよびL_sとし，糖とみなしてグリセルアルデヒドを基準として立体を表示する場合には下付きのg（gはglyceraldehydeの頭文字）を付記して，D_gおよびL_gと記載することがあることは第1章（1.2.1項）でも述べた。

そこで，スレオニンのD/Lをセリンまたはグリセルアルデヒドを基準とした決め方を使って厳密に記載すれば，天然のスレオニンはL_s-スレオニン，あるいは，D_g-スレオニンと記載される。後者のように，この化合物をD型の糖とみなして，これを化学名で示せば，2-アミノ-2,4-ジデソキシ-D_g-スレオニン酸（2-amino-2,4-didesoxy-D_g-threonic acid）となる。

L-スレオニンは，セリシンや，カゼイン，フィブロインなどのタンパク質に多く含まれ，これらの加水分解物をイオン交換クロマトグラフィーによって分

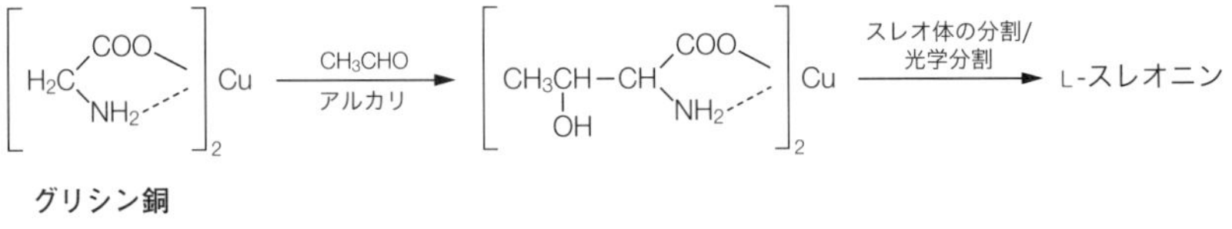

図 2.20　L-スレオニンの合成

2.3 タンパク質構成アミノ酸各論   73

離精製して，L-スレオニンを得ることはできる。しかし，タンパク質の分解による方法は，L-スレオニンの大量生産には適さない。そこで，L-スレオニンの生産には化学合成法が応用されている。たとえば，グリシン銅にアセトアルデヒドを作用させる方法が赤堀らによって考案されている[24]（図2.20）。この方法は，アロスレオニンに対してスレオニンの生成率が高く（*threo*型/*allo*型＝1.8），収率もよいので，わが国で工業的製法として用いられている。スレオ型とアロ型との効率よい分離や，DL-スレオニンの光学分割法にも，他のアミノ酸と同様に，アシラーゼを用いたりして分離可能である。また，発酵法によるL-スレオニンの生産も考案されている。

2.3.11　L-セリン

　L-セリン（L-serine）は，絹に含まれるタンパク質のセリシン（sericin）の加水分解によって得られた[25]。1865年のことである。L-セリンの名称は，セリシンに基づく。化学名は 2-amino-3-hydroxypropionic acid である。日本薬局方には収載されていない。

　L-セリンは，3-ホスホグリセリン酸（3-phosphoglycerate）から体内で生合成される（図2.21）。ゆえに，L-セリンは必須アミノ酸ではない。また，グリシンやL-システインは，L-セリンから生成される。よって，グリシンやL-システインも必須アミノ酸ではない。このことは前述した。

　絹糸を構成するタンパク質には，フィブロイン（fibroin；繊維状タンパク質，

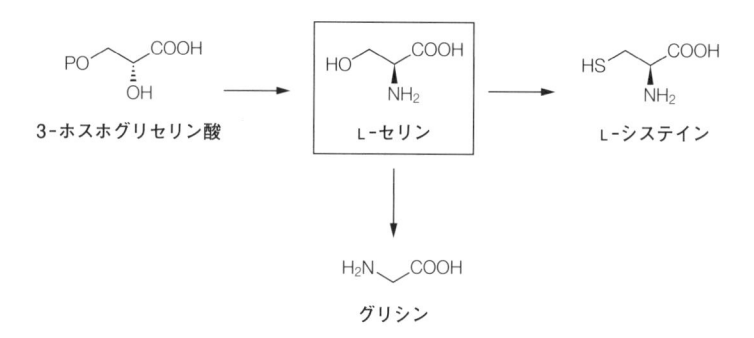

図2.21　L-セリンからL-システインとグリシンの生成

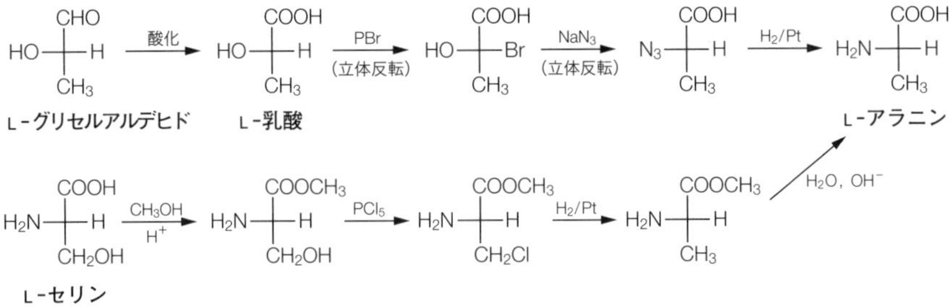

図 2.22 L-グリセルアルデヒド，L-乳酸と L-アラニン，L-セリンの化学相関

70〜75％）とセリシン（sericin；膠質タンパク質，25〜30％）とがあり，いずれも L-セリンに富むタンパク質である。生糸は 2 本のフィブロインの外側をセリシンで覆うような形をとっている。そして，セリシンを取り除くことによって，絹に特有の光沢やしなやかさが得られる（4.5.3 項参照）。

糖の立体化学を議論するときには，D-グリセルアルデヒドまたは L-グリセルアルデヒドを基本物質として D 体または L 体を決定する。これに対して，前項で述べたようにタンパク質構成アミノ酸を中心とするアミノ酸の D 体および L 体を決定するときには，セリンを基本物質とする。すなわち，D- および L-セリンの絶対構造との比較によって，アミノ酸の D/L を決定するのである。

まず，L-乳酸の絶対構造が，L-グリセルアルデヒドとの関連性から決定された。次いで，L-アラニンが L-乳酸から導かれることにより，その絶対構造が決められた。さらに，L-セリンから化学変換によって L-アラニンに導くことができることにより，その絶対構造が決定された。そして，この L-セリンが，他のタンパク質構成アミノ酸の絶対構造を決定する基本物質となった（図 2.22）。

L-セリンを基本物質として，タンパク質構成アミノ酸の立体構造が次々に調べられた結果，タンパク質構成アミノ酸 20 種はすべて L 体であると結論づけられた。ただし，スレオニンに関しては，これをアミノ酸として見た場合と糖の関連化合物として見た場合とで D と L の符号が逆になるので，注意が必要である（このことは 1.2.1 項および 2.3.10 項の L-スレオニンの項でも述べた）。

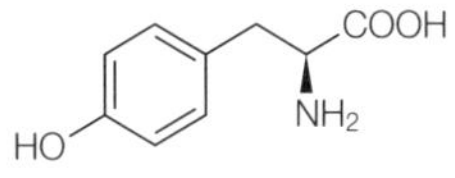

2.3 タンパク質構成アミノ酸各論　　　　　　　　　　　　　　　　75

L-チロシン

2.3.12 L-チロシン

　L-チロシン（L-tyrosine）は，1846年にリービッヒ（J. von Liebig, 1803-1873）によって，チーズから単離された[26]。L-チロシンの語源はチーズであり，*tyros* とはギリシャ語で"チーズ"のことである。その化学名は 2-amino-3-(4-hydroxyphenyl)propionic acid〔3-(4-hydroxyphenyl)alanine〕である。L-チロシンは，日本薬局方には収載されていない。L-チロシンは，分子中にベンゼン環を有するアミノ酸で，後述のL-トリプトファンやL-フェニルアラニンとともに，紫外可視吸収スペクトログラフィーにおいて紫外部（270〜290 nm）に吸収極大を有する。L-チロシンは無味である。

　L-チロシンは，後述のL-フェニルアラニンと同様，コリスミン酸（cholismic

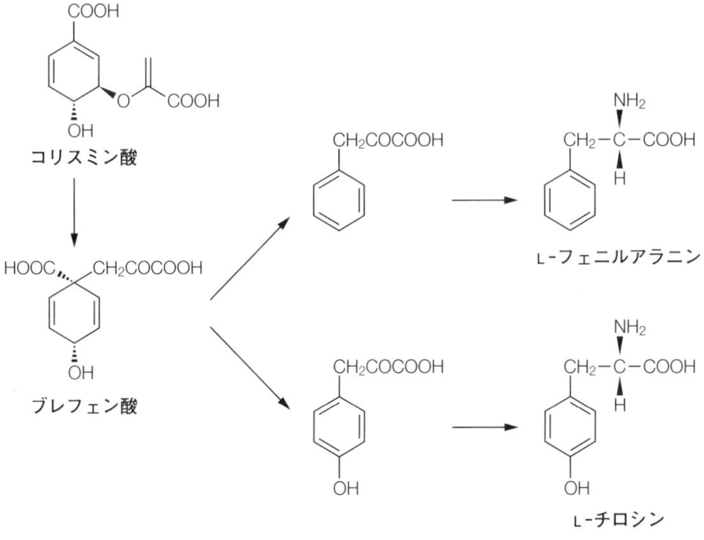

図 2.23　L-フェニルアラニンおよびL-チロシンの生合成

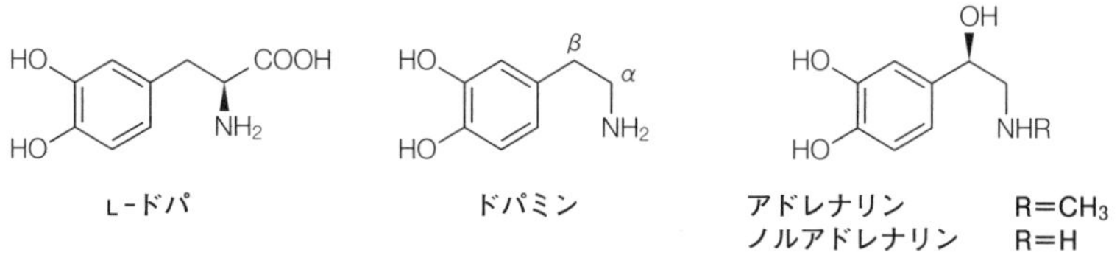

図 2.24 L-ドパと関連アルカロイドの例

acid) 由来のプレフェン酸 (prephenic acid) を起源として生成するアミノ酸である (図 2.23)。なお，L-チロシンは，タケノコ，とくにイネ科のモウソウチク (*Phyllostachys pubescens*) のタケノコに多く含まれ，モウソウチクの L-チロシン含量はマダケ (*P. bambusoides*) のタケノコの約 10 倍であるという[27]。

L-チロシンからは，さらに L-ドパ (L-DOPA, L-dihydroxyphenylalanine) やドパミン (dopamine) のようなアルカロイドも生成する (図 2.24)。これらのアルカロイドも生体アミンとして知られ，重要な役割を果たしている。ドパミンは，さらに β 位の炭素が酸化されて，ノルアドレナリン (noradrenaline) となり，次いで N-メチル化されてアドレナリン (adrenaline) になる。

なお，ノルアドレナリンとアドレナリンは，かつてはそれぞれ，エピネフリン (epinephrin) およびノルエピネフリン (norepinephrin) とよばれていたが，高峰譲吉 (1854-1922) によるアドレナリンの単離報告がエピネフリンの単離報告に先行することが近年再認識され，エピネフリンやノルエピネフリンに代わって，アドレナリンおよびノルアドレナリンの名称が公式に用いられるようになった。日本薬局方においても，2006 年に発行された第十五改正日本薬局方からはアドレナリンやノルアドレナリンの名称を正式名として採用し，エピネフリンやノルエピネフリンは別称となった。

パーキンソン症候群 (4.2.5 項参照) は，体内のドパミンが欠乏していることによって起こる。そこで，パーキンソン症候群の患者に対してドパミンの増量を図るため，その前駆物質である L-ドパの投与がなされることがある。

また，L-ドパの脱炭酸過程に関与するドパデカルボキシラーゼ (dopa decarboxylase) を阻害する薬物が投与されれば，ドパミン，ひいてはノルエピネフリンなどのカテコールアミンの含量が低下し，血圧が下降することになる。さ

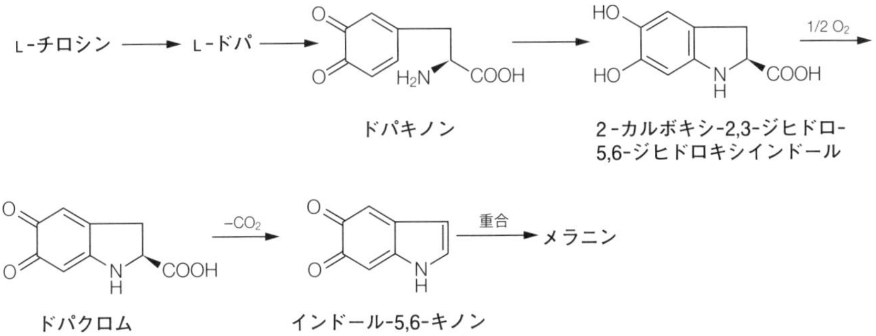

2.3 タンパク質構成アミノ酸各論

図 2.25 L-チロシンからメラニンの生成

らに，後に L-フェニルアラニンの項および第 4 章（4.2.7 項）に詳しく述べるが，L-フェニルアラニンを L-チロシンに変化させる酵素が欠損していると，フェニルケトン尿症を発症することが知られている。一方，L-チロシンはメラニン色素の起源物質ともなっている。メラニンの生合成は，L-チロシン由来の L-ドパから図 2.25 に示す経路で生合成されると考えられている。メラニンとは，フェノール類がオキシダーゼによって酸化されて精製した褐色〜黒色の高分子色素の総称であり，動植物界に広く分布する。メラニンは通常，タンパク質と結合して存在し，水や有機溶媒のいずれにも不溶で，扱いにくい物質である。メラニンは，生体内では過剰な光の吸収に役立つ。

さらに，L-フェニルアラニンは，種々のアルカロイドの生合成にも関与している。L-フェニルアラニンや L-チロシンを起源とするアルカロイドの代表的な

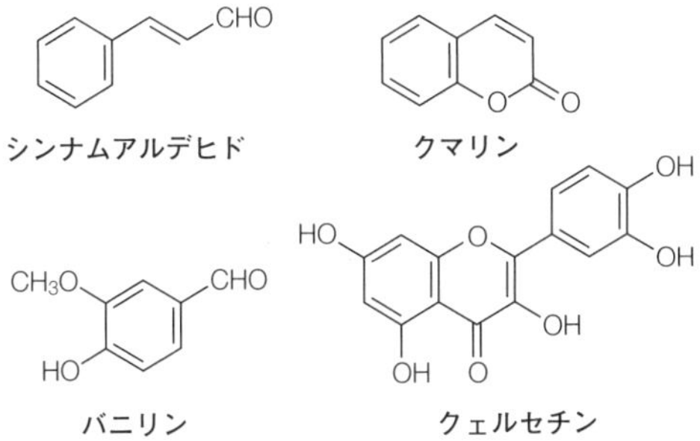

図 2.26 L-フェニルアラニンおよび L-チロシン由来の化合物の例

ものには，*d*-ツボクラリンや，モルヒネ，コルヒチンなどがあり，これらに関しては第3章で述べる。さらに，L-チロシンやL-フェニルアラニンは，シナモンの香りの主成分であるシンナムアルデヒド（cinnamaldehyde）や，桜餅の香りの主成分であるクマリン（coumarin）などのフェニルプロパノイド系の化合物や，バニラの香気主成分であるバニリン（vanillin）の生合成前駆物質にもなっている（図2.26）。フェニルプロパノイド系化合物はさらに，クェルセチン（quercetin）などのフラボノイド系化合物の生合成前駆体にもなっている。

2.3.13 L-トリプトファン

　タンパク質のトリプシン消化物が，塩素または臭素によって紫色を呈することは古くから知られていた。そのため1875年にはこの呈色反応から，このトリプシン消化物にはインドール骨格が存在することが推定されていた。1890年，ノイマイスター（Neumeister）は，この呈色反応を示す物質をトリプトファン（tryptophane；現在はtryptophanと記載する）と命名した。そして1902年になって，ホプキンス（F. G. Hopkins, 1861-1947）らは，カゼインの酵素分解物からトリプトファンの分離に成功した[28]。

　L-トリプトファン（L-tryptophan）は必須アミノ酸のひとつであり，1日の必要量は0.25 gといわれる。その化学名は（2S）-2-amino-3-(3-indolyl)propionic acid〔（2S）-α-amino-1*H*-indole-3-propionic acid〕である。L-トリプトファンは日本薬局方に収載されており，日本薬局方における化学名は（2S）-2-amino-3-(indol-3-yl)propanoic acidである。L-トリプトファンはわずかに苦味を呈するのに対して，光学異性体のD-トリプトファンは強い甘味（砂糖の約50倍）を呈する。

　タンパク質中のトリプトファンの含量は少なく，カゼインにおいて約1.2%であり，もっとも多く含まれるフィブリンでも3～4%程度である。したがって，

L-トリプトファン

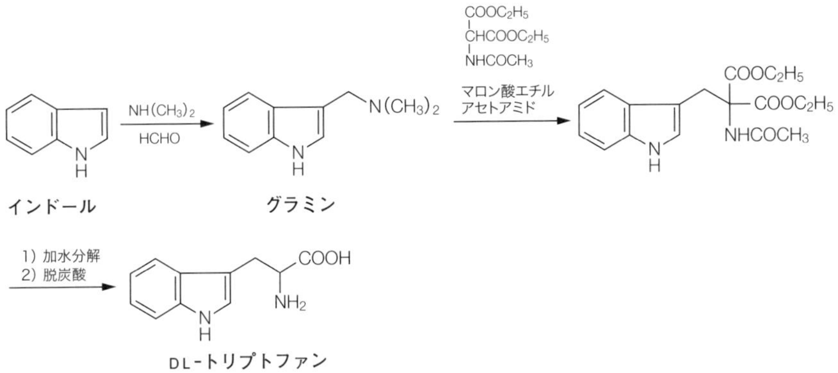

2.3 タンパク質構成アミノ酸各論

図 2.27 インドールから DL-トリプトファンの合成

L-トリプトファンの製造に，タンパク質の加水分解物を原料とすることは不適である。そのため，L-トリプトファンの製造は，もっぱら化学合成法によって行なわれる。

化学合成法により得られた D,L-トリプトファンからは，光学分割法の応用，とくに酵素的分割法によって，L 体が分離される。このためには，化学的合成法によって製造された DL-トリプトファンをアセチル化し，コウジ菌や青カビなどの微生物のアシラーゼを作用させ，L 体のみを加水分解（脱アセチル化）することによって，溶媒に対する溶解性のちがいがいちじるしく大きくなった D 体と L 体を分割する。なお，DL-トリプトファンの化学合成法には種々あるが，たとえば図 2.27 に示すように，インドールを原料とし，グラミン（gramine）にマロン酸エチルアセトアミド（ethyl acetamidomalonate）を結合させて合成する方法がある[29]。

世に「黒焼き」というジャンルの薬があり，ときに民間薬として使われる。これは，材料を蒸し焼きにして真っ黒にしたものを，薬として用いるものである。このとき，材料に含まれる L-グルタミン酸からは Glu-P-1 および Glu-P-2 が生成することはすでに L-グルタミン酸の項で述べたが，L-トリプトファンからは加熱によって Trp-P-1 や Trp-P-2 などが得られる。じつは，Trp-P-1 と Trp-P-2 は発癌物質で，強い発癌イニシエーターとしてはたらくが，ビタミン C はこれらを不活性化するという。

```
Trp-P-1    R = CH₃
Trp-P-2    R = H
```

アブリン

　また，L-トリプトファンに類似した化合物として，アブリン（abrine）が知られている。アブリンは，L-トリプトファンの N-メチル化物である。日本名でアブリンという名称の化合物には，「abrin」（4.4.6項参照）とつづる化合物と「abrine」とつづる化合物とがあるが，両者を混同することがあってはならない。いずれもマメ科の *Abrus precatorius* の種子から得られる化合物であるものの，前者は猛毒のレクチンであるのに対し，後者は上述のL-トリプトファン誘導体である。後者の化合物には強い毒性は報告されていない。

　L-トリプトファン由来で，その原型をよくとどめたアルカロイドとして，セロトニン（serotonin）がある。セロトニンは5-ヒドロキシトリプタミン（5-hydroxytryptamine；5-HT）とも称し，動植物界に広く分布する。セロトニンは，高等動物においては視床下部・大脳辺縁系・松果体・血小板に多く，細胞内ではシナプス小胞内に高濃度に含まれる。セロトニンは神経伝達物質のひとつであり，ノルアドレナリンやドパミン，ヒスタミン（2.3.15項参照）などとともに，生体アミンとも称される。古くから脱繊維された血液が血管を収縮させ，昇圧作用のあることはよく知られていたが，その原因物質を明らかにしたのは，1948年，この化合物をウシ血清から単離し，セロトニンの名を与えたラポール（M. M. Rapport）らの業績である。セロトニンは，毛細血管収縮作用の

```
セロトニン                                    R = H
5-メトキシ-N,N-ジメチルトリプタミン              R = CH₃
```

ほか，腸の蠕動運動作用も示す．

　セロトニンは，トリプトファンから水酸化と脱炭酸を経てつくられる．また，その代謝に際しては，モノアミンオキシダーゼ（monoamine oxidase；MAO）のはたらきが関与する．MAO阻害薬が向精神薬として応用されているという事実は，中枢神経系におけるセロトニンの役割を暗示している．ニクズク科の*Virola*植物由来の5-メトキシ-*N*,*N*-ジメチルトリプタミン（5-methoxy-*N*,*N*-dimethyltryptamine）や，両生類のガマ毒由来のブホテニン（bufotenine）などもセロトニン類似の化学構造を有するが，これらのアルカロイドには幻覚作用のあることが知られている．また，ヒトをはじめとする動物の尿には，植物の成長促進作用物質が含まれていることが知られ，その活性成分のひとつにヘテロオーキシン（heteroauxin）がある．ヘテロオーキシンの正体は，インドール-3-酢酸（indole-3-acetic acid；IAA）であることがわかったが，IAAもL-トリプトファンを出発物質として生合成される．

　一方，ニコチン酸は，別名をナイアシン（niacin）と称し，私たちの食物中に欠乏すると，ペラグラ（pellagra）という欠乏症候群におちいる．第3章（3.2.4項）でも述べるが，ニコチン酸は，動物ではL-トリプトファンを原料として，キヌレニン（L-kynurenine）を中間体として生合成される．よって，もしもトウモロコシのようにL-トリプトファン含量の少ない穀物をおもなタンパク源とした食事をとりつづけると，ペラグラが起こりやすくなる（ニコチン酸とペラグラの関係については4.2.6項で詳述する）．なお，L-アスパラギン酸の項（2.3.2項）でも述べたが，高等植物におけるニコチン酸の生合成は，L-アスパラギン酸とグリセルアルデヒド3-リン酸（3-phosphoglyceraldehyde）を前駆体として行なわれる．

　ここでアルカロイドとして述べたアブリンやセロトニンなどは，L-トリプト

インドール-3-酢酸　　　　　　　　　ニコチン酸

ファンの基本構造に少しだけ変化を加えた形であるが，L-トリプトファンを生合成起源とし，より複雑な変化をとげたアルカロイドは数多くある。その代表的なものは，フィゾスチグミン，レセルピン，ヨヒンビン，ストリキニーネ，キニーネなどである（これらについては第3章で述べる）。

　L-トリプトファンは，不眠，うつ病，月経前症候群などに効果があるとされ，健康食品として米国で約200万人が服用していたとみられる（1989年当時）。1989年10月30日，好酸球増加と激しい筋肉痛を主症状とする患者3人が，米国ニューメキシコ州環境保健局に報告された。その症状は従来のどの疾患とも異なり，また3人ともL-トリプトファンを服用していた。そのため，米国食品医薬品局（FDA）は，L-トリプトファン製剤を服用しないよう勧告を出した。1989年11月13日までにニューメキシコ州環境保健局が集めた原因不明の好酸球増加の症例のうち，11例には激しい筋肉痛があり，やはりL-トリプトファンを服用していた。FDAは11月17日にL-トリプトファンを主成分とする全製品の回収を指示し，また疾病対策センター（CDC）はこの疾病を「好酸球増加・筋肉痛症候群」と名づけて対策に乗り出したが，死者38人，被害者1543人という未曾有の健康食品公害事件に発展した。

　当時，米国で消費されていたL-トリプトファンのかなりの部分（シェア75%）は，日本の昭和電工（株）で生産されていた。また，昭和電工（株）にとって，生産したL-トリプトファンの8割近くは米国向けの輸出品であった。上記症状の原因物質として，当初はL-トリプトファン製剤に含まれる不純物か，あるいはL-トリプトファンの変性物が疑われた。そして，病気と関係がありそうな不純物の探索が行なわれたが，原因物質をつきとめることはできなかった。

　やがて，患者の中には，昭和電工（株）製以外のL-トリプトファンを服用していた者や，1989年以前に発症していた例もあることがわかった。さらに，カナダでも，昭和電工（株）のL-トリプトファンを服用していないにもかかわらず，好酸球増加・筋肉痛症候群の患者が発生していたことがわかった（カナダでは，L-トリプトファンは医師の処方により服用する薬物であった）。

　じつは，1980年代には，慢性筋膜炎の痛みにL-トリプトファンを服用させる治療法は，医学的に認められていた。つまり，筋肉痛ゆえにL-トリプトファンを服用したのか，それとも，L-トリプトファンを服用したがために筋肉痛が発

2.3 タンパク質構成アミノ酸各論

症したのか，わからなかったのである[30]。

結局，好酸球増加・筋肉痛症候群の原因は，昭和電工（株）製のL-トリプトファンにあったのではなく，L-トリプトファンの大量服用にあったのではないかということになった。まさに「毒と薬は使いよう」を地でいったような事件であった。いずれにせよ，L-トリプトファンの大量服用，とくに催眠作用や抗うつ作用などのある薬剤との併用は，以前から警告されていたことである。L-トリプトファンは，セロトニンその他の種々の顕著な生物活性を有するアルカロイドの生合成前駆物質でもあることを再度思い起こしていただきたい。

2.3.14 L-バリン

L-バリン（L-valine）は，1879年にタンパク質の加水分解物から単離され，2-アミノイソ吉草酸（2-aminoisovaleric acid）にあたる。L-バリンは日本薬局方に収載されており，日本薬局方における化学名は，(S)-2-amino-3-methylbutanoic acid である。

L-バリンは必須アミノ酸の一種で，また，L-イソロイシンの項（2.3.5項）でも述べたように，分岐鎖アミノ酸（BCAA）の一種でもある。L-バリンの必要量は，成人1日あたり体重1 kgに対して23 mgとされる。L-バリンはわずかに甘く，のちに苦い。これに対して，光学異性体のD-バリンはとても甘い。このように，D体が甘いという性質はL-トリプトファンなどでも見られた性質である。

L-バリンは，医薬品としては他のアミノ酸と配合されて総合アミノ酸製剤として，低タンパク質血症，低栄養状態，手術前後のアミノ酸補給のために，静注，点滴あるいは経口投与される。

L-バリンは，1856年にゴルプ・ベサネッツ（von Gorup-Besanez, 1817-1878）により膵臓の抽出物から発見されたが，これをタンパク質（アルブミン；

L-バリン　　　　　D-バリン

albumin) の加水分解物から分離したのはシュッツェンベルガー (P. Schützenberger, 1829-1897) で, 1879年のことであった。そして, その化学構造をアミノ吉草酸 (aminovaleric acid) と推定していた。しかし結局, その正しい化学構造を確定したのはフィッシャー (E. Fischer, 1852-1919) である。1906年のことであった[31]。フィッシャーはまた, 化学合成した DL-バリンを光学分割している。

L-バリンの生産には, タンパク質分解物からの分離法は適していない。そこで, $α$-ブロモイソ吉草酸にアンモニアを作用させるか, ストレッカー法 (2.3.6項参照) などによる化学合成によって得られた D/L 体の光学分割によるか, L-バリンを培地中に蓄積する性質を有する特殊な菌の培養法によって生産されている。たとえば, アエロバクター (Aerobacter) 属の菌を使って, 添加ブドウ糖に対して 13.4%, 126 mg/ml の L-バリンが蓄積された例が報告されている。しかし, 培養条件の変化で L-バリンの生成量が大きく変動するから, 生産の管理がむずかしいという。

一方, 赤血球のヘムを形成しているタンパク質のうち, $β$鎖の146個のアミノ酸の6番目の L-グルタミン酸が L-バリンになってしまうと, 鎌形赤血球症になる (鎌形赤血球症については4.2.8項でもふれる)。

結核菌に有効で殺虫薬としても用いられるペプチド系抗生物質の一種に, バ

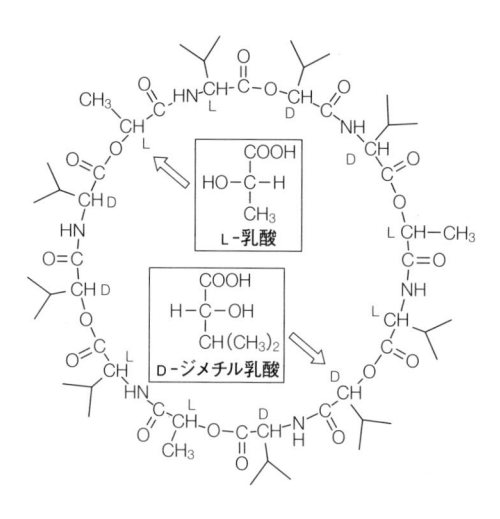

図2.28 バリノマイシンの化学構造

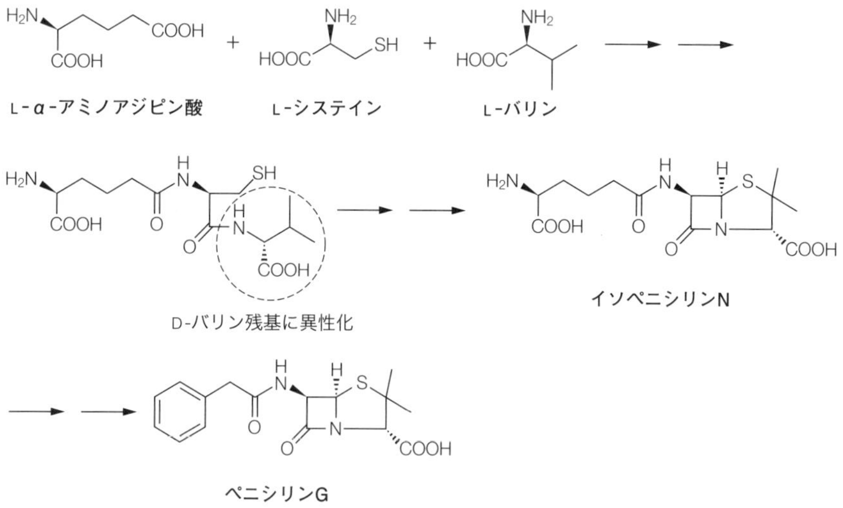

2.3 タンパク質構成アミノ酸各論

図2.29 ペニシリンGの生合成経路

リノマイシン（valinomycin）がある（図2.28）。分子量は1111.34である。バリノマイシンは1分子中に，L-バリンを3個，D-バリンを3個含む。すなわち，総計6個のバリンを分子中に含むので，バリノマイシンという名前がつけられた。バリノマイシンは，D,L-バリンのほかに，非アミノ酸であるD-ジメチル乳酸3個とL-乳酸（L-lactic acid）3個も含んでおり，デプシペプチドの一種でもある。

なお，ペニシリン類の生合成の際，その基本骨格の生合成においてL-システインとともにL-バリンが導入されていることはすでに述べたが（2.3.3項参照），図2.29にイソペニシリンN（isopenicillin N）を経てペニシリンG（penicillin G）が生成する過程を示す。導入されたL-バリンは生合成の途中でD-バリンに異性化していることに注意されたい。

2.3.15 L-ヒスチジン

L-ヒスチジン（L-histidine）は，タンパク質の加水分解物から，2人の別の研究者により1896年にほぼ同時に発見された[32]。L-ヒスチジンは，分子中にイミダゾール（imidazole）基を有する唯一のタンパク質構成アミノ酸であり，L-ア

ルギニンやL-リジンと同様に，塩基性アミノ酸の一種である。ただし，これらのアミノ酸の等電点を比較するとわかるが，その塩基性を他の塩基性アミノ酸であるL-リジンやL-アルギニンと比較するとL-ヒスチジンの塩基性は弱い。L-ヒスチジンの化学名は (S)-α-amino-1H-imidazole-4-propionic acid 〔(S)-1H-imidazole-4-alanine〕である。L-ヒスチジンは，幼児にとっては必須アミノ酸，成人にとっては非必須アミノ酸とされていたが，1985年になって，成人にとっても必須であるとされ，現在では必須アミノ酸の一種になっている。L-ヒスチジンは日本薬局方には収載されていない。

なお，L-ヒスチジンは，生体アミンとしても知られるヒスタミン（histamine）の起源物質となっている。ヒスタミンは，L-ヒスチジンの脱炭酸によって生成する。ヒスタミンは，動物の組織や血液中に分布し，また腐敗（微生物のはたらき）によっても生じる化合物である。ヒスタミンは，ヒスチジン由来のもっとも単純なアルカロイドの一種であるということもできる。

1989年4月，広島においてマグロ丼による集団食中毒事件が発生した。そして，件のマグロから2.9 mg/gという大量のヒスタミンが検出された。魚の中でヒスタミンの前駆物質となるL-ヒスチジン含量の多いのは，マグロ，ブリ，ハマチ，サバ，サンマ，イワシなどである。上記のように，ヒスチジンは細菌のはたらきによってヒスタミンに変化する。

また，ヒスタミンは，抗結核剤のイソニアジド（INAH）や抗うつ剤との相互作用があるので，この点でも気をつけなければならない。イソニアジドなどにはモノアミンオキシダーゼ阻害活性があるので，服用によってヒスタミンの代謝が阻害され，そのために体内にヒスタミンを蓄積し，ヒスタミン中毒をひき起こすおそれがある。

ヒスチジンを生合成前駆体にしていると考えられるアルカロイドの例は少ない。比較的よく知られている化合物の例としては，上述のヒスタミンのほか，直接的な証拠はないが，ピロカルピン（pilocarpine）もL-ヒスチジンを前駆物質とするアルカロイドと考えられる（3.2.3項でも述べる）。この系統のアルカロイドは，その基本骨格名により，イミダゾール系アルカロイドと総称されることもある。

上述のように，ヒスタミンは，ヒスチジンの脱炭酸によって生じるアルカロ

イドの一種であるが，またわれわれの体内に恒常的に存在する化合物でもある。そのため，ヒスタミンは従来，ドパミンやセロトニンなどとともに生体アミンと称され，アルカロイドとは別に論じられることもあった。

ヒスタミンは，ヒトをはじめとする動物では体内に恒常的に存在するアルカロイドである。しかし，植物から遊離ヒスタミンが単離されたという報告は少ない。ただし，ヤマゴボウ科の帰化植物でヨウシュヤマゴボウと称されることもあるアメリカヤマゴボウ（*Phytolacca americana*）の根には，乾燥生薬1gあたり1.3〜1.6 mgの大量のヒスタミンが含まれると報告された例[33]がある。

ヒスタミンは，気管支や胃・腸管などの平滑筋を収縮させるが，この作用は動物の種類や器官のちがいによって強弱の差がある。たとえば，動物のなかでモルモットはとくに敏感であり，またヒトの器官においては気管支が敏感である。ヒスタミンは，一般の動静脈への影響は少ないが，毛細血管に対してはいちじるしい拡張作用をきたす。さらに，胃液，膵液および唾液の分泌を促進する作用もある。また，ヒスタミンのみがアレルギー反応の媒介物質ではないことは明らかであるが，ヒスタミンがアレルギー反応において大きな役割を果たしていることに疑問の余地はない。そこで，抗ヒスタミン薬を投与することによって，毛細血管拡張，気管支筋収縮に拮抗し，臨床的にはじんましんやアレルギー性鼻炎などに奏効することになる。

しかし，抗ヒスタミン薬は，気管支喘息の発作や胃液などの腺分泌を抑制することはできない。これは，抗ヒスタミン薬で抑制できない物質の作用が重なっていることや，ヒスタミン受容体にちがいがあるためであるとされる。実際に，ヒスタミンにはH_1とH_2の2つの受容体のあることがのちに明らかとされた[34]。そのうち，H_2受容体を特異的に拮抗する化合物として，イギリスのブラック（J. W. Black, 1924- ）らによりシメチジン（cimetidine）が合成されている。

ヒスタミン　　　　　　　シメチジン

この化合物はヒスタミンと同様，イミダゾール骨格を有する化合物である。この化合物は，H_2受容体を強力に塞いでヒスタミンの付加を妨げ，胃酸の放出を妨げる。したがって，消化性潰瘍の治療に広く用いられている。ブラックらはこの業績で 1988 年にノーベル医学生理学賞を受賞した。

2.3.16 L-フェニルアラニン

L-フェニルアラニン（L-phenylalanine）は，1879 年にマメ科のルピナス（ハウチワマメ）の幼芽（もやし）中から初めて発見された[35]。その後，1881 年にはカボチャの種子のタンパク質のアルカリ加水分解物からも単離された。L-フェニルアラニンは，各種のタンパク質中に約 2〜5% 存在する。タンパク質のキサントプロテイン反応（1.3.10 項参照）は，L-フェニルアラニン，L-チロシン，L-トリプトファンなど，分子中にベンゼン環を有するアミノ酸と関係がある。

L-フェニルアラニンは日本薬局方にも収載されている。日本薬局方における化学名は，(S)-2-amino-3-phenylpropionic acid であり，必須アミノ酸のひとつである。L-フェニルアラニンはわずかに苦味を呈するのに対して，その光学異性体の D-フェニルアラニンは強い甘味を呈する。

アドレナリンやノルアドレナリン，さらに L-ドパ（L-DOPA）やドパミン（dopamine）のようなアルカロイドは，L-チロシンを起源として生合成される。L-フェニルアラニンは，前述の L-チロシンと同じく，プレフェン酸を前駆体として生合成される。しかし，L-フェニルアラニンと L-チロシンは，そのあと異なる生合成経路をたどって生成される（アドレナリンやノルアドレナリン，さらに

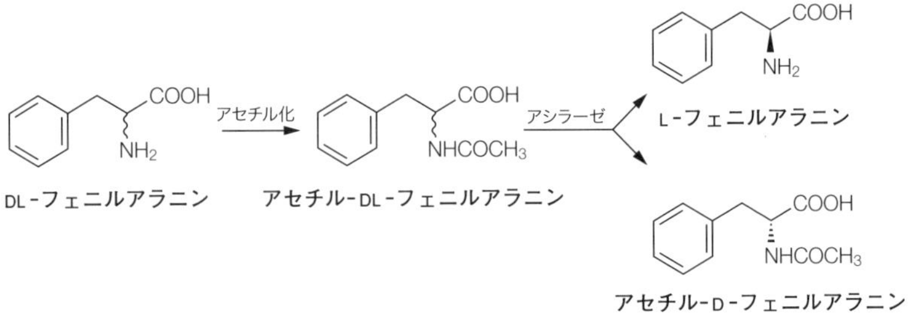

図 2.30　L-フェニルアラニンの生成

2.3 タンパク質構成アミノ酸各論

フェニルピルビン酸

ドパやドパミンの生合成については2.3.12項ですでに述べた)。

L-フェニルアラニンの調製には，タンパク質分解物からの分離法や化学合成法が応用されている。化学合成により生成するラセミ体のDL-フェニルアラニンを光学分割するには，まずDL-フェニルアラニンをアセチルDL-フェニルアラニンに導き，これに糸状菌のアシラーゼを作用させてL体だけを加水分解し，加水分解されないアセチルD-フェニルアラニンと分離する方法などが応用される（図2.30）。

L-フェニルアラニンを医療に応用する場合，単独で投与することはなく，他のアミノ酸と配合させて総合アミノ酸として用いる。総合アミノ酸は，低タンパク質血症，低栄養状態，手術前後のアミノ酸補給のために，静注または点滴投与される。

L-フェニルアラニンに関連し，フェニルケトン尿症が知られている。この患者は，尿中にフェニルアラニンの代謝物であるフェニルピルビン酸（phenylpyruvinic acid）を大量に排泄するので，この名がついた。この患者は，肝臓のL-フェニルアラニン水酸化酵素が欠損しており，L-フェニルアラニンをL-チロシンに変換することができない。したがって，メラニン色素の原料であるL-チロシンが不足して色素産生が低下する。そして，血中にはL-フェニルアラニンが大量に蓄積する。そのため，この患者に通常の食事をさせていると，皮膚の色が白く，また髪の毛が褐色化し，知能障害や精神障害が起きる。L-フェニルアラニンは，人工甘味料として広く使われているアスパルテームの一部もなしている。そのため，アスパルテームはフェニルケトン尿症の患者には禁忌である（フェニルケトン尿症については4.2.7項で再びふれる）。

2.3.17 L-プロリン

L-プロリン（L-proline）は，1901年にミルクやチーズに含まれているタンパ

L-プロリン　　スタキドリン　　ピロール-2-カルボン酸

ク質であるカゼインの加水分解物から得られた[36]。しかし実際には，前年の1900年にすでに化学合成されていた[37]。

　L-プロリン分子中の窒素は，二級アミンとなっている。L-プロリンは，タンパク質構成アミノ酸中，唯一のイミノ酸である。そのため，タンパク質構成アミノ酸中，唯一，ニンヒドリン試薬で黄色に呈色する。

　植物に大量に含まれるクロロフィルには，L-プロリンと同様，ピロリジン（pyrrolidine）環が含まれるが，クロロフィルの生合成起源にはプロリンは導入されていない。プロリンが生合成過程において取り込まれたことが実証されているアルカロイドには，グラム陰性の霊菌（*Serratia marcescens*）の培養物から得られたプロジギオシン（prodigiosin）が知られている。このアルカロイドは，真紅色をした抗生物質である。プロジギオシンは，抗カビ，抗白血病，抗マラリア活性などを示す化合物であるが，毒性も強く，臨床応用には至っていない。

　そのほか，L-プロリンは，マメ科のムラサキウマゴヤシ（*Medicago sativa*）から得られるスタキドリン（stachydrine）の生合成前駆物質となっていることが証明されている[38]。また，放線菌の培養物から得られているピロール-2-カルボン酸（pyrrole-2-carboxylic acid）も，おそらくプロリン由来の化合物と考えられる[39]。さらに，本態性高血圧症に応用されているアンジオテンシン変換酵素（ACE）阻害剤のカプトプリル（captopril）は，L-プロリンの化学誘導体である。

　なお，タンパク質の中には，(4R)-4-ヒドロキシ-L-プロリンが組み込まれているものがある。すなわち，動物の表皮などに多いタンパク質のコラーゲン（またはゼラチン）には (4R)-4-ヒドロキシ-L-プロリンが見いだされる。(4R)-4-ヒドロキシ-L-プロリンは，コラーゲン中の全構成アミノ酸の約10％を占めるという。ただし，この場合，タンパク質の生成に際して，遊離の (4R)-4-ヒドロキシ-L-プロリンがタンパク質生成中に取り込まれるのではなく，当該アミノ酸は L-プロリンがタンパク質に組み込まれたあとで L-プロリンが酸化されて生

2.3 タンパク質構成アミノ酸各論

カプトプリル　　　(4R)-4-ヒドロキシ-L-プロリン　　　PCA

じる．(4R)-4-ヒドロキシ-L-プロリンがタンパク質に組み込まれた形でのみ存在することは，次の方法で証明された．

重水素と重窒素で標識したプロリンをネズミに与えると，ネズミのコラーゲンの (4R)-4-ヒドロキシ-L-プロリン中に，標識したプロリンの重水素と重窒素が取り込まれることがわかった．一方，こんどは，重窒素で標識した (4R)-4-ヒドロキシ-L-プロリンをネズミに与えると，ネズミのコラーゲンに重窒素は取り込まれないことから，コラーゲン中の (4R)-4-ヒドロキシ-L-プロリンは，遊離状態で存在しているこのアミノ酸が導入されたものではないことが明らかとなった．これらはいずれも 1940 年代に行なわれた研究である．なお興味深いことに，哺乳類のコラーゲンでは (4R)-4-ヒドロキシ-L-プロリンと L-プロリンの量は同程度であるが，ミミズの皮と回虫の皮のコラーゲンにおける両者の割合を比較すると，前者では (4R)-4-ヒドロキシ-L-プロリンとなっている割合が高いのに対して，後者では L-プロリンにとどまっている割合が高いという[40]．

皮膚は，表面から順に，角質層，表皮層，真皮層に分けられるが，肌のトラブルとして有名な「お肌の曲がり角」や「烏の足跡」などは角質層で起こる．角質層は，角質層細胞と細胞間物質とからなり，角質の主成分はケラチンである．そして，角質の保湿の役目をしているのが，NMF（natural moisturizing factor；天然保湿成分）である．肌荒れを起こしている人の皮膚には，NMF が不足している．NMF の約 40% はタンパク質構成アミノ酸であり，他のおもな成分としては異常アミノ酸の一種である 2-ピロリドン-5-カルボン酸（2-pyrrolidone-5(S)-carboxylic acid；PCA）がある．NMF に含まれるアミノ酸の中では，L-プロリンの保水力がもっとも高いという．そのため，L-プロリンは NMF 成分として重要である．そして，L-プロリンと PCA との組合せで相乗的に保湿

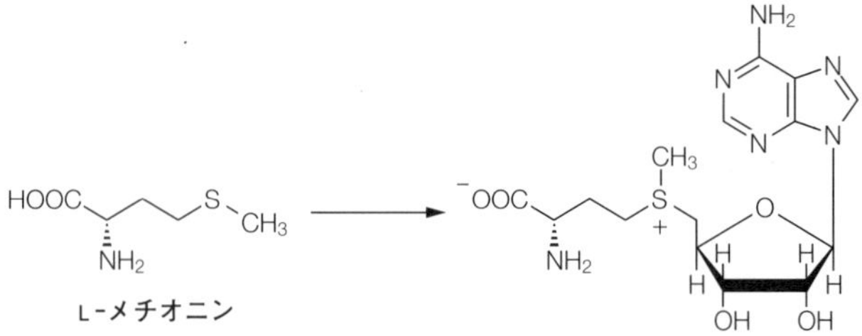

図 2.31　L-メチオニンの活性化

効果が高まると考えられる．

2.3.18　L-メチオニン

　L-メチオニン（L-methionine）は，連鎖球菌発育素のひとつとして，1922 年，カゼインの加水分解物中に見いだされた[41]．この際，これが含硫アミノ酸であることもわかった．

　L-メチオニンは日本薬局方に収載されており，薬局方における化学名は，(S)-2-amino-4-(methylthio)butanoic acid である．L-メチオニンは含硫アミノ酸の一種であり，また必須アミノ酸のひとつでもある．

　L-メチオニンには，脂肪肝を防ぐ効果があり，この効果のある化合物には他に，コリン，ナイアシン，ビタミン B_6 などがある．また，L-S-メチルメチオニンスルフォニウムクロリド（L-S-methylmethioninesulfonium chloride；MMSC）は，ビタミン U ともよばれ，緑茶のアオノリ様の香りの前駆物質となっている．MMSC は，キャベツに含まれる抗潰瘍成分でもあるので，キャベジン U とも称される．

　L-メチオニンは，生体内で ATP（アデノシン三リン酸）によって活性化され，

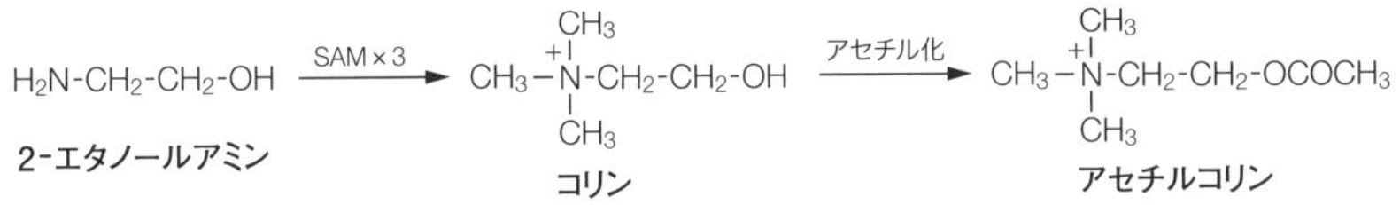

2.3 タンパク質構成アミノ酸各論

$$H_2N\text{-}CH_2\text{-}CH_2\text{-}OH \xrightarrow{SAM \times 3} CH_3\text{-}\overset{CH_3}{\underset{CH_3}{\overset{+|}{N}}}\text{-}CH_2\text{-}CH_2\text{-}OH \xrightarrow{アセチル化} CH_3\text{-}\overset{CH_3}{\underset{CH_3}{\overset{+|}{N}}}\text{-}CH_2\text{-}CH_2\text{-}OCOCH_3$$

2-エタノールアミン　　　　　　　　　　コリン　　　　　　　　　　　　　　　　アセチルコリン

図 2.32　アセチルコリンの生合成

　活性化メチオニンとも称される S-アデノシルメチオニン（S-adenosylmethionine：SAM）になる（図 2.31）。SAM は，酵素作用によって種々の生体成分がメチル化される場合において，メチル基の供給を行なう重要な役割を果たしている。たとえば，代表的な神経伝達物質のひとつであるアセチルコリン（acetylcholine：ACh）の生合成には，3分子の SAM によってエタノールアミンがトリメチル化され，さらにアセチル化されて生成する（図 2.32）。さらに，LSD（リゼルグ酸ジエチルアミド）の起源となっているリゼルグ酸の生合成の際のメチル化などにも関与している（3.2.2 項参照）。また，実際に抗生物質などの生合成過程を研究すると，そのメチル基がメチオニン由来であると証明される例は多い。

　畜産動物の飼料へのアミノ酸の配合は，1950年代後半に DL-メチオニンがブロイラーの飼料用に添加されたことに始まる。L-メチオニンは多くのタンパク質中に含まれているが，その含量は少なく，メチオニンの工業的生産には適さない。そこで，飼料用のメチオニンは，もっぱら化学合成によって生産されている。1982年には14万トンの，そして2000年には60万トンの飼料用 DL-メチオニンが生産されている[42]。

　なお，ウニの味には，グリシン，L-アラニン，L-グルタミン酸，L-バリン，L-メチオニンの5つのアミノ酸や，イノシン酸，グアニル酸などが関与しているが，ウニ独特の味をつくりだしているのは，苦味を有する L-メチオニンであるという。L-メチオニンが苦味を有するのに対して，その光学異性体である D-メチオニンは甘味を有する。

　一方，醤油の主たる香気成分として，L-メチオニン由来と考えられる β-メチルメルカプトプロピオンアルデヒド（β-methylmercaptopropionaldehyde）や γ-メチルメルカプトプロピルアルコール（γ-methylmercaptopropylalcohol）が報告されている[43]（図 2.33）。

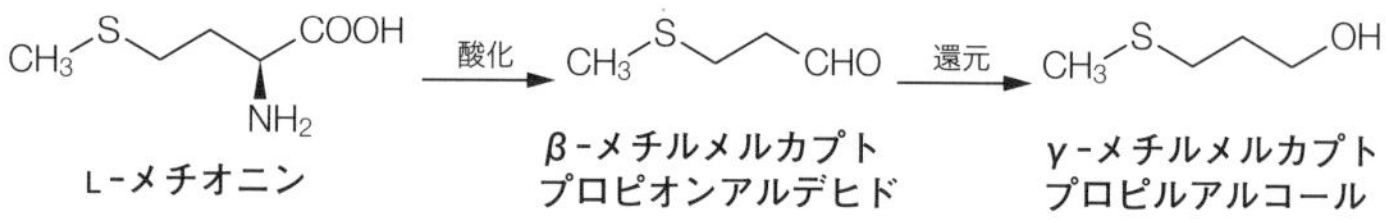

図 2.33 醤油の香気成分の生成

L-システインの項（2.3.9項）でも述べたが，セレン含有量の多い土壌では，マメ科植物がセレンを取り込み，L-メチオニンのイオウ原子（S）の代わりにセレン原子（Se）が入り込んだL-セレノメチオニンが生成する。このアミノ酸は有毒であり，家畜がこの化合物を含む植物を摂取して中毒をひき起こす例が報告されている。

2.3.19 L-リジン

L-リジン（L-lysine）は，1889年にドレクセル（Drechsel）によってカゼインの加水分解物からリンタングステン酸塩として分離され，リザチン（lysatine）と命名された。その後，1891年にフィッシャー（2.3.14項参照）はリザチンに混在していたアルギニンを除去して純粋なアミノ酸を得て，これをリジン（lysine）と命名しなおした。フィッシャーらは1902年にその化学合成も行なって，正確な化学構造を決定している[44]。

L-リジンの化学名はL-2,6-diaminohexanoic acidであり，その塩酸塩（L-2,6-diaminohexanoic acid monohydrochloride）が日本薬局方に収載されている。L-リジンは必須アミノ酸のひとつであり，前述のL-アルギニンやL-ヒスチジンとともに塩基性アミノ酸のひとつである。

ヒトにおけるL-リジンの1日の必要摂取量は男性で0.8 g，女性で0.4 gである。L-リジンは植物性タンパク質中に乏しく，ベジタリアンは食事から十分な量のL-リジンを摂取できない。また，とくにトウモロコシ（0.22％）や小麦（0.3％）には，リジンが少量しか含まれていないので注意が必要である。世界の主要な穀物タンパク質中の必須アミノ酸組成を鶏卵と比較してみると，米はL-リジンがやや少ない程度で，それ以外のアミノ酸は鶏卵と同程度含まれている。これに対して，小麦はL-リジンが極端に少なく，トウモロコシはL-リジンとL-トリプトファンが極端に少ない。よって，小麦やトウモロコシを中心とし

2.3 タンパク質構成アミノ酸各論

[化学構造式: 5R-ヒドロキシ-L-リジン, L-リジン, トラネキサム酸]

た食生活においては，不足しているこれらのアミノ酸を補うために，牛乳や鶏卵，肉類が不可欠となる。なお，生命維持，成長促進の効果はL-リジンにのみあり，D-リジンには効果がない。

このように，飼料原料ともなる穀物ではL-リジン含量が少ないため，畜産動物の飼料にはL-リジンの添加が必要となる。飼料へのアミノ酸の添加は，1950年代後半のDL-メチオニンのブロイラー飼料への添加に始まり，1960年代にはL-リジンが子ブタの飼料用として，また1982年にはL-トリプトファンが，1987年にはL-スレオニンが添加されるようになった。このうち，L-トリプトファンの添加は，わが国で初めて実用化されたものである。このような目的に大量に使用されるL-リジンの工業的生産は，おもに発酵法による。2000年における飼料用アミノ酸として生産されるL-リジン塩酸塩は55万トンに及んでいる。1982年にはその生産量が4万トンであったことから，その生産量の急増の程度がわかる[42]。

L-リジンに関連したアミノ酸として，(5R)-5-ヒドロキシ-L-リジン（(5R)-5-hydroxy-L-lysine）が知られている。これはコラーゲン（およびゼラチン）にのみ検出され，L-プロリンの項（2.3.17項）で述べた(4R)-4-ヒドロキシ-L-プロリンと同様，コラーゲンのペプチドが形成されてから酸化されて生成することがわかっている（このアミノ酸については4.5.1項で再びふれる）。

L-リジンは，血液凝固に関係する。そこで，L-リジンの化学構造を手がかりとして，抗プラスミン酸，すなわち止血薬として開発されたのが，トラネキサム酸（tranexamic acid）である。トラネキサム酸はすでに1900年に化学合成さ

れていたが，半世紀以上を経て応用されるに至ったことになる。L-リジンとトラネキサム酸の化学構造を比較されたい。

なお，L-リジンは，コショウの辛味成分であるピペリンや，ザクロ皮の条虫駆除成分であるペレチエリンのようなアルカロイドの生合成の起源物質となっている（これらのアルカロイドについては3.3.2項で述べる）。

2.3.20 L-ロイシン

L-ロイシン（L-leucine）は，1819年，プルースト（Proust）によってグルテンとカゼインを原料とする発酵物（fermented milk curds）から分離され，カゼイン酸と命名された。一方，翌1820年には，同じ化合物がブラコノー（Braconnot）によって筋肉や羊毛の酸加水分解物から単離され，ロイシンと命名され，現在はこの名称が残っている。しかし，このときに得られたロイシンは，まだ純粋のものではなかった。その後，1891年に至って，ロイシンはシュルツ（Schulze）らによって化学合成され，その化学構造が決定された[45]。

L-ロイシンは日本薬局方に収載されており，その化学名は，(S)-2-amino-4-methylpentanoic acidである。L-ロイシンは必須アミノ酸であり，とくに乳幼児には不可欠で，L-ロイシンが欠乏すると骨格筋に障害が起こる。L-イソロイシン（2.3.5項）やL-バリン（2.3.14項）の項で述べたように，L-ロイシンは，L-イソロイシンやL-バリンとともに分岐鎖アミノ酸（BCAA）のひとつである。L-ロイシンの必要量は，成人において1日あたり体重1 kgに対して31 mgとされる。

L-ロイシンは，タンパク質の構成アミノ酸としてかなり豊富に分布しており，カゼインやケラチン，ヘモグロビンなどの酸加水分解物から等電点付近で難溶なアミノ酸として析出する。ただし，再結晶法だけではL-メチオニンやL-イソロイシンなどを完全に除去することはできないので，D-ブロモトルエンスルホ

L-ロイシン

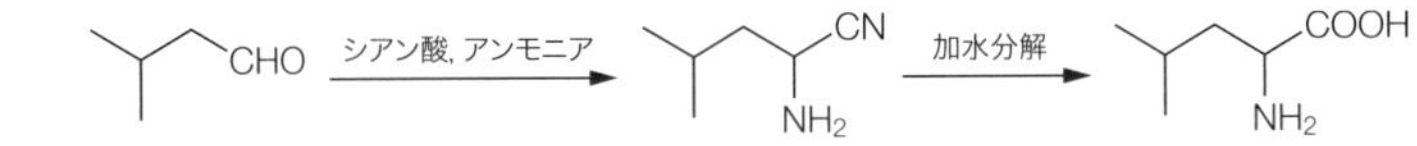

イソバレルアルデヒド　　イソバレルアミノニトリル　　DL-ロイシン

図 2.34　ストレッカー法による DL-ロイシンの合成

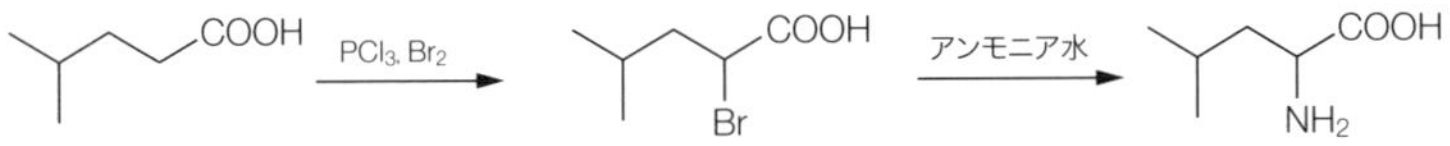

イソカプロン酸　　2-ブロモイソカプロン酸　　DL-ロイシン

図 2.35　α-ハロゲン酸を経る DL-ロイシンの合成

ン酸やナフタリン-β-スルホン酸塩など，L-ロイシンに対する特殊沈殿剤が応用される。

一方，DL-ロイシンは，イソバレルアルデヒド（$(CH_3)_2CHCH_2CHO$）にシアン酸とアンモニアを作用させて，生成されるアミノニトリル（$(CH_3)_2CHCH_2CH(NH_2)CN$）を加水分解して合成したり（ストレッカー法；図 2.34），イソカプロン酸（$(CH_3)_2CHCH_2CH_2COOH$）を三塩化リンの存在下に臭素を加えて加熱して，得た 2-ブロモイソカプロン酸（$(CH_3)_2CHCH_2CHBrCOOH$）にアンモニア水を作用させアミノ化して得たりする（図 2.35）。こうして得られた DL-ロイシンをアシル化し，L 体にのみ作用するアシラーゼによって加水分解して，生成した L-ロイシンを未反応のアシル化 D-ロイシンから分離精製することができる。

引用文献

1）M. M. Vauquelin, P. J. Robiquet：*Ann. Chim.*, **57**, 88（1806）
2）H. Hikino, S. Funayama, K. Endo：*Planta Medica*, **30**, 297（1976）
3）A. Plisson：*J. Pharm.*, **13**, 477（1827）
4）H. Ritthausen：*J. Prakt. Chem.*, **103**, 233, 239（1868）
5）藤井紀子・木野内忠稔：ファルマシア，**41**, 875（2005）
6）富松祥郎・花岡美代次・坂本正徳：薬学生のための立体化学，p. 201，学文社（1976）
7）S. G. Hedin：*Compt. Rend.*, **81**, 191（1875）
8）A. Strecker：*Ann.*, **75**, 27（1850）
9）E. Schulze, E. Steiger：*Ber.*, **19**, 1177（1886）
10）F. Ehrlich：*Ber.*, **37**, 1809（1904）

11) H. Braconnot : *Ann. Chim. Phys.*, **13**, 113 (1820)
12) 藤本大三郎：コラーゲン, p.40, 東京化学同人 (1999)
13) N. D. Cheronis, K. H. Spitzmueller : *J. Org. Chem.*, **6**, 349 (1941)
14) E. Schulze, E. Bosshard : *Ber.*, **16**, 312 (1883)
15) 馬渡一徳：*Ajico News*, **206**, 23 (2002)
16) H. Ritthausen : *J. Prakt. Chem.*, **99**, 454 (1866)
17) 池田菊苗：東京化学会誌, **30**, 820 (1909)
18) 山西貞：お茶の科学, p.150, 裳華房 (1992)
19) ジョージ・シュワルツ著, 栗本さつき訳：シュワルツ博士の化学はこんなにおもしろい, p.107, 主婦の友社 (2002)
20) K. A. H. Mörner : *Z. Physiol. Chem.*, **28**, 595 (1899)
21) S. Fushiya, Q. -Q. Gu, K. Ishikawa, S. Funayama, S. Nozoe : *Chem. Pharm. Bull.*, **41**, 484 (1993)
22) E・リンドナー著, 羽賀正信・赤木満州雄訳：食品の毒性学, p.81, 講談社サイエンティフィク (1978)
23) W. C. Rose, R. H. McCoy, C. E. Meyer, H. E. Carter, M. Womack, E. T. Mertz : *J. Biol. Chem.*, **109**, 77 (1935)
24) S. Akabori, *et al.* : *Bull. Chem. Soc. Japan*, **30**, 937 (1957)
25) E. Cramer : *Prakt. Chem.*, **96**, 76 (1865)
26) J. Liebig : *Ann.*, **57**, 127 (1846) ; *idem.* : *ibid.*, **62**, 257 (1847)
27) 室井綽：竹の世界 Part 2, p.146, 地人書館 (1994)
28) F. G. Hopkins, S. W. Cole : *J. Physiol.*, **27**, 418 (1902)
29) H. R. Snyder, C. W. Smith : US Patent 2,447,545 (1948)
30) 内藤裕史：中毒百科, p.453, 南江堂 (2001)
31) E. Fischer : *Ber.*, **39**, 2320 (1906)
32) A. Kossel : *Zeit. Physiol.*, **22**, 176 (1896) ; G. Hedin : *ibid.*, 191 (1896)
33) S. Funayama, H. Hikino : *J. Nat. Prod.*, **42**, 672 (1979)
34) J. W. Black, W. A. M. Duncan, C. J. Durant, C. R. Ganellin, E. M. Parsons : *Nature*, **236**, 385 (1972)
35) E. Schulze, J. Barbieri : *Ber.*, **12**, 1924 (1879)
36) E. Fischer : *Ber.*, **34**, 454 (1901)
37) R. Willstätter : *Ber.*, **33**, 1160 (1900)
38) J. M. Essery, D. J. McCaldin, L. Marion : *Phytochemistry*, **1**, 209 (1962)
39) K. Komiyama, C. Tronquet, Y. Hirokawa, S. Funayama, O. Sato, I. Umezawa, S. Oishi : *Jpn. J. Antibiot.*, **39**, 746 (1986)
40) 藤本大三郎：コラーゲン物語, p.25, 東京化学同人 (1999)
41) J. H. Mueller : *Proc. Soc. Exp. Biol. Med.*, **19**, 161 (1922)
42) 佐藤弘之・新星出：*Ajico News*, **205**, 25 (2002)
43) 赤堀四郎・金子武夫：日本化学会誌, **58**, 236 (1937)
44) E. Fischer, F. Weigert : *Ber.*, **35**, 3772 (1902)

45) E. Schulze, A. Litiernik：*Z. Physiol. Chem.*, **17**, 513（1893）

2.4 タンパク質を構成するアミノ酸の生合成と代謝

　タンパク質を構成するおもなアミノ酸のうち，基本的な生合成ルートで生成するアミノ酸を図 2.36 に示す。グルコースが代謝される際，まずグルコースがリン酸化されてグルコース 6-リン酸（glucose-6-phosphate）となり，それがさらに代謝されてピルビン酸（pyruvic acid）やアセチル CoA（acetyl-CoA）を経て α-ケトグルタル酸（α-ketoglutaric acid）となるが，その代謝過程において生成する各化合物が各アミノ酸の生合成起源物質となっている。

　3-ホスホグリセリン酸（3-phosphoglycerate）は L-セリンへと変換され，L-セリンからさらにグリシンや L-システインが生合成される。また，ピルビン酸は L-アラニンや L-バリン，L-ロイシンの生合成起源物質となっている。

　オキザロ酢酸（oxaloacetic acid）は L-アスパラギン酸，2-オキソグルタル酸は L-グルタミン酸の生合成起源物質となっている。そして，L-アスパラギン酸からは L-アスパラギンや，L-イソロイシン，L-スレオニン，L-メチオニン，L-リジンへと生合成され，L-グルタミン酸からは L-グルタミン，L-プロリン，L-オルニチンを介して L-アルギニンが生成する。なお，L-ヒスチジンについては，これらのアミノ酸とは別に，ATP（3.4.1 項参照）のアデニン部分を起源として生合成される。

　一方，芳香族アミノ酸である L-チロシンや L-トリプトファン，L-フェニルアラニンの芳香環はシキミ酸由来であるが，シキミ酸はグルコース 6-リン酸由来のエリスロース 4-リン酸（erythrose-4-phosphate）とホスホエノールピルビン酸（phosphoenol pyruvate）から生合成される。シキミ酸由来のコリスミン酸からプリフェン酸となったのち，脱炭酸して窒素原子を得て L-チロシンが生成する。これに対して，プリフェン酸が脱炭酸と脱水過程を経ると L-フェニルアラニンが生成する。さらに，コリスミン酸からアントラニル酸を経て L-トリプトファンが生合成される。これらの生合成経路については，各アミノ酸の項でもふれた。

　なお，脂肪族アミノ酸を起源とするアルカロイドの起源となるアミノ酸が L-

第 2 章　タンパク質構成アミノ酸

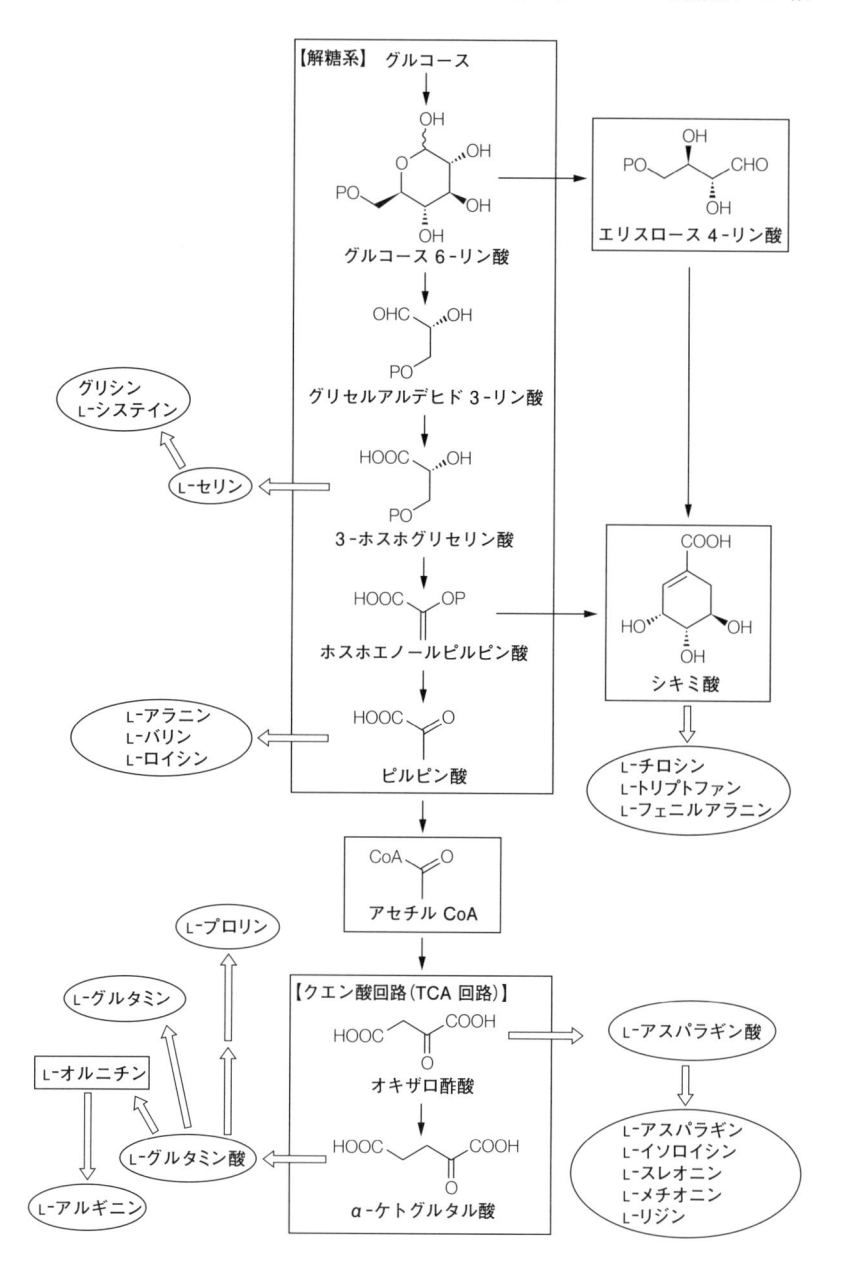

図 2.36　タンパク質構成アミノ酸の生合成経路（文献 1 を改変）

アスパラギン酸およびL-グルタミン酸を由来とするアミノ酸に集中していることは興味深い。

ヒトにとっての必須アミノ酸は，L-イソロイシン，L-スレオニン，L-トリプトファン，L-バリン，L-ヒスチジン，L-フェニルアラニン，L-メチオニン，L-リジン，L-ロイシンの9種であり，これらのアミノ酸はわれわれの体内で生合成されないか，生合成されても十分な量が供給されない。

引用文献

1) P. M. Dewick 著，海老塚豊監訳：医薬品天然物化学 第2版, p.9, 南江堂 (2004)

2.5 タンパク質を構成するアミノ酸の調製

タンパク質構成アミノ酸の調製法には，抽出法，酵素（発酵）法，そして，合成法がある。抽出法や酵素法においては，立体特異的なアミノ酸が得られるが，合成法においては一般にDL体が生成するので，その光学分割の工程が必要となる場合が多い。各アミノ酸の調製方法は，それぞれのアミノ酸の項で概略を述べたものもあるが，表2.2に工業規模で用いられているタンパク質構成アミノ酸のおおよその製造法をまとめた。

アミノ酸の抽出法による調製は，小麦や大豆，ジャガイモなどの天然タンパク質を塩酸などで加水分解したのち，目的のアミノ酸を分離精製する方法である。原料が安く手に入り，当該アミノ酸が大量に含まれる場合に応用される。L-アスパラギン，L-アラニン，L-チロシン，L-ロイシンはおもにこの方法で調製される。

一方，アミノ酸の発酵（酵素）による調製法は，アミノ酸を微生物や酵素の力を使って製造する方法であり，当該アミノ酸を大量に生成する菌を用いて製造させたり，当該アミノ酸の一歩手前の化合物（前駆体）を酵素によってアミノ酸に変換させたりする方法である。この方法では，酵素を使用するほか，酵素を含む微生物を使ったりもする。L-アスパラギン酸，L-アルギニン，L-グルタミン酸，L-システイン，L-リジンはおもにこの方法で調製される。

アミノ酸の発酵による製造は，まず当該アミノ酸を生産する微生物の探索か

表2.2 タンパク質構成アミノ酸の調製に応用される方法

	抽出法	発酵法	酵素法	合成法
L-アスパラギン	○			○
L-アスパラギン酸		○	○	
L-アラニン	○	○	○	
L-アルギニン	○	○		
L-イソロイシン	○	○		
グリシン				○
L-グルタミン		○		○
L-グルタミン酸		○		
L-システイン	○		○	
L-スレオニン		○		
L-セリン	○	○	○	
L-チロシン	○			
L-トリプトファン		○		
L-バリン	○	○		○
L-ヒスチジン	○	○		
L-フェニルアラニン		○		○
L-プロリン	○			
L-メチオニン				○
L-リジン		○		
L-ロイシン	○	○		○

ら始まる（図2.37）。種々の候補株からスクリーニングを経て選び出された微生物の株に対しては，さらにUV（紫外線）ランプによる照射や薬剤による変性，遺伝子組み換えなどを経て，目的のアミノ酸をよりよく生産する株を選び出す操作を行なう。そのうえで選び出された株は，まず試験管で培養されるが，次いで，フラスコ（坂口フラスコ）を用いた培養が行なわれ，さらに，撹拌棒をそなえたジャー培養，そしてタンク培養と，だんだんに規模を大きくしながら進められる。こうして得られた培養液から，目的とするアミノ酸を分離精製することになる。この一連の工程をダウンストリームという。

　アミノ酸のなかでも，調味料として大量に需要のあるグルタミン酸については，微生物の *Corynebacterium glutamicum* により，ブドウ糖から大量につくる方法が開発されてから，アミノ酸発酵の工業化が推進されることになった。その後，木下らは，*C. glutamicum* の変異株を用いて，L-アラニン，L-スレオ

2.5 タンパク質を構成するアミノ酸の調製

```
アミノ酸を生産する微生物
        ↓
     スクリーニング
        ↓ ← UVランプ/薬剤処理/遺伝子組み換え
       育種
        ↓
       培養
(試験管 → 坂口フラスコ → ジャー培養 → タンク培養)
        ↓
       培養液
        ↓
培養液から目的のアミノ酸を分離精製
```

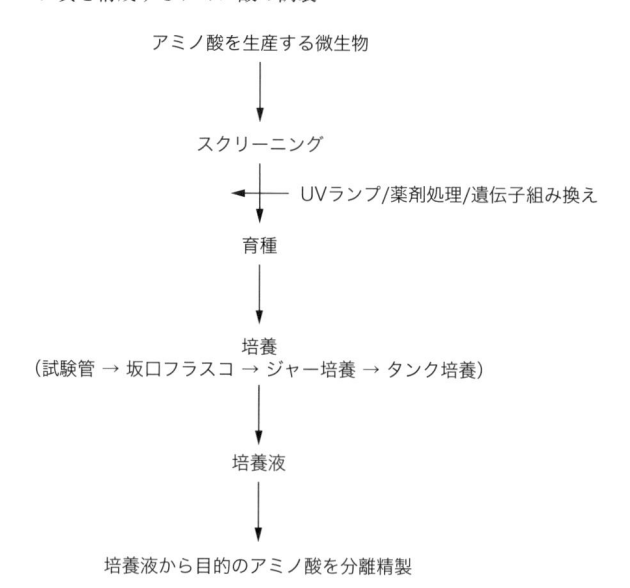

図 2.37　発酵によるアミノ酸の製造

ニン，L-ホモセリン，L-リジンなどをつくることにも成功し，発酵によるアミノ酸の生産に大きな転機を与えた。現在は，廃糖蜜などを原料として，L-アスパラギン酸，L-アラニン，L-イソロイシン，L-オルニチン，L-グルタミン，L-グルタミン酸，L-スレオニン，L-バリン，L-プロリン，L-リジンなども発酵法で生産されている[1]。

化学合成によって生産されたアミノ酸は一般に DL 体であり，精製に際してやっかいな DL 分割を行なわなければならないのに対し，微生物を応用した発酵によって得られたアミノ酸は立体特異的なものがつくられることから，DL 分割の過程を必要としない利点がある。

一方，アミノ酸のなかには，合成によって調製されるものもある。アミノ酸の合成法は，当該アミノ酸に大量の需要があり，合成に用いる原料が安く，反応プロセスが短い場合に適する。L-アスパラギン，グリシン，L-グルタミン，L-バリン，L-フェニルアラニン，L-メチオニン，L-ロイシンの調製に応用される。とくにグリシンには光学異性体が存在しないために DL 分割の必要がないので，化学合成法が有利である。なお，化学合成法では，天然の L 型のみならず

D型のアミノ酸も得られることになるが，D型のアミノ酸のなかには医薬品原料として応用されるものがあるので，むしろD型のアミノ酸も得られる化学合成法が有利な場合もある。

引用文献
1) 木下祝郎：発酵工業，pp. 126-147，大日本図書（1975）

第3章

アミノ酸由来のアルカロイド

　この地球上に，アルカロイド（alkaloid）と称される化合物の一群がある。アルカロイドという言葉を考え出したのは，ドイツのハレ（Halle）の薬剤師マイスナー（K. F. W. Meissner, 1792-1853）で，1818年のことであった。アルカロイドとは「アルカリ（塩基性）様のもの」という造語であり，"alkali" はアラビア語の *al qali*（*al* 〈the〉+ *qali* 〈calcined ashes〉）から，また一方，"-oid" はギリシャ語の *-oeidés*（*-o-* + *eidés* 〈-like〉）由来である。

　アルカロイドのなかには，生合成の過程で，アミノ酸をその骨格ごと取り込んで生成したものが多い。そして，そのようなアルカロイドにおいては，分子中に含まれる窒素の起源はそのアミノ酸である。よって，アミノ酸と多くのアルカロイドには密接な関係がある。

　初期に植物から発見されたアルカロイド類は塩基性化合物であり，いずれもなんらかの顕著な生理作用を有するものであった。そのため，かつてアルカロイドとは「含窒素化合物で，一般に生理作用が顕著なアミン性植物成分」であるといった定義がなされていた。そこで，実際にわが国ではアルカロイドに対して「植物塩基」という訳名が与えられたこともある。ところが現在は，この定義でアルカロイドを規定することはできない。詳しくは成書[1]を見ていただきたいが，アルカロイドの定義はごく広いあいまいなものにせざるをえなくなっている。

　アルカロイドという名のそもそもの起源にそぐわないが，アルカロイドは必ずしも塩基性物質に限ってもいないし，植物成分に限らない。そして，形のう

えでは塩基性基とカルボン酸を有するアミノ酸の様相を有していながら，その生い立ちからいえばアルカロイドといったほうがよいような含窒素化合物，たとえばカイニン酸やGABA（γ-アミノ酪酸）などもある．

以上の事情から，筆者は，天然物由来の含窒素化合物中，明らかにアミノ酸やタンパク質，核酸に分類すべき化合物を除く含窒素有機化合物群を「アルカロイド」という言葉でくくってしまうことを提案した[1]。そのなかには，カイニン酸やGABAのように，アミノ酸とアルカロイドのどちらにも分類される化合物もあり，本来はアルカロイドと，アミノ酸，タンパク質，核酸などとの壁もなくすべきかもしれない．しかし，なにしろ，後者とくにタンパク質や核酸の科学（化学）はそれぞれすでに大きな領域となっているのみならず，手法や学問としての性質もやや異なることから，現在も独立に論じられることが多い．したがって，今のところ，これら化合物については一応あいまいに分けておいたほうがよいと考える（ただし，ペプチドや核酸の一部には，アルカロイドに分類することが可能と思われるものもかなりある）．そして，上記のようなアルカロイドの定義や範囲に関する考え方を導入すれば，今までのアルカロイドという範疇ではとりあげることがむずかしかった化合物，たとえば上記のカイニン酸やGABAのほか，セロトニンやチロキシンなどもかなり自然にとりあげることができる．

アルカロイドのなかには動物由来や微生物由来のものもあるが，現在のところ圧倒的に，植物から得られたアルカロイドが多い．そして，植物由来のアルカロイドの基原植物をさらに見ていくと，被子植物が多く，裸子植物はきわめて少ない．

アルカロイドの生合成をながめていくと，被子植物由来のアルカロイドでは，アミノ酸の窒素がアルカロイド中の窒素の起源となっているものが多い．しかし逆に，裸子植物由来のアルカロイドでは，その生合成にアミノ酸がからんでいないと思われるものが主流であることが特徴といえる（それは，本章を概観することによって理解していただけるものと思う）．よって，植物由来のアルカロイドの主流は被子植物由来で，分子内にアミノ酸が組み込まれたものであるといってよいと思う．いずれにせよ，アルカロイドにとって窒素の存在は生物活性を発現する要(かなめ)となるものである．このように，大気中では各種反応にかかわる

ことなく安定な窒素が，ひとたび分子中に入ると重要な役割を果たす存在となることには興味がもたれる。

一方，抗生物質の発見以来，微生物を起源とするアルカロイドが次々と単離されており，将来は数として，植物を起源とするものを凌駕するほどになることはまちがいないだろう。そして，微生物由来のアルカロイドには，D-アラニンなどのD系のアミノ酸が組み込まれているものも多い。微生物には，高等植物とは異なってD体のアミノ酸が含まれることがよくあり，このことはより高等な動物や植物においては，含まれるアミノ酸の主たるものがほぼL体のアミノ酸に限られているのとは様相が異なる。おそらく，これらの微生物は，より高等な生物のタンパク質がL体のアミノ酸からできることになった以前からの存在であるがゆえに，D体のアミノ酸を温存しているのかもしれない。この点は，化学進化という観点からも興味のあるところである。

引用文献
1) 船山信次：アルカロイド—毒と薬の宝庫—，共立出版（1998）

3.1 アルカロイドの分類とアルカロイドの起源となるアミノ酸

3.1.1 真性アルカロイド，不完全アルカロイド，擬アルカロイド

雑多な化合物の集まりであるアルカロイドについて，その生合成のされ方に着目すると，その窒素の起源から大きく2つに大別できる。ひとつは，アルカロイド分子中の窒素がアミノ酸由来となっているもので，これらのアルカロイドにはアミノ酸がその炭素骨格ごと組み込まれている。もうひとつは，分子中の窒素の由来がアミノ酸分子直接からではないものである。後者のアルカロイドの生合成においては，基本骨格が別途生合成されたあとで窒素が取り込まれている。すなわち，アミノ酸の基本骨格がそのまま分子中に組み込まれていないことに特徴がある。

前者の生合成様式（アミノ酸が分子中に取り込まれている）をとるアルカロイドのうち，アミノ酸が取り込まれたのち，カルボン酸の脱炭酸を伴って生成するアルカロイドを，真性アルカロイド（true alkaloids）ということがある。これに

対して，脱炭酸過程を伴わないで生成するアルカロイドを，不完全アルカロイド（imperfect alkaloids）と称することがある。

一方，アミノ酸が分子中に取り込まれていない後者の生合成様式で生成したアルカロイドを，擬アルカロイドあるいはプソイドアルカロイド（pseudo alkaloids）ということがある。すなわち，擬アルカロイドの生合成には直接のアミノ酸の関与はなく，本書の主題であるアミノ酸には関係しないことになる。しかし，アルカロイド全般の説明には不可欠なため，擬アルカロイドについても本章の最後に簡潔にとりあげることにした。

3.1.2 アルカロイドと神経伝達物質

私たちの生体内には，アセチルコリン，アドレナリン，ノルアドレナリン，L-DOPA（L-ドパ），ドパミン，セロトニン（5-HT），ヒスタミン，GABAといった，神経伝達にかかわるアルカロイドが多種存在する。これらの化合物はアミノ酸由来の化合物で，明らかにアルカロイド様の生成過程を経ている。ところが，これらは比較的簡単な化学構造を有することから，かつてはアルカロイドとは一線を画し，生体アミンと総称されることがあった。しかし，これらの化合物の生合成のされ方をみれば，これらはれっきとしたアルカロイドということができる。したがって，本書ではアルカロイドとして扱うことにする。

これらのアルカロイドは，その起源のアミノ酸であるL-チロシン，L-トリプトファン，L-ヒスチジン，L-グルタミン酸などの形をよく残しているので，それぞれの起源となっているアミノ酸が容易に類推できる。すなわち，アドレナリン，ノルアドレナリン，L-ドパ，ドパミンの起源となるアミノ酸はL-フェニルアラニンやL-チロシンであり，セロトニンの起源となるアミノ酸はL-トリプ

```
ノルアドレナリン    R＝H
アドレナリン       R＝CH₃

L-ドパ            R＝COOH
ドパミン          R＝H
```

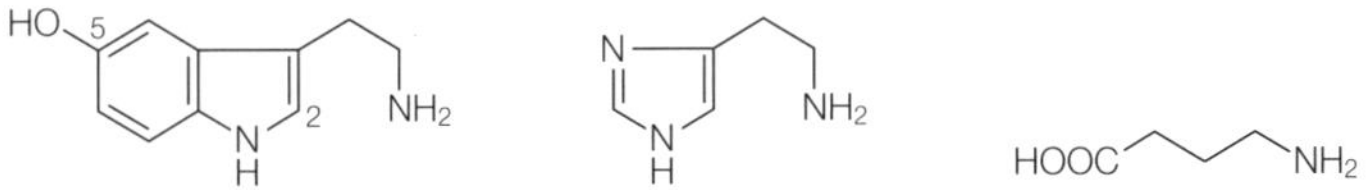

3.1 アルカロイドの分類とアルカロイドの起源となるアミノ酸　　　109

セロトニン（5-HT）　　ヒスタミン　　GABA

トファンである。図 3.1 に，アドレナリンとノルアドレナリンの生合成経路を示す。さらに，L-ヒスタミンはヒスチジンを起源とし，GABA は L-グルタミン酸から生合成される。また，赤ワインなどに多く含まれ，中枢神経を刺激したり血圧を上げたりする作用のあるチラミンも L-チロシンを起源として生合成される。一方，その生合成におけるアミノ酸の関与は少々わかりにくいが，神経伝達物質として重要なアセチルコリンも，そのメチル基の起源は L-メチオニンである。これらのアルカロイドについては，すでに第 2 章までにそれぞれの起源となるアミノ酸の項で大要を述べた。

そこで本章では，もともとのアミノ酸の形が，上記のアルカロイドほどにははっきりとしていないものを中心に述べていくことにする。そして，アルカロイドの起源となるアミノ酸を，大きく芳香族アミノ酸と脂肪族アミノ酸に分け，それぞれのアミノ酸を核として生合成されるアルカロイドについて順次述べていく。なお，アルカロイドの起源となるアミノ酸のなかには，タンパク質構成

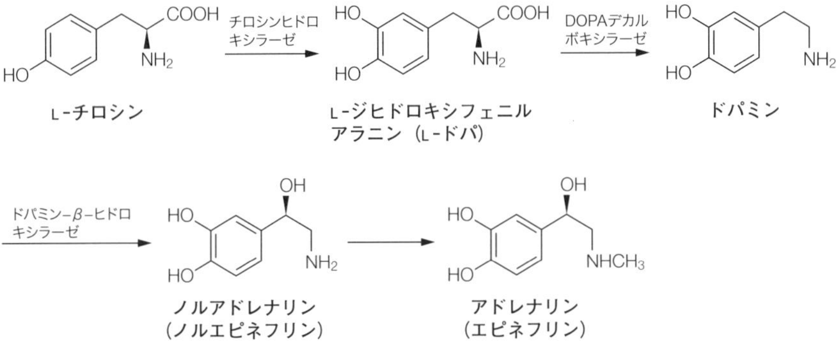

L-チロシン　→（チロシンヒドロキシラーゼ）→　L-ジヒドロキシフェニルアラニン（L-ドパ）　→（DOPAデカルボキシラーゼ）→　ドパミン

→（ドパミン-β-ヒドロキシラーゼ）→　ノルアドレナリン（ノルエピネフリン）　→　アドレナリン（エピネフリン）

図 3.1　ノルアドレナリン（ノルエピネフリン）およびアドレナリン（エピネフリン）の生合成経路

アミノ酸のほか，タンパク質構成アミノ酸以外のアミノ酸が関与している場合があることにも注意したい。そのようなアミノ酸の例としては，ニコチン酸やアントラニル酸などがある。

また，アミノ酸を直接の起源とせずに生成するアルカロイドとして，プリン系およびピリミジン系アルカロイド，擬（プソイド）アルカロイドについても述べる。じつは，プリン骨格やピリミジン骨格の生成にもそれぞれアミノ酸が関与しているのであるが，プリン骨格やピリミジン骨格は核酸の部分構造として広く分布することから，これら骨格を有するアルカロイドは，プリン骨格およびピリミジン骨格由来のアルカロイドと考えることとした。

さらに，上述のように，擬アルカロイドはその生合成過程でアミノ酸が取り入れられているわけではないが，アルカロイド全体の理解には必要と考えられるので，その項も設けた。

3.2　芳香族アミノ酸由来のアルカロイド

アルカロイドの生合成にかかわる芳香族アミノ酸には，L-フェニルアラニン，L-チロシン，L-トリプトファン，L-ヒスチジン，ニコチン酸，アントラニル酸などがある。

L-フェニルアラニンやL-チロシンを起源とし，原形をかなりとどめているアルカロイドには，神経伝達物質などとして重要なアドレナリン，ノルアドレナリン，DOPA，ドパミンなどがある。一方，L-トリプトファン由来のアルカロイドで，原料のアミノ酸の原形をとどめているものにセロトニン（5-HT）が，さらにL-ヒスチジンの原形をとどめているものにヒスタミンがある（これらのアルカロイドは第2章および前節でふれた）。

また，上記の原料アミノ酸のうち，ニコチン酸やアントラニル酸は，広義のアミノ酸とも考えられる化合物であり，もちろんタンパク質構成アミノ酸ではない。

3.2.1　フェニルアラニンおよびチロシン由来のアルカロイド

フェニルアラニン由来の神経伝達物質であるアドレナリンやノルアドレナリ

3.2 芳香族アミノ酸由来のアルカロイド

ンについてはすでに述べた。そこで、ここではまず甲状腺ホルモンであるチロキシンについて述べ、次いで南米に産するサボテン由来の幻覚物質であるメスカリン、もともとは矢毒として見いだされた d-ツボクラリン、抗菌作用を有するベルベリン、阿片の主成分であるモルヒネ、植物の倍数体をつくる目的で使用されるコルヒチンなどについて述べていくことにする。

なお、d-ツボクラリンやベルベリンは、分子中にイソキノリン（isoquinoline）骨格を有していることから、イソキノリン系アルカロイドともいう。

(1) L-チロキシン

甲状腺（thyroid gland）は、気管上部、喉頭の前面に付着した扁平なH字状または馬蹄形をした内分泌腺で、ヒトでは 20～23 g である。甲状腺欠損症状に有効な物質を総称して、甲状腺ホルモンという。

甲状腺ホルモンには、L-チロキシン（L-thyroxine；L-3,5,3′,5′-tetraiodothyronine）や L-リオチロニン（L-liothyronine；L-3,5,3′-triiodothyronine）がある。両者とも、分子中にヨウ素を含む化合物で、これらのホルモンは甲状腺においてはタンパク質チログロブリン（thyroglobulin）となって濾胞液の中に蓄えられている。L-チロキシンは、1915年にケンドール（Kendall）によって動物の甲状腺から単離された。天然に存在するのはL体で、D体は合成によってのみ得られる。L体と比較して、D体の活性は非常に弱い。したがって、DL体のホルモン活性はL体の約 1/2 となる。

L-チロキシンは、L-チロシン分子が親電子的にヨウ素化され、その2分子が結合した中間体から、一方がピリドキサルリン酸（PLP）の仲介する反応で側鎖を失って生じるとされている。

(2) メスカリン

サボテン科のペヨーテ（*Lophophora williamsii* = *Anhalonium williamsii*）は、

L-チロキシン

図 3.2　メスカリンの生合成経路

　アメリカ南部およびメキシコの砂漠に自生する植物である。このサボテンは，日本においても鑑賞用に栽培されることがあり，ウバタマ（烏羽玉）と称される。このサボテンからは C_6-C_2-N 型の骨格からなるフェニルエチルアミン（phenylethylamine；フェネチルアミン phenethylamine ともいう）系のアルカロイドが多数単離されており，その主成分はメスカリン（mescaline）である。メスカリンには幻覚作用のあることが知られている。

　メスカリンの生合成は，L-チロシンが酸化されて L-ドパとなったものが，さらに脱炭酸してドパミンとなることに始まる（図 3.2）。生成したドパミンに対しては，さらに O-メチル化→酸化→O-メチル化→O-メチル化の過程を経て，メスカリンが生成する。

(3) ホルデニンおよび類縁化合物

　イネ科のオオムギ（*Hordeum vulgare* var. *hexastichon*）の幼根から，フェニル

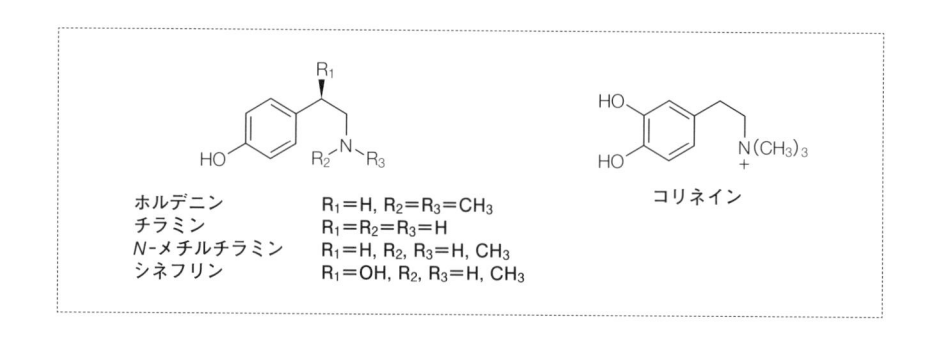

化合物	置換基
ホルデニン	R_1=H, R_2=R_3=CH_3
チラミン	R_1=R_2=R_3=H
N-メチルチラミン	R_1=H, R_2, R_3=H, CH_3
シネフリン	R_1=OH, R_2, R_3=H, CH_3

コリネイン

エチルアミン系のアルカロイドとして，ホルデニン（hordenine）や N-メチルチラミン（N-methyltyramine）が単離されている。

　これらの化合物の前駆体は，L-チロシン由来のチラミンと考えられる。実際に，放射性同位元素で標識した dl-[2-^{14}C] チロシンを発芽4日目のオオムギに投与して培養を続けたのち，11日目にその根から生成したホルデニンと N-メチルチラミンを単離してみると，いずれも ^{14}C を含むことがわかり，その位置は側鎖の α 位炭素であった。dl-[2-^{14}C] チロシンは，ホルデニンよりも N-メチルチラミンのほうに多く取り込まれており，また抽出物中にはチラミンが検出されなかった。したがって，取り込まれたチロシンは，チラミンに変換されたのちただちにメチル化されて，N-メチルチラミンになると考えられる。そして，N-メチルチラミンが，さらにメチル化されてホルデニンになるのにはやや時間がかかるのであろう。

　キンポウゲ科の各種トリカブト属（$Aconitum$）植物の塊茎を乾燥したものは，烏頭あるいは附子とよばれ，漢方で用いられる生薬である。この生薬には，猛毒を有するアコニチン系アルカロイドが含まれていることが知られている（アコニチン類については3.5.2項で述べる）。一方，カラトリカブト（$A.\ carmichaeli$）の塊茎の抽出物が，ラットの静脈内注射投与実験で血圧上昇作用を示したことから，その活性成分を探索したところ，フェニルエチルアミン類のコリネイン（coryneine）であったという報告がある[1]。コリネインは，モルモットの抽出右心房で強心作用を示すことも明らかとなった。

　ミカン科 $Citrus$ 属植物のウンシュウミカン（$C.\ unshiu$）やダイダイ（$C.\ aurantium$ var. $daidai$）の果皮の乾燥品は陳皮や橙皮とよばれ，また，未熟果実の乾燥品は枳実と称して漢方で用いられる。これらの生薬からは，フェニルエチルアミン類の N-メチルチラミン（N-methyltyramine）やシネフリン（synephrine）が得られている。

(4) d-ツボクラリン

　南米の原住民は吹き矢を使って狩をするとき，矢の先に毒を塗り，獲物の神経を麻痺させて捕らえる。この毒をクラーレ（curare：現地語で"毒"の意）と称していた。

　クラーレには3種類あるが，そのうち，竹筒（ツボ）クラーレと称するもの

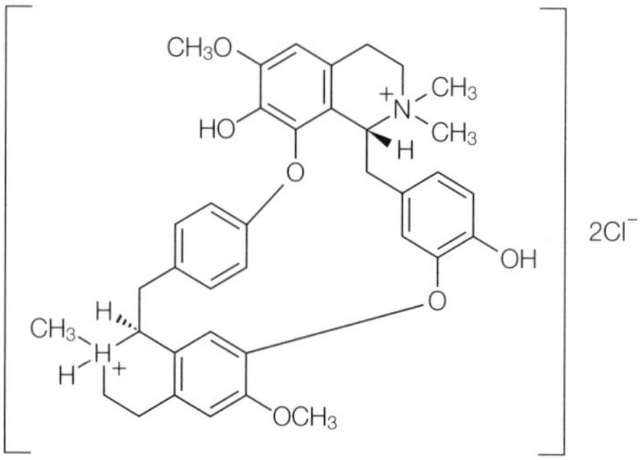

d-塩化ツボクラリン

は，アマゾン川流域で用いられているもので，ツボあるいはツベとよばれる竹筒に貯蔵される。ブラジル産のツヅラフジ科植物の *Chondodendron tomentosum* や *C. platyphyllum* などの樹皮の抽出物である。ツボクラーレからは，有毒成分として *d*-ツボクラリン（*d*-tubocurarine）が塩化物として得られている。*d*-ツボクラリンは，フェニルアラニンを起源として生合成されるアルカロイドである。

　d-ツボクラリンは，運動神経終末から興奮伝達物質として放出されるアセチルコリンと骨格筋接合部において競合的拮抗を示し，そのために興奮の伝達を遮断し，結果として筋肉を弛緩させる。この *d*-ツボクラリンの作用は，外科手術の際やストリキニーネ中毒によるけいれんを制御するのに応用され，クラーレ製剤は全身麻酔時の筋弛緩薬として，また精神科のショック療法に際して筋けいれんを弱めるために，あるいは破傷風や狂犬病などのけいれん性疾患に用いられる。

　クラーレは，消化器からの吸収が遅く，また吸収されても肝臓で分解されてしまう。したがって，食用とする動物を捕獲する吹き矢の毒としても用いることができるのである。動物実験でも臨床的にも注射剤として用いられる。

(5) ベルベリン

　ミカン科のキハダ（*Phellodendron amurense*）は，日本から朝鮮半島，中国北部，ウスリー，アムール地方に分布する落葉高木であり，しばしば直径1 m,

3.2 芳香族アミノ酸由来のアルカロイド

ベルベリン

高さ 25 m を超す大樹となる。

　キハダの樹皮を採り，コルク層からなる周皮を取り去って乾燥させたものを黄蘗（おうばく）と称し，漢方では健胃，整腸，消炎，解熱薬とする．現在，黄蘗を記載する際には黄柏と簡略字を用いることが多い．黄蘗は『神農本草経』の「中品」にも掲載されている古い生薬である．また古来，わが国の家庭薬の腹痛の妙薬としてさかんに用いられてきた奈良の陀羅尼助（だらにすけ），信州の百草（ひゃくそう），山陰の煉熊（ねりくま）などは，いずれも黄柏の煎汁を主成分としたエキス剤である．

　黄柏の主成分は，アルカロイドのベルベリン（berberine）であり，通常は塩化ベルベリンとして単離される．塩化ベルベリンの製剤は，健胃整腸薬として市販されている．

　ベルベリンは，メギ科の *Hydrastis canadensis* や，キンポウゲ科のオウレン（*Coptis japonica*），その他の植物から単離されており，その化学構造も20世紀の初期には解明されている．その後，いくつかの方法によって全合成もされている．ベルベリンには，黄色ブドウ球菌，赤痢菌，コレラ菌，淋菌などに対する抗菌作用のほか，血圧下降作用，中枢神経抑制作用，アセチルコリン増強作用，抗炎症作用，細胞毒性など，多くの報告がある．

(6) モルヒネとパパベリン

　ケシ科のケシ（*Papaver somniferum*）は，ヨーロッパ東部原産の越年生草本で，阿片（あへん）およびモルヒネ（morphine）の原料植物として栽培もされている．ケシは代表的な麻薬植物であり，現在，合法的に栽培されている国はインド，パキスタン，ブルガリア，トルコ，日本などに限られ，これらの国でも栽培は厳重に管理されている．日本ではアヘン法による許可の下に，大阪府や和歌山県，茨城県などで栽培されている．

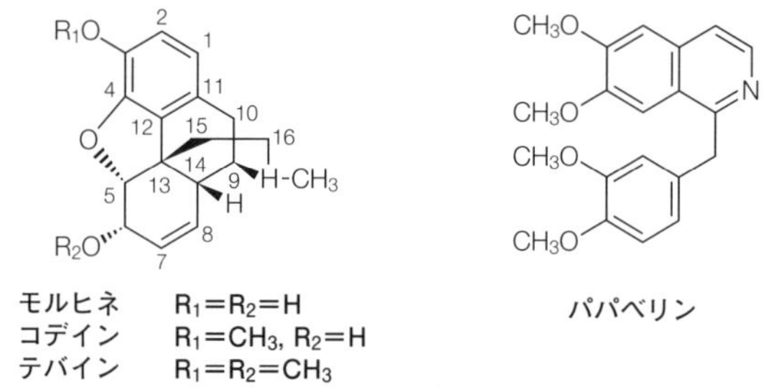

116　　　　　　　　　　　　　　　　　　　　第3章　アミノ酸由来のアルカロイド

モルヒネ　　　　$R_1=R_2=H$
コデイン　　　　$R_1=CH_3, R_2=H$
テバイン　　　　$R_1=R_2=CH_3$

パパベリン

　ケシは，わが国では5月ごろに，茎頂に赤や白，しぼり，八重咲きなどの大きな花をつけ，やがてケシ坊主といわれる大型の果実をつける。この果実が完熟すると，上部の穴から細かな種子が出てくる。

　阿片は，このケシ坊主が未熟のうちに果皮に浅く傷をつけて，出てくる白い乳液（まもなく黒く凝固する）をかき取って乾燥させたものである。阿片は墨色の塊で，産地によって種々の形に成型してある。日本薬局方では，これを均質

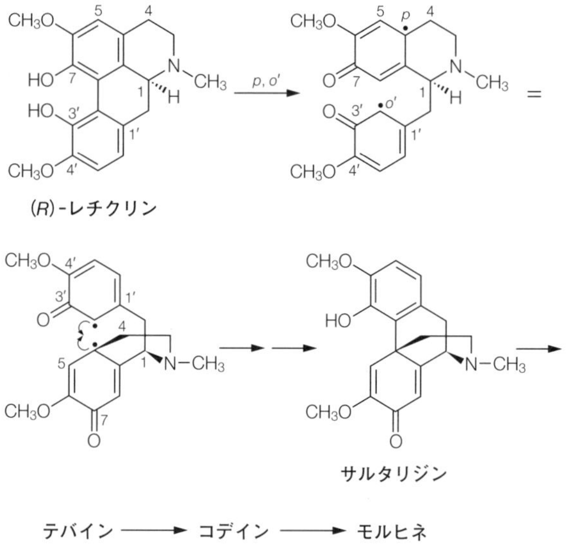

(R)-レチクリン

サルタリジン

テバイン　——→　コデイン　——→　モルヒネ

図3.3　テバイン，コデイン，モルヒネの生合成経路

な粉末とし，デンプンまたは乳糖を加えてモルヒネ含量が9.5〜10.5%になるように調製したものをアヘン末とし，各種製剤の原料にする。阿片の10〜25%はアルカロイドで，その主成分はモルヒネである。

モルヒネは，1805年にドイツの薬局で助手をしていたゼルチュルネル（F. W. A. Sertürner, 1783-1841）によって単離が報告されたアルカロイドである。かなり複雑な生合成経路を経由しているが，モルヒネは，L-チロシンを生合成の起源として生成した（R）-レチクリン（（R）-reticuline）からテバイン（thebaine），次いでコデイン（codeine）を経て生合成される（図3.3）。アヘンには，モルヒネのほか，25種類以上のアルカロイドを含み，そのなかには，やはりL-チロシンを起源とすると考えられるパパベリン（papaverine）も含まれる。

アヘン末の精製によって得られた塩酸モルヒネは鎮痛薬・麻酔薬として，また塩酸パパベリンは平滑筋の鎮痙薬として，それぞれ重要な薬物である。

(7) コルヒチン

イヌサフラン（*Colchicum autumnale*）は，ヨーロッパおよび北アフリカ原産のユリ科の多年生草本である。イヌサフランという名前の由来は，花がアヤメ科のサフラン（*Crocus sativus*）と一見似た形であることに基づく。イヌサフランは一般にコルチカムとも称され，園芸品種も多くあり，鑑賞のために栽培されることも多い。この植物の種子からは，アルカロイドの一種であるコルヒチン（colchicine）が得られることでも知られる。コルヒチンは古来，リウマチ症の治療に有効とされていたが，一方，細胞の有糸分裂を阻害する活性があり，花卉園芸における倍数化体の作製や種なし西瓜の生産などに応用されている。

コルヒチン　　　　　　オウタムナリン

コルヒチンの生合成経路は，二重標識実験によって明らかにされた（図3.4）。まず，放射性の ^{14}C で3′位を標識したチロシンがコルヒチンに導入されることがわかり，さらに標識したチロシンからドパミンが，またフェニルアラニンのほうからは桂皮酸(けいひさん)が生成することもわかった。そして，両者の縮合によって，

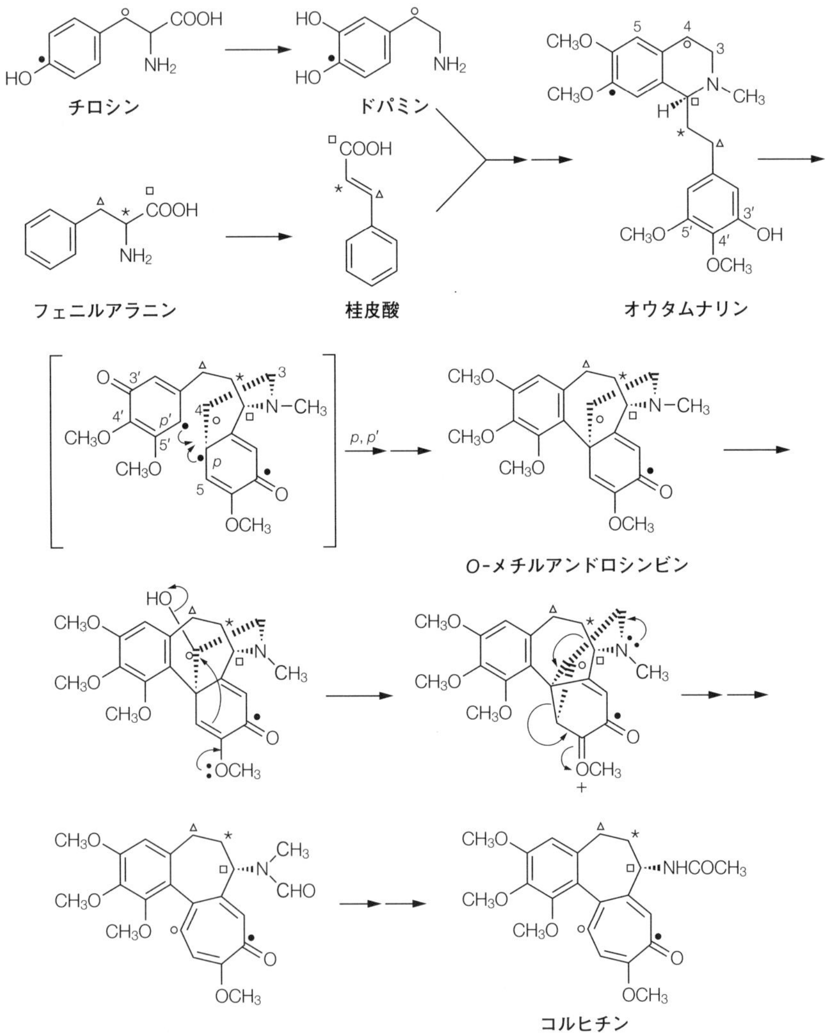

チロシン　　ドパミン　　オウタムナリン

フェニルアラニン　　桂皮酸

O-メチルアンドロシンビン

コルヒチン

図3.4　コルヒチンの生合成経路

3.2 芳香族アミノ酸由来のアルカロイド

まずオウタムナリン (autumnaline) が生じる。オウタムナリンは, フェネチルイソキノリン (phenethylisoquinoline) アルカロイドの一種であり, 前述の (R)-レチクリンなどよりも C_1 ユニット分, 過剰となった化学構造を有している。このコルヒチン生合成の中間体と目される化合物は, 実際にユリ科の *Colchicum cornigerum* から単離された。

次に, オウタムナリンは, 分子内の p,p-フェノールカップリングを経て, O-メチルアンドロシンビン (O-methylandrocymbine) となる。この化合物中の六員環の七員環への環拡大反応によって, コルヒチンが生合成されるのである。図のなかで, とくにチロシンのベンジル位の炭素 (白丸) の動向に注目していただきたい。なお, コルヒチン中の7位の N-アセチル基には酢酸-1-^{14}C が, また O-メチル基にはメチオニン-Me-^{14}C が導入されることも確認されている。

3.2.2 トリプトファン由来のアルカロイド

トリプトファン由来のアルカロイドにも, 医薬品として重要なもの, 染料, 植物ホルモンなど, 興味深い化合物が多い。幻覚作用を有する化合物が多いことにも着目される。本章で述べているアルカロイドの大部分は, 分子内にインドール (indole) 骨格を有している。そこで, これらのインドール骨格を有するアルカロイドについてはインドール系アルカロイドとも称される。

先に, トリプトファン由来の神経伝達物質としてセロトニンについて述べた。セロトニンはL-トリプトファンの原形をかなり残しているアルカロイドである。

本項ではまず, やはりトリプトファンの形がほとんどそのまま残っているアルカロイド群であるオーキシン類についてふれ, 次いでトリプトファンユニットの一部が欠落したり, トリプトファンユニットに種々の他のユニットが結合したりして生成したインジゴやレセルピン, ヨヒンビン, ストリキニーネ, エルゴタミン, キニーネ, VLB, VCR などについて述べていく。

トリプトファン由来であることが証明されているアルカロイドのなかには, キニーネのようにトリプトファンの原形をまったくとどめないものもある。

(1) オーキシン

ヒトを含む動物の尿に, 植物に対する生長促進作用があることは古くから認

インドール-3-酢酸（IAA）　　　R=CH₂COOH
インドール-3-エタノール（IEt）　R=CH₂CH₂OH
インドール-3-アルデヒド　　　　R=CHO
インドール-3-カルボン酸　　　　R=COOH
インドール-3-アセトニトリル（IAN）R=CH₂CN

められており，成長促進作用物質はオーキシン（auxin）と命名された。のちに，これは4種類の化合物からなることがわかり，それぞれ，オーキシンa（auxin-a），オーキシンaラクトン（auxin-a-lactone），オーキシンb（auxin-b），ヘテロオーキシン（heteroauxin）と名づけられたが，これらの化合物のなかで現在存在が認められているのはヘテロオーキシンのみである。

　ヘテロオーキシンの化学構造は，インドール-3-酢酸（indole-3-acetic acid, indole-β-acetic acid；IAA）である。IAAは，トリプトファンを出発物質とし，インドール-3-ピルビン酸（indole-3-pyruvic acid）あるいはトリプタミン（tryptamine）を経て生成したインドール-3-アセトアルデヒド（indole-3-acetaldehyde）が酵素的に酸化されて生成すると考えられる（図3.5）。これらの2つの生合成経路中，インドール-3-ピルビン酸を中間体とするほうが主たる生合成経路と思われる。

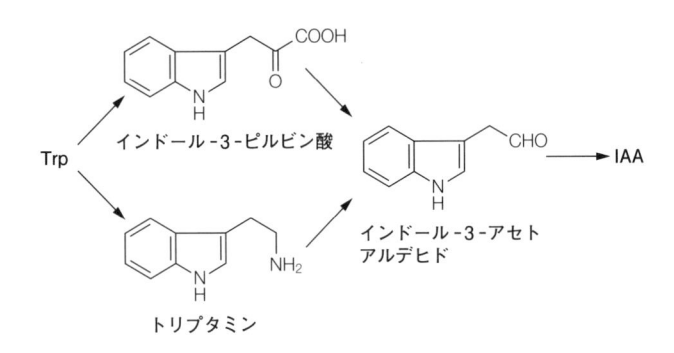

図3.5　インドール-3-酢酸（IAA）の推定生合成経路

3.2 芳香族アミノ酸由来のアルカロイド

|サイロシビン|サイロシン|

植物体内に含まれる内生オーキシンとしては，IAA のほかに，インドール-3-エタノール（indole-3-ethanol；IEt），インドール-3-アルデヒド（indole-3-aldehyde），インドール-3-カルボン酸（indole-3-carboxylic acid），インドール-3-アセトニトリル（indole-3-acetonitrile；IAN）など多数ある。

(2) サイロシビンとサイロシン

Psilocybe 属に属するきのこは，北米大陸中央部，中米，南米大陸北部，そしてヨーロッパに広く分布している。しかし，このきのこを幻覚剤として用いているという報告があるのは，メキシコおよびグァテマラに限られるようである。この地域では，このきのこを「テオナナカトル（*teonanacatl*）」と称して宗教儀式に供している。

マヤ文明期の現グァテマラやメキシコ南部，エルサルバドル地域の出土物として，奇妙な石づくりのきのこの人形がたくさんあり，はじめはこれらの意味するものがわからなかった。しかしその後，このきのこそ，この地域で宗教儀式に用いられてきた *Psilocybe* 属のきのこであることがわかり，その使用の歴史の長いことが明らかにされた。

Psilocybe 属のきのこから得られる幻覚物質としては，主成分としてサイロシビン（psilocybin），微量成分としてサイロシン（psilocin）がある。サイロシビンはサイロシンのリン酸エステルであり，サイロシビン，サイロシンともにトリプタミン誘導体である。これらの化合物の化学構造は，脳内伝達物質として重要なセロトニンに類似している。

(3) インジゴ

インジゴ（indigo）は，おそらく現存しているもっとも古い天然染料のひとつである。インジゴはラテン語で「インドの産物」を意味する "*Indicum*" を語源とする。ただし，インジゴはインドの植物のみならず，いろいろな植物から

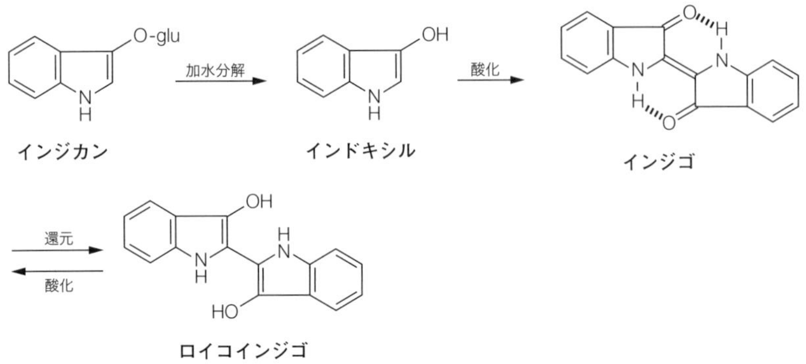

図 3.6　インジカンからインジゴの生成反応

単離される。たとえば，わが国ではタデ科のアイ（*Polygonum tinctorium*）がインジゴの原料として用いられ，岩手や徳島などにおける藍染めは伝統工芸として有名である。

インジゴは，植物体内では，インジカン（indican）すなわちインドキシルグルコシド（indoxyl glucoside）の形で存在し，これが加水分解によってインドキシル（indoxyl）となり，インドキシルが空気酸化によって 2 量体のインジゴが生成される（図 3.6）。インジゴは暗青色で，ほとんどの溶媒に溶けにくいが，その還元体であるロイコインジゴ（leucoindigo）はアルカリ溶液に可溶であり，この形で染色に用いられる。

インジゴの化学構造は，その全合成によって確認されている。インジゴの化学構造には，2 つのユニットを結合する二重結合部分の配置のちがいによって，トランスとシスの両方の形が可能である。しかし，インジゴは，X 線結晶解析によってトランス体となっていることが確認されており，トランス体になった結果，図 3.6 に示したような分子内水素結合をしていることがわかっている。インジゴはまた，いち早く化学合成法によって得られた化合物が工業に用いられた染料のひとつである。工業化に成功したのはドイツの BASF（Badishche Anilin- und Soda-Fabrik）社で，1897 年のことであった。

チューリヒにあるスイス連邦工科大学（略称は ETH）のホイマン（K. Heumann）は 1890 年に，フェニルグリシン法（図 3.7 a）と *O*-カルボキシフェ

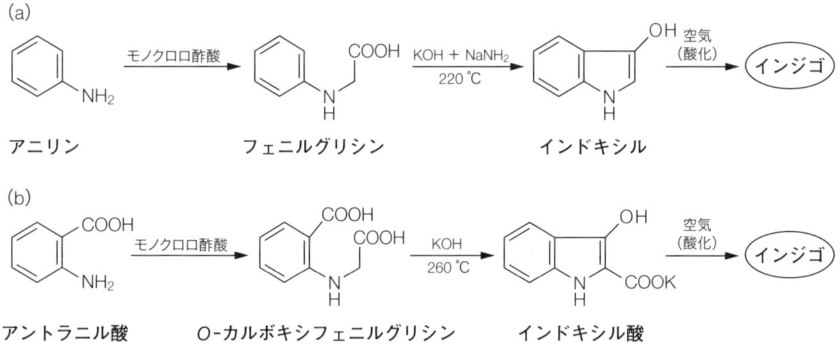

3.2 芳香族アミノ酸由来のアルカロイド   123

図3.7 インジゴの合成法
(a) フェニルグリシン法，(b) O-カルボキシフェニルグリシン法。

ニルグリシン法（図3.7 b）を見いだした。(a) の方法では，フェニルグリシンをインドキシルに導く際に，当初は水酸化カリウムとともに300〜350℃に融解（アルカリ融解）させる方法がとられた。しかし，この方法だとアルカリ融解の温度が高いために，生成したインドキシルの分解が起こって収率が低下してしまう。1901年にプフレガー（Pfleghar）は，アミノナトリウム（$NaNH_2$）を縮合剤として添加すれば，融解が低温（220℃）で行なわれ，副反応も抑えられることから，収率も定量的に近くなることを見いだした。これをホイマン・プフレガーの改良法という。このうち，(b) の方法におけるアントラニル酸よりも，(a) の方法におけるアニリンを起源としてフェニルグリシンを得るほうがたやすいので，(a) のホイマン・プフレガーの改良法が優れている[2]。

(4) フィゾスチグミン

　マメ科のフィゾスチグマ（*Physostigma verenosum*）は，アフリカ西部のカラバル（Calabar）地方に野生し，また栽培される蔓性の多年生植物である。木化した茎は直径4 cm，長さ15 mに達する。この植物の木質の莢果は，腎形で暗褐色をした1〜3個の種子を有しており，カラバル豆（Calabar beans）と称される。カラバル豆には強い有毒成分が含まれる。

　カラバル豆は，原住民によって一種の神明裁判に用いられていた。犯罪の被告となった者にカラバル豆の水浸液が与えられ，被告が死んだ場合は有罪とさ

フィゾスチグミン（エゼリン）　　　ネオスチグミン

れた。カラバル豆の有毒成分は，むかつきや嘔吐に始まり，最終的には呼吸麻痺に至る中毒症状をひき起こす。したがって，無実の者は無実を確信して，この毒をすばやく飲むために，激しく嘔吐して胃内のものを吐き出してしまうのに対して，実際に犯罪を犯した者はエキスをこわごわと飲むために死に至るのだという。酷い裁判である。

カラバル豆の主たる有毒成分は 1864 年に単離されており，フィゾスチグミン（physostigmine）と命名された。一方，原住民はカラバル豆を "Eséré" とよんでいた。そのため，フィゾスチグミンは別名エゼリン（eserine）とも称される。フィゾスチグミンは，その基本骨格中に L-トリプトファンが導入されて生合成される。

フィゾスチグミンは，副交感神経の興奮作用と骨格筋の収縮を起こす。これは，コリンエステラーゼ（ChE）阻害作用によって，アセチルコリン（ACh）の分解を阻害するためで，作用は可逆的である。それゆえ，フィゾスチグミンはコリン作動性効果をもち，強い縮瞳作用および眼圧の低下をきたすことから，緑内症の治療およびアトロピン散瞳の拮抗薬に用いる。一方，骨格筋においても，主として運動神経末端においてアセチルコリンの分解を阻止するために，骨格筋の収縮を起こし，前出の d-ツボクラリンによる筋弛緩に拮抗する。

フィゾスチグミンの中毒症状は，意識には影響しないが，嘔吐，胃腸障害，縮瞳を起こし，さらに大量の摂取は，心臓抑制，血圧低下，呼吸困難，けいれんをきたし，呼吸麻痺によって死亡する。解毒薬としては，3.3.1 項に述べるアトロピン（atropine）が用いられる。

なお，ネオスチグミン（neostigmine）などの合成副交感神経興奮薬は，フィゾスチグミンの化学構造を参考にして考案された。

3.2 芳香族アミノ酸由来のアルカロイド

レセルピン

(5) レセルピン

キョウチクトウ科の *Rauwolfia serpentina* の根は，古くからインドで毒蛇にかまれたあとや，精神病，解熱などに応用する目的で用いられてきた。わが国では，この生薬をインド蛇木（印度蛇木）と称している。

1933年，インドのチョプラ（R.N.Chopra）らは，この植物の根から単離された結晶性のアルカロイドに血圧下降作用のあることを報告し，1952年にはレセルピン（reserpine）が単離され，その性質が調べられた。

レセルピンは臨床応用にまで至った降圧剤のひとつである。また，この薬物は，アドレナリン作動性神経内のノルアドレナリンを枯渇させて，交換神経系の機能を抑制するメジャートランキライザー（神経遮断薬）である。レセルピンの投与によって，交感神経終末のアミン貯蔵顆粒の取り込み機構が阻害され，ノルアドレナリンの前駆物質のドパミンが貯蔵顆粒内に入ってもノルアドレナリンになることができない。一方，貯蔵顆粒内に存在していたノルアドレナリンは，交感神経興奮によって放出され，また自動的に顆粒外に漏出してモノアミンオキシダーゼによって分解されるので，しだいに減少し，やがて神経終末内のノルアドレナリンは消失する。よって，交感神経繊維の興奮を心臓や支配血管などに伝達することができなくなり，鎮静作用を示すとともに，主として心拍出量の低下，一部は末梢抵抗の減少によって血圧が低下する。ただし，精神科領域ではフェノチアジン系化合物の精神病治療薬が開発され，現在ではこの薬物はほとんど使用されなくなってきた。

(6) ヨヒンビン

アカネ科の *Pausinystalia yohimba*（*Corynanthe johimbe*）は，アフリカ南部に

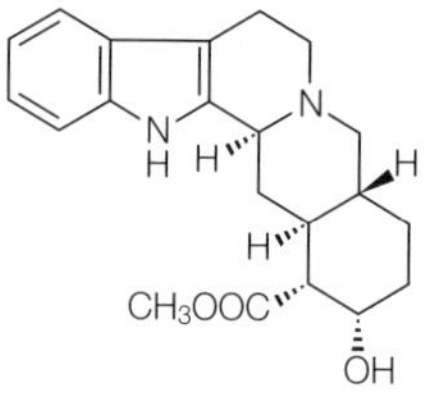

ヨヒンビン

　自生する常緑高木で，現地ではヨヒンベ（*yohimbe*）とよばれている。ヨヒンベの樹皮は，古くから催淫薬として応用されてきた。

　その主成分は，1896年にシュピーゲル（Spiegel）によって単離され，ヨヒンビン（yohimbine）と命名された。α-ヨヒンビンの絶対配置まで含めた構造は，1961年までに明らかとなった。

　ヨヒンビンは，大量投与によって，交感神経のα_2受容体の遮断作用を示し，受容体の終末からのノルエピネフリンの遊離を抑制する。その結果，皮膚や粘膜の血管，とくに外陰部の血管の拡張をきたす。また，仙髄に存在する勃起中枢の興奮を亢進させる作用も有するとされる。以上の理由から，この化合物は催淫薬として応用されることがある。しかし，その有効量は中毒量に近いといわれる。

(7) ストリキニーネ

　マチン科のマチン（*Strychnos nux-vomica*）は，インドやスリランカ，オーストラリア北部などに自生する高木である。その種子を馬銭子あるいはホミカと

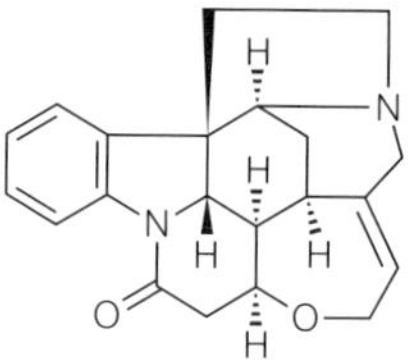

ストリキニーネ

3.2 芳香族アミノ酸由来のアルカロイド

称し，薬用量で苦味健胃薬とするほかに，硝酸ストリキニーネ（strychnine）製造の原料とする。それゆえ，マチンは別名をストリキニーネノキともいう。

ストリキニーネは19世紀の初めに単離されたが，その化学構造が明らかになったのは20世紀の半ばになってからのことである。

ストリキニーネは毒性の強い物質で，ヒトの致死量はストリキニーネ硫酸塩として0.03～0.1gである。これは馬銭子1粒が致死量に近いことを意味する。ストリキニーネの中毒症状としては，特有の強直性けいれんがあり，このけいれんは間隔をおいてわずかな刺激を与えることによって再び誘発される。

(8) 麦角アルカロイドとLSD

子嚢菌の一種の麦角菌（*Claviceps purpurea*）がライ麦などに寄生すると，角のような形をした麦角（ergot）と称される菌核が生じる。

麦角は，かつては恐怖の対象であった。なぜなら，この菌に冒されたライ麦を口にした人々が，次々に手足が侵される奇病におちいったからである。麦角には，血管を収縮させて手足への血行を妨げ，ついには壊疽をひき起こす化合物が含まれている。そのため，麦角中毒におちいると，やがて皮膚が黒ずんできて，少しの血も流れずに手足を失った。その際，初期症状として四肢に強い熱感を伴うことから，この病気は中世には「聖アンソニーの火（St. Anthony's fire）」とよばれるようになり，多くの人が死んでいった。古い記録としては，

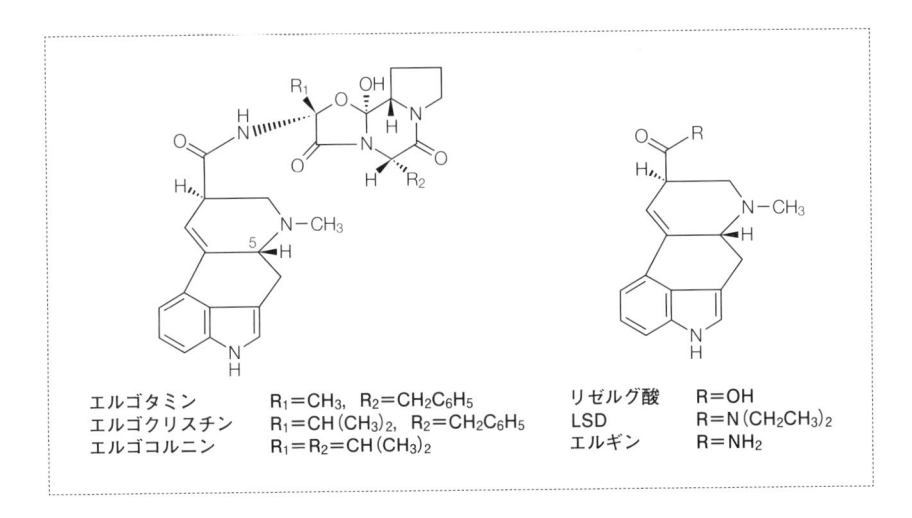

エルゴタミン　　　　$R_1=CH_3$, $R_2=CH_2C_6H_5$
エルゴクリスチン　　$R_1=CH(CH_3)_2$, $R_2=CH_2C_6H_5$
エルゴコルニン　　　$R_1=R_2=CH(CH_3)_2$

リゼルグ酸　$R=OH$
LSD　　　　$R=N(CH_2CH_3)_2$
エルギン　　$R=NH_2$

はるか紀元前600年のアッシリアの粘土板に,この麦角に対する警告が刻まれているという。また,中世以来の聖アンソニーの火の記録は1581〜1928年にわたる。

　麦角は危険なものであるということが知られていながら,一方でヨーロッパの助産婦たちは,子宮の収縮を促進させるために古くから麦角を用いていた。やがて,麦角の子宮収縮作用成分の化学的研究が行なわれるようになり,有効成分として,エルゴタミン (ergotamine),エルゴクリスチン (ergocristine),エルゴコルニン (ergocornine) などが単離された。これらのアルカロイドの共通の母核は,リゼルグ酸 (lysergic acid) とよばれるが,エルゴタミンはリゼルグ酸に3つのアミノ酸からなるペプチドがアミド結合した構造を有している。リゼルグ酸の骨格部分をエルゴリン (ergoline) 環という。エルゴリン環はアミノ酸のL-トリプトファン1分子にC_5ユニット(ヘミテルペンユニット)1個が結合して生合成されることが確認されている。

　麦角菌の人工培養系に,標識したD-トリプトファンを投与すると,その標識されたα水素 (98%) とアミノ窒素 (90%) はエルゴリン環に導入されずに失われる。これに対して,DL体の標識トリプトファンを用いると,α水素とアミノ窒素の消失がそれぞれ57%および50%にとどまることから,この骨格の生合成には,L-トリプトファンがそのまま用いられていることがわかった。しかし,おもしろいことに,エルゴリン環における5位の立体は,L-トリプトファンとは逆で,D-トリプトファン型となっている。したがって,この環の形成には,L-トリプトファンが取り込まれ,そのα炭素における反転が起こっていることになる。なお,N-メチル基がメチオニン由来であることも,培養した *Claviceps* 属を用いた実験ですでに確認されている。

　麦角アルカロイドの母核であるリゼルグ酸から,半合成で得られた化合物にLSDがある。この化合物は,リゼルグ酸のジエチルアミド誘導体であり,LSDの名はそのドイツ語名の"Lyserg Säure Diethylamid"の頭文字をとったものである。この化合物は,サンド (Sandoz) 社のホフマン (A. Hofmann, 1906-2008) によって発見された。LSDは,モルヒネやモルヒネの化学誘導体のヘロイン,さらにコカインや覚醒剤などとともに,社会問題をひき起こすアルカロイドのひとつとなった(図3.8)。

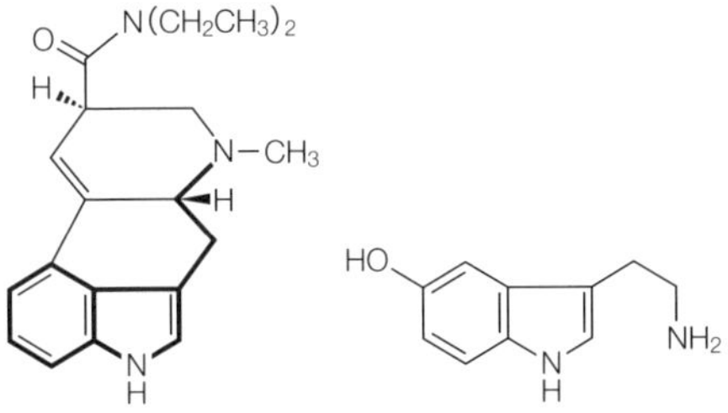

3.2 芳香族アミノ酸由来のアルカロイド   129

LSD

セロトニン (5-HT)

図 3.8 LSD とセロトニン (5-HT) の化学構造の類似性
セロトニンは脳内の神経伝達物質のひとつ。太線はセロトニンに該当するところ
を示す。LSD による幻覚状態とセロトニンの消長は関係が深いといわれている。

エピネフリンを静脈注射すると，一過性の急激な血圧上昇（α作用）と，それに続く血圧下降（β作用）が見られる。ところが，麦角アルカロイド中，エルゴタミンやエルゴトキシンを前もって投与しておくと，このエピネフリンの作用中，α作用は現われず，血圧下降のβ作用のみが認められるようになる。これを麦角アルカロイドのα遮断作用という。このような活性は，先に述べたヨヒンビンにも認められている。

(9) キニーネ

アカネ科の *Cinchona* 属植物の *C. ledgeriana* および *C. succirubra* は，南米ペルーおよびボリビアにわたるアンデス山中を原産地とする高木であり，その幹や枝および根の皮は，抗マラリア薬のキニーネ（quinine）製造の原料となる。

現在，これらの原料植物はジャワ島などで栽培されており，そのほとんどは

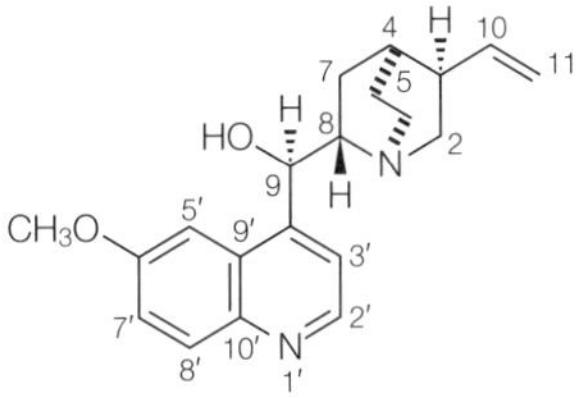

キニーネ

C. ledgeriana 種である．生薬調製のためには，樹齢20～25年の木を根ごと堀り出し，幹や枝および根の皮をことごとく採取する．アルカロイド含量は5～8%，キニーネが主アルカロイドで，全体の2/3を占める．

キニーネは，キノリン（quinoline）環とキヌクリジン（quinuclidine）環を有し

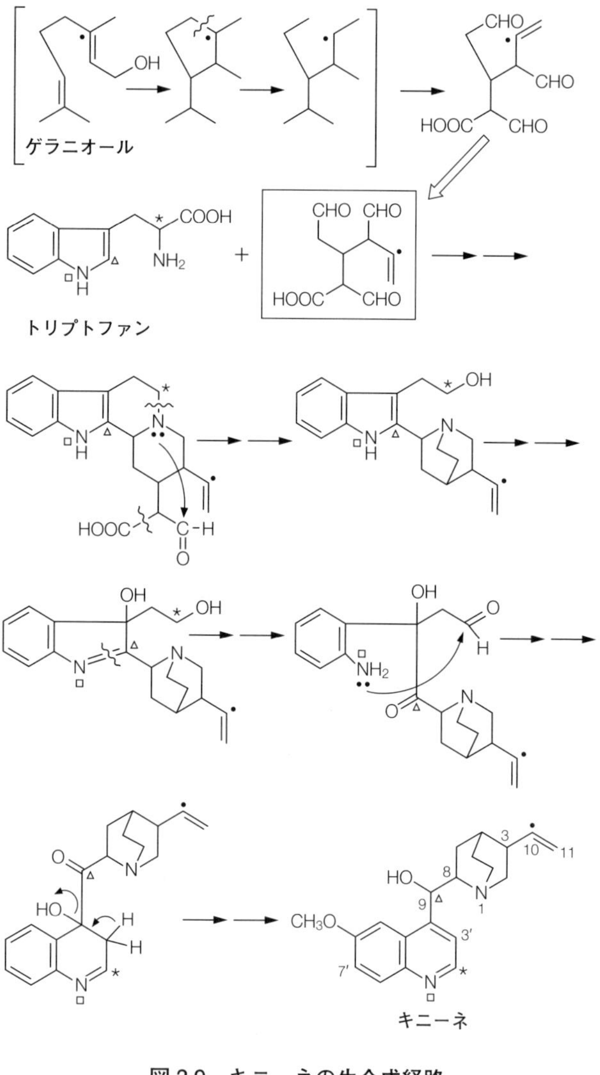

図3.9 キニーネの生合成経路

3.2 芳香族アミノ酸由来のアルカロイド

ているが,生合成的には,インドール骨格を有するアルカロイドと同じくトリプトファン由来である。そして,トリプトファン由来の基本骨格に,ゲラニオール (geraniol) 由来の C_{10} ユニット(途中で C_1 ユニットが脱離)が結合し,図3.9に示すような複雑な経路を経て生合成されていることが証明されている。キニーネはマラリアの化学療法剤として現在でも使用されている。

(10) ビンブラスチンとビンクリスチン

米国イーライ・リリー社のスヴォボダ (G. H. Svoboda, 1922-1994) らは,キョウチクトウ科のニチニチソウ (*Catharanthus roseus*) の抽出物から単離されたアルカロイドに,P-1534急性白血病細胞を移植したマウス (DBA/2) に対して,いちじるしい延命効果をもたらす作用のあることを発見した。これらが,ビンブラスチン (vinblastine;VLB) とビンクリスチン (vincristine;VCR) である。これらのアルカロイドには強い制癌効果のあることが発見され,骨髄性白血病の治療薬の開発へとつながることになった。

ビンブラスチンには,ビンカロイコブラスチン (vincaleukoblastine) の別名もあり,略号の VLB はこの名称由来である。ちなみに,VLB は Velban®,また,VCR は Oncovin® という商品名(イーライ・リリー社)で市場に出ている。VLB も VCR も,インドール骨格を有するアルカロイドの2量体となっている。

VLB および VCR の硫酸塩は,制癌剤として臨床応用されており,とくにVCR 硫酸塩は,白血病,悪性リンパ腫,小児腫瘍を中心として,単独あるいは他剤と併用して広く用いられている。VCR の副作用として,白血球減少,血

ビンブラスチン (VLB)　　R=CH$_3$
ビンクリスチン (VCR)　　R=CHO

小板減少,消化器症状,脱毛,しびれ感や筋痛などの神経および筋症状がある。一方,VLB 硫酸塩は,VCR 硫酸塩に比べると使用される頻度は少ないが,症例によってはVCR 硫酸塩よりもすぐれた効果を示すといい,悪性リンパ腫や絨毛癌,胞状奇胎などの絨毛性疾患に応用される。VLB と VCR の化学構造のちがいはわずかであるが,抗腫瘍活性や副作用は異なっている。VLB 硫酸塩には,VCR 硫酸塩と同様の副作用もあるが,VLB 硫酸塩はVCR 硫酸塩と比較して,神経系に対する副作用が少ない代わりに骨髄抑制は強いという。

3.2.3　ヒスチジン由来のアルカロイド

ヒスチジンを起源とするアルカロイドはそう多くないが,L-ヒスチジン由来の代表的なアルカロイドとして,ヒスタミンがある。ヒスタミンについては,第2章のL-ヒスチジンの項(2.3.15項)と,本章の神経伝達物質の項(3.1.2項)においてすでに述べた。

本項においては,L-ヒスチジン由来の他のアルカロイドとして,ピロカルピンについて説明する。

(1) ピロカルピン

南米とくにブラジルに自生するミカン科の常緑低木である *Pilocarpus jaborandi* や *P. pinnatifolius* などの葉の乾燥品をヤボランジ(Jaborandi)といい,もっぱらピロカルピン(pilocarpine)製造の原料とされる。

ピロカルピンは塩酸塩として用いられ,副交感神経末梢を興奮させる活性を有する。したがって,ピロカルピンは,アトロピン(3.3.1項参照)に拮抗して,汗腺,唾液腺,涙腺の分泌を促進させ,瞳孔を縮小させる。塩酸ピロカルピンの0.01 g をヒトの皮下に注射すると,激しく発汗する。その量は2時間で0.5～2lに達し,また,さかんによだれを流し,その量が1lに及ぶことがあるという。点眼料としては,1%溶液をアトロピン散瞳の回復または緑内障に用いる。

ピロカルピン

3.2 芳香族アミノ酸由来のアルカロイド

ピロカルピンは，基本骨格としてイミダゾール環を有しており，おそらくアミノ酸のヒスチジンが取り込まれて生合成されていると考えられている。

3.2.4 ニコチン酸由来のアルカロイド

ニコチン酸（nicotinic acid）は，ピリジン（pyridine）環の3位にカルボン酸が結合した化学構造を有しており，広義のアミノ酸の一種といえる。そこで，ニコチン酸を核として生合成されたアルカロイドを本項で述べる。

(1) ニコチン，ニコチン酸，ニコチンアミド

ニコチン（nicotine）は，ナス科のタバコ（*Nicotiana tabacum*）の主アルカロイドである。ニコチンには強い殺虫作用がある。

ニコチンは，ニコチン酸を由来とするピリジン環に，オルニチン（ornithine）由来のピロリジン（pyrrolidine）環が結合した構造を有している。そこで，ニコチンは，ピロリジン環の起源アミノ酸を尊重すれば，オルニチン由来のアルカロイドということもできる。ニコチン酸やニコチンアミド（nicotinamide）は，動物やアカパンカビ（*Neurospora* sp.）などでは，トリプトファン（tryptophan）からキヌレニン（kynurenine），3-ヒドロキシアントラニル酸（3-hydroxyanthranilic acid）を経て体内で生合成される（図3.10）。これに対して，高等植物では，ニコチン酸やニコチンアミドは，アミノ酸のアスパラギン酸にグリセロール（glycerol）またはその等価体の C_3 ユニットが結合して生合成されることはすでに述べた（2.3.2項参照）。

ニコチン酸の名称は，これが当初，ニコチンの硝酸酸化によって得られたことに基づく。また，ニコチン酸とニコチンアミドを総称してナイアシン（niacin）と称するが，私たちの食餌中にナイアシンが欠乏すると，ペラグラ（pellagra）という欠乏症候群におちいる。ペラグラは，亜熱帯において食事の制限を受け

ニコチン

ニコチン酸　R=OH
ニコチンアミド　R=NH$_2$

INAH

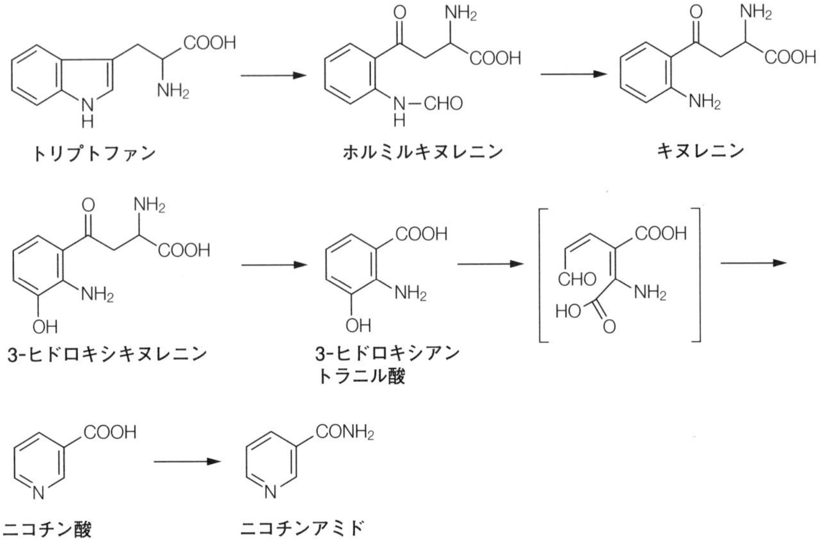

図3.10 トリプトファンからニコチン酸およびニコチンアミドへの生合成経路

る貧困者に多く見られる（4.2.6項参照）。

　ナイアシンのおもな供給源は，ナイアシンや後述のNADやNADPを含む食物のほか，肉類のようなトリプトファン含有タンパク質である。トリプトファン60 mgあたり生成されるニコチン酸は1 mgとされる。よって，トウモロコシのようにトリプトファン含量の少ない穀物をおもなタンパク源とした食餌をとると，ペラグラが起こりやすくなる。

　一方，補酵素ⅠやⅡとしても知られるNAD（ニコチンアミドアデニンジヌクレオチド，nicotinamide-adenine dinucleotide）やNADP（ニコチンアミドアデニンジヌクレオチドリン酸，nicotinamide-adenine dinucleotide phosphate）は，ニコチンアミド誘導体である（ちなみに，NADおよびNADPの還元体はNADHおよびNADPHである）。また，ニコチン酸の類縁体として化学合成されたもののひとつに，イソニコチン酸ヒドラジド（isonicotinic acid hydrazide；INAH，イソニアジドisoniazidともいう）などがある。INAHは，結核菌に対してきわめて強力で特異的な抗菌作用を有する。

　1926年，ゴールドバーガー（J. Goldberger）らは，ヒトのペラグラ症状を予

3.2 芳香族アミノ酸由来のアルカロイド

トリゴネリン　　　アレコリン　　　リシニン

防し治癒させる因子を抗ペラグラ因子と名づけ，これがビタミン B_2 複合体（vitamin B_2 complex）に含まれていることを指摘した。当時，ペラグラはイヌの黒舌病（Canine black tongue）と同一因子の欠乏で起こるものを考えられていた。その後，ニコチン酸がイヌの黒舌病を治癒することが発見され，また肝臓に含まれる抗ペラグラ活性成分として，ニコチンアミドが分離された。

先に，抗ペラグラ因子がビタミン B_2 複合体に含まれていることが指摘されたと述べた。しかし，このものから単離されたビタミン B_2（vitamin B_2 ＝リボフラビン）は，ネズミに対して抗ペラグラ活性を示さないことがわかった。そして，ビタミン B_2 複合体から分離されたネズミのペラグラ予防因子は，ビタミン B_6（vitamin B_6）とよばれることになった。しかし，ヒトのペラグラを治癒させる因子は，このビタミン B_6 とは明らかに異なる。そこで，ヒトのペラグラに類似した，イヌの黒舌病を治癒させる因子として発見されたのが，上述のニコチン酸およびそのアミドであった。

ニコチン酸誘導体としては，N-メチル化体のトリゴネリン（trigonelline）がある。トリゴネリンは，アカネ科のコーヒーノキ（*Coffea arabica*）の生の種子に約 0.25～1％程度含まれているが，焙煎することによってニコチン酸に変換される。

さらに，ヤシ科のビンロウジの種子から得られるアレコリン（arecoline）や，トウダイグサ科のトウゴマ（4.4.6 項参照）の種子から得られるリシニン（ricinine）も，ニコチン酸を生合成の前駆物質としていることがわかっている。

3.2.5　アントラニル酸由来のアルカロイド

アントラニル酸（anthranilic acid）は，コリスミン酸を前駆物質とする広義の

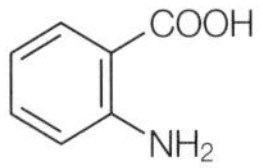

アントラニル酸

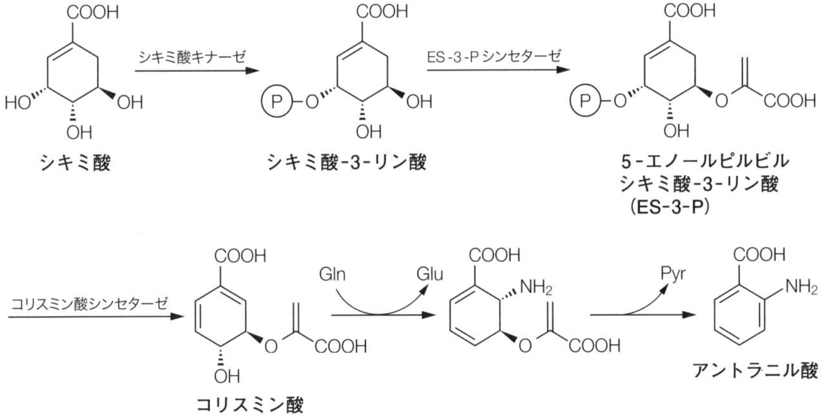

図3.11 アントラニル酸の生合成経路

アミノ酸のひとつである。コリスミン酸は，シキミ酸（shikimic acid）を起源とし，フェニルアラニン（phenylalanine）の前駆体にもなっている（図3.11）。アルカロイドのなかには，アントラニル酸を前駆体とするものの一群がある。

高等植物起源でアントラニル酸を起源とするおもなアルカロイドには，キノリン（quinoline）骨格，アクリドン（acridone）骨格，キナゾリン（quinazoline）骨格などをもった化合物がある。このうち，キナゾリン骨格を有する化合物であるフェブリフジン類がユキノシタ科の植物由来であることを除くと，ほとんどはミカン科植物由来である。

一方，微生物由来の化合物のなかにも，キノリン骨格を含むプソイダン（pseudan）類や，フェナジン（phenazine）骨格を有するピオシアニン（pyocyanine）のような，アントラニル酸由来の化合物がある。

(1) フェブリフジンとイソフェブリフジン

ユキノシタ科に属するジョウザンアジサイ（*Dichroa febrifuga*）は，中国南部

3.2 芳香族アミノ酸由来のアルカロイド　　　　　　　　　　　　　　137

やインド北部などに自生する常緑の低木である。ジョウザンアジサイの根部の乾燥品は現在，常山（じょうざん）という漢薬名で市場に出ている。ところが，中国の唐時代の 659 年に成立した『新修本草』の常山の基原植物に関する記述を検討すると，この記述はジョウザンアジサイのものではなく，ミカン科のコクサギ（*Orixa japonica*）のものに該当するという。すなわち，常山の基原植物は，古代と現代では別のものである可能性が高い。常山は現在でいうマラリアに該当する疾病にも応用される生薬であるが，この目的には，コクサギを起源とする生薬よりも，古くは鶏骨常山（けいこつじょうざん）とよばれていたショウザンアジサイ由来の生薬のほうがすぐれていたために，やがて入れ換わってしまったものと考えられる。ここでは述べないが，コクサギは種々のキノリン系アルカロイドに富んでいる[3]。

ジョウザンアジサイの根の抽出物を 13 人の三日熱マラリア（2.17 節参照）の患者に 1 日 2～3 回，平均で 5 日間，経口投与（抽出エキスで 0.03～0.06 g，これは生薬で 7.5～15.0 g に相当する）したところ，キニーネを投与した群（152 例）と比較して，解熱作用は同様であることがわかった。ただし，抗原虫作用の発現は少し遅く，キニーネ使用群よりもさらに 1 日多くかかることも明らかとなった。

ジョウザンアジサイの根から，フェブリフジン（febrifugine）およびイソフェブリフジン（isofebrifugine）と命名されたアルカロイドが単離された。この報告によれば，フェブリフジンは葉からも単離され，イソフェブリフジンを加熱するとフェブリフジンに変換することもわかった。また，フェブリフジンは，鴨マラリア原虫（*Plasmodium lophurae*）に対してキニーネの約 100 倍の効力のあることが報告された。さらに，ジョウザンアジサイを基原とする市販常山のメタノール抽出物は，熱帯熱マラリア（*P. falciparum*）に対し $0.025\ \mu\mathrm{g/ml}$（EC_{50}）

　　4-キナゾロン　　　　　フェブリフジン　　　　　イソフェブリフジン

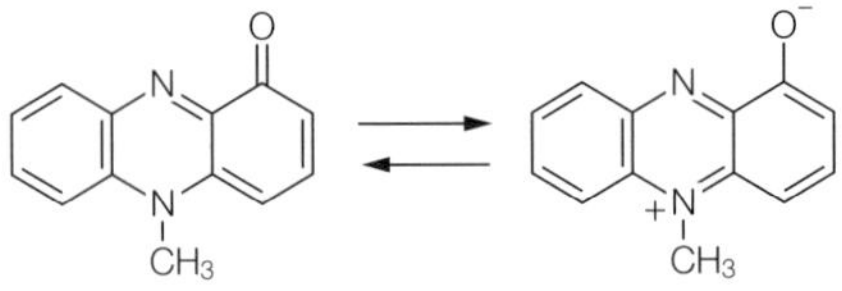

ピオシアニン

の濃度で活性を示した[4]。

　フェブリフジンやイソフェブリフジンは，キナゾリン骨格を有している。研究報告例は今のところ見あたらないが，これらはいずれもアントラニル酸を生合成前駆物質としていると推定される。なお，フェブリフジンはイソフェブリフジンとともに，日本産のアジサイ（*Hydrangea macrophylla* subsp. *macrophylla* forma *macrophylla*）の花部からも，ニワトリの盲腸に特異的に寄生するコクシジウム（*Eimeria tenella*）に対する活性を指標として単離された。この抗コクシジウム活性に関するかぎり，イソフェブリフジンには活性が認められず，フェブリフジンのみに活性が認められている。

(2) ピオシアニン

　ピオシアニン（pyocyanine）は，緑膿菌 *Pseudomonas aeruginosa* が生産する

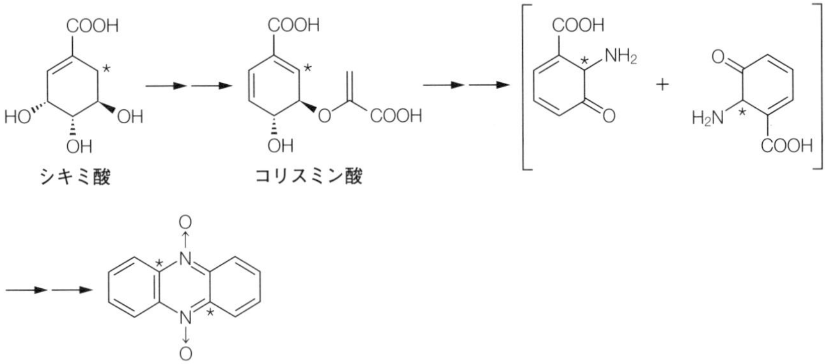

シキミ酸 → コリスミ酸 → [アミノ化中間体] → イオジニン

図 3.12　イオジニンの生合成経路

3.2 芳香族アミノ酸由来のアルカロイド   139

濃青色の色素である。このアルカロイドはグラム陽性菌に抗菌作用を示す。

　ピオシアニンの類似体であるイオジニン（iodinin）の生合成について調べた報告によれば，6位の炭素を安定同位体の^{13}Cで標識したシキミ酸を *Brevibacterium iodinum* に投与したところ，5a位および10a位が標識された化合物が得られている。よって，イオジニンは，アントラニル酸類縁の中間体およびフェナジン-1,6-ジカルボキシル酸（phenazine-1,6-dicarboxylic acid）を経て生合成されるものと考えられている（図3.12）。ただし，中間体についてはまだよくわかっていない。

(3) フェナジノマイシン

　フェナジノマイシン（phenazinomycin）は，*Streptomyces* sp. WK-2057の生産する抗生物質で，濃青色を呈する化合物である。このアルカロイドは，培養癌細胞であるHeLa S3細胞に対して細胞毒性（MIC＝0.8 μg/ml）を呈するのみならず，S180担癌マウスに対する延命効果（ILS＝130％，22.2 mg/kg/日を9回，腹腔内投与）も有することがわかった。

　フェナジノマイシンの構造的特徴は，フェナジン骨格にセスキテルペンが結合していることである。フェナジン骨格からなるクロモフォア部分は，ピオシアニン誘導体の*N*-デメチルピオシアニン（*N*-demethylpyocyanine）にあたり，ピオシアニンと同様，その生合成はアントラニル酸起源と考えられる。フェナジノマイシンのセスキテルペン部分の立体配置は，オゾン分解で得られた化合物のCDスペクトルを既知の化合物のCDスペクトルと比較することによって，*S*配置と結論づけられた[5]。

フェナジノマイシン

アクロナイシン　　　　　　　アクリジン

(3) アクロナイシン

Acronychia baueri（*Baurella simplicifolia*）は，オーストラリアに自生するミカン科の小灌木である。この植物の化学成分を研究していたオーストラリアの研究者は，樹皮の抽出物から新規の含窒素化合物を単離し，アクロナイシン（acronycine）と命名した[6]。そして，この化合物の化学構造は，アクリドン骨格を基本としていることがわかった。アクリドンは，アクリジン（acridine）の酸化体である。アクリジンそのものは，19世紀にコールタールから発見されているが，アクリジン誘導体のアクリドン骨格を有する化合物が高等植物から単離されたのはこれが初めてのことであった。

アクロナイシンは，アントラニル酸ユニットに，ポリケチド由来の C_6 ユニット（C_2 ユニットが3個）とヘミテルペンユニット（C_5 ユニット）1個が結合して生合成される。

その後，前出（3.2.2項）のスヴォボダらは，アクロナイシンが動物癌に対して，それまでに生物活性を調べたどのアルカロイドよりも広い抗癌スペクトルを示すことを見いだした[7]。このアルカロイドは臨床試験に供されるに至ったが，その水溶性溶媒への溶解性が低いためか，動物癌に示したほどの効果は発現されなかった。

アクロナイシン関連の研究については，世界初のアクリドン系アルカロイドの2量体が合成されたほか，種々の化学誘導体が調製され，生物活性試験に供されている[8]。

3.2.6　m-C_7N ユニット由来のアルカロイド

微生物由来の成分に，m-C_7N ユニットを生合成の基本単位として有する化合

3.2 芳香族アミノ酸由来のアルカロイド

```
         COOH
          |
          1
         / \
        /   \
    HO-5     3-NH2
```
3-アミノ-5-ヒドロキシ安息香酸

物群が存在する。このユニットは，シキミ酸経路由来で，ベンゼン環にメチル基とアミノ基がメタ位（m位）で結合したものを基本骨格としている。実際には，この系統のアルカロイドの生合成には，マイトマイシン類のように3-アミノ-5-ヒドロキシ安息香酸（3-amino-5-hydroxybenzoic acid）が生合成の前駆体となっていることが証明されたものもあり，広義のアミノ酸が生合成にかかわっているということができる。

m-C_7N ユニットからなる化合物には，抗生物質として有用な化合物が多く含まれる。このなかには，制癌性抗生物質として現在もっとも多く使用されているもののひとつであるマイトマイシン C（mitomycin C）や，抗結核薬として有用な半合成薬リファンピシン（rifampicin）の起源となっているリファマイシン S（rifamycin S）などがある。

(1) マイトマイシン C

微生物由来の抗癌物質を探索していた北里研究所の秦藤樹（はたとうじゅ）（1908-2004）らは，一放線菌 *Streptomyces caepitosis* の培養物が，グラム陽性菌に対して非常に強い抗菌活性を示す物質を生産していることを見いだした。そして，その活性成分をマイトマイシン（mitomycin）A および B と命名して発表した。これらには動物実験において強い抗腫瘍活性のあることも見いだされたが，毒性も強かっ

マイトマイシン A　　R＝OCH$_3$
マイトマイシン C　　R＝NH$_2$

マイトマイシン B

た。ところが、3番目の活性成分として単離されたマイトマイシンC（MMC）は、抗腫瘍効果にすぐれているうえに、毒性も低いことから、抗癌性抗生物質として臨床応用されることになり、今日に至っている。

マイトマイシン類は、その化学構造からトリプトファン由来のアルカロイドであることを想定させるが、実際の生合成はm-C_7Nユニット（3-アミノ-5-ヒドロキシ安息香酸）とD-グルコサミンを起源としている。

マイトマイシンCは、グラム陽性菌のみならず、グラム陰性菌、抗酸性菌に対しても強い抗菌作用を有する。その抗腫瘍効果は、MMCが細胞内で酵素的または化学的に還元されたものがDNAと結合し、2本のDNA鎖を架橋（cross-link）して、2本鎖DNAの開裂を妨げるためと考えられている。

(2) リファンピシン（リファンピン）

抗生物質のなかに、アンサマイシン（ansamycin）と称される一群の化合物がある。アンサ（ansa）とはバケツや花カゴの把手を意味し、化合物の化学構造に由来する名称である。すなわち、この仲間の化合物では、ベンゼン環あるいはナフタレン環を基本とする芳香環部分から長鎖が伸び、そのもう一方の端が同一芳香環上の隣り合わない部分に結合して輪をつくり、この長鎖部分がちょうど芳香環部分に対する把手の形をしている。

アンサマイシンには、上述のようにベンゼン環を基本とする芳香環部分をもったもの（これをベンゼノイド系アンサマイシンまたはベンゼノイド系アンサマクロライドという）と、芳香環部分がナフタレン環を基本とするもの（これをナフタレノイド系アンサマイシンまたはナフタレノイド系アンサマクロライドという）とがあるが、いずれも芳香環部分の生合成にはm-C_7Nユニット（おそらく3-アミノ-5-ヒドロキシ安息香酸）が関与している（図3.13）。そして、ナフタレン環の一部とアンサ部分の生合成には、ポリケチド生合成経路が関与している。

ナフタレノイド系アンサマイシン中、結核の化学療法剤として重要な役割を果たしている半合成抗生物質リファンピシン（rifampicin＝リファンピン rifampin）を代表としてとりあげ、その合成の原料物質であるリファマイシンSV（rifamycin SV）や関連物質とともに説明する。

放線菌 *Streptomyces mediterranei*（のちに *Nocardia mediterranei* に分類しなおされた）によって生産される抗生物質に、リファマイシンB（rifamycin B）があ

3.2 芳香族アミノ酸由来のアルカロイド

```
──●  プロピオン酸
   CH₃CH₂ĊOOH

──■  酢酸
   CH₃ĊOOH

△  メチオニン由来のC₁
   ĊH₃SCH₂CH₂CH(NH₂)COOH
```

m-C₇Nユニット

リファマイシン S

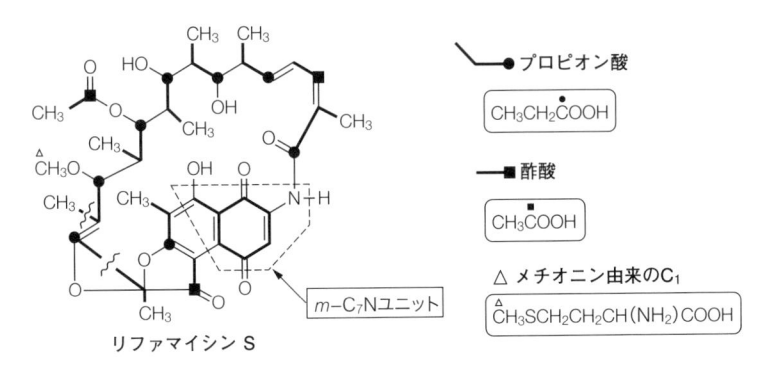

図 3.13　リファマイシン S の生合成ユニット

る。この抗生物質は，グラム陽性菌および抗酸性菌に抗菌力を示し，哺乳動物に対する毒性は低い。また，リファマイシン O はリファマイシン B の酸化型で，リファマイシン B を過酸化水素で酸化することによって得られる。逆に，リファマイシン O をアスコルビン酸で還元すると，リファマイシン B に戻る。

さて，リファマイシン B やリファマイシン O はリファマイシン S に化学誘導されるが，このリファマイシン S をアスコルビン酸で還元すると，リファマイシン SV となる。このリファマイシン SV の 3 位をホルミル化したのち，1-アミノ-4-メチルピペラジン（1-amino-4-methylpiperazine）を結合させたものが，半合成リファマイシン類のリファンピシン（リファンピン）である（図 3.14）。リファンピシンが合成されたのは 1966 年のことであった。リファンピシンは現在もっともよく結核菌に奏効する薬物のひとつである。リファマイシン類の全化学構造が明らかになったのは 1973～1974 年にかけてのことであった。

結核は，長いあいだ多くの人類の生命をうばってきた病気である。すでに，ヒポクラテス（Hippocrates, B.C. 460?-377?）は，現在でいう結核について詳細な記述をしているし，18 世紀のヨーロッパでは全死亡者の 20～30％は結核であった。わが国でも昭和 25 年（1950 年）までは死亡原因の第 1 位は結核であった。また，昭和 28 年（1953 年）の第 1 回結核実態調査においても，結核患者は 292 万人，発病のおそれのある者を含めると 553 万人もいたというデータがある。

結核菌がコッホ（R. Koch, 1843-1910）によって発見されたのは 1882 年のことであるが，その後 84 年経って上述のリファンピシンが発見されたことになる。

第3章 アミノ酸由来のアルカロイド

現在は，リファンピシン以前にもっともよく奏効するといわれたイソニコチン酸ヒドラジド（イソニアジドまたは INAH ともいう）とリファンピシンの併用で，体内でほとんどの結核菌を殺してしまうことができる。1970 年代に入ってから，この 2 つの薬を軸にして，結核を短期間に治せるようになった。ただし今後は，これらの薬剤に対する耐性菌の出現にも注意を払わなければならないだろう。

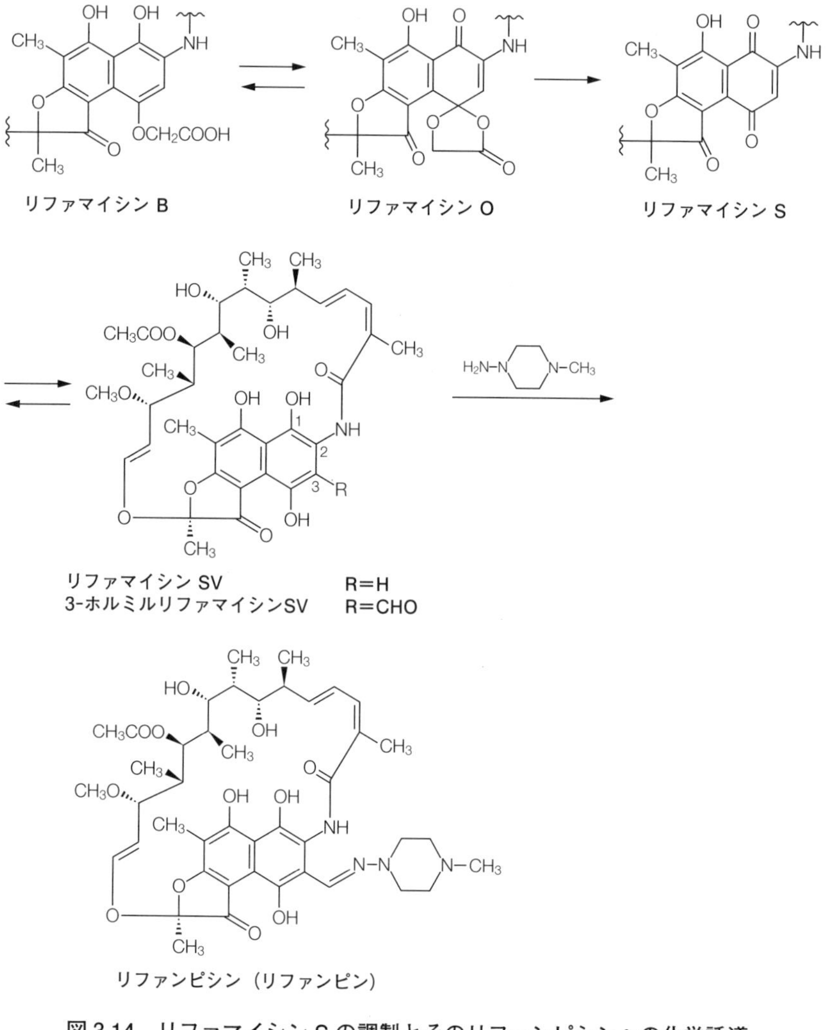

リファマイシン B ⇌ リファマイシン O → リファマイシン S

リファマイシン SV
3-ホルミルリファマイシン SV   R=H
                              R=CHO

リファンピシン（リファンピン）

図 3.14　リファマイシン S の調製とそのリファンピシンへの化学誘導

引用文献

1) C. Konno, M. Shirasaka, H. Hikino：*Planta Medica*, **35**, 150（1979）
2) 西久夫：色素の化学，p. 32, 共立出版（1985）
3) S. Funayama, K. Murata, T. Noshita：*Heterocycles*, **54**, 1139（2001）
4) 村田清志・伏谷真二・太田富久・大島吉輝・綿矢有祐・金惠淑・船山信次：日本薬学会第117年会（東京）講演要旨集2, p. 140（1997）
5) S. Funayama, S. Eda, K. Komiyama, S. Omura, T. Tokunaga：*Tetrahedron Lett.*, **30**, 3151（1989）
6) G. K. Hughes, F. N. Lahey, J. R. Price, L. J. Webb：*Nature*, **162**, 223（1948）
7) G. H. Svoboda, G. A. Poore, P. J. Simpson, G. B. Boder：*J. Pharm. Sci.*, **55**, 758（1966）
8) S. Funayama, G. A. Cordell：*Recent Res. Devel. Phytochem.*, **1**, 349（1997）

3.3 脂肪族アミノ酸由来のアルカロイド

3.3.1 アルギニン由来のアルカロイド

アミノ酸のオルニチン（ornithine）は，タンパク質構成アミノ酸ではないが，生合成上，アルギニン（arginine）から誘導される化合物である（2.3.4項参照）。したがって，本項ではアルギニンとともにオルニチンを含めた両アミノ酸由来のアルカロイドを一括して論じることにする。

タバコは，ナス科のタバコ（*Nicotiana tabacum*）の葉を乾燥させ（このあいだに一種の発酵が起きる）加工したもので，中世ヨーロッパにおいては，頭痛，歯痛，疫病に効果があると信じられていた。しかし現在は，嗜好品としてのみ用いられる。タバコの葉は大量のニコチンを含む。ニコチンは硫酸ニコチンとして抽出され，農業用殺虫剤の原料ともされる。

ニコチンは1828年に分離されたが，その化学構造が解明され，さらに化学合成が達成されたのは，その100年以上あとのことであった。ニコチンのピロリジン（pyrrolidine）環は，アミノ酸のオルニチンから生合成される。

ニコチンは，自律神経の興奮・遮断作用を有する。自律神経系は，中枢からの遠心性経路において必ず，ニューロン（neuron）を交代して支配臓器に達するが，これらの介在神経細胞群を神経節という。ニコチンは，この神経節に対して二面性を有し，はじめに神経節を興奮させ，のちに遮断することが知られている。なお，ニコチンの大量投与は，はじめから遮断作用を示す。ニコチン

に限らず，ある薬物が神経節に対して及ぼすこのような二面性の作用を，ニコチン作用（nicotinic action）と称する．

(1) アトロピンとその関連アルカロイド

ナス科のベラドンナ（*Atropa belladonna*）の葉や根の調製品は，それぞれベラドンナ葉およびベラドンナ根と称し，エキス剤あるいは硫酸アトロピン（atropine）の製造原料として薬用に供される．ベラドンナには，アルカロイドとして，(−)-ヒヨスチアミン（(−)-hyoscyamine）や(−)-スコポラミン（(−)-scopolamine）などが含まれる．アトロピンとは，(−)-ヒヨスチアミンが抽出中に，側鎖のトロピン酸（tropic acid）部分でラセミ化したものをさす．

なお，ベラドンナとは「美しい（bella）＋貴婦人（donna）」という意味である．昔，イタリアの婦人たちは，美眼法の一種として，この植物の抽出物を希釈したものを点眼して瞳孔を拡大させたといわれ，このことからベラドンナの名称が生まれた．

一方，同じナス科のヨウシュチョウセンアサガオ（*Datura tatula*）およびシロバナヨウシュチョウセンアサガオ（*D. stramonium*）は，いずれもアメリカ大陸原産で，日本にも帰化し各地に自生している．これらの植物の葉を，ダツラ葉あるいはマンダラ葉と称し，主として(−)-ヒヨスチアミンを含み，やはり硫酸アトロピンの製造原料とする．同属のチョウセンアサガオ（曼陀羅華；*D. metel* = *D. alba*）およびケチョウセンアサガオ（*D. inoxia*）は熱帯アジア原産で，葉に主として(−)-ヒヨスチアミンを含むのに対し，種子には主として(−)-スコポラミンを含むことから，種子を臭化水素酸スコポラミンの製造原料とする．また，ヨーロッパ原産のヒヨス（*Hyoscyamus niger*）もナス科植物で，各国で栽

(−)-ヒヨスチアミン
アトロピン（*dl*-ヒヨスチアミン）　R=H
6β-ヒドロキシヒヨスチアミン　R=OH

3.3 脂肪族アミノ酸由来のアルカロイド

(−)-スコポラミン

培または半野生化している。葉に主として(−)-ヒヨスチアミンを含むことから,硫酸アトロピンの製造原料とされる。

わが国に自生する植物のなかで,ナス科のハシリドコロ (*Scopolia japonica*) に(−)-ヒヨスチアミン,アトロピン,(−)-スコポラミンが含まれることがわかっている。この植物の根茎および根を,莨菪(ロート)根と称し,ロート根のエキスは鎮痛・鎮痙あるいは消化液分泌抑制薬として用いられる。なお,本来の漢薬の莨菪は,*Hyoscyamus* 属のシナヒヨス (*H. niger* var. *chinensis*) を基原とする。(−)-ヒヨスチアミンは 6β-ヒドロキシヒヨスチアミンを中間体として生合成される。

アトロピンや(−)-スコポラミンは,代表的な副交感神経抑制薬(抗コリン作動薬)である。その作用機序は,コリン作動神経の終末において,アセチルコリンの生成を抑制するのではなく,支配器官側の受容体にアセチルコリンが作用するのを妨害するためと考えられる。すなわち,副交感神経節後繊維の奏効器との接合部において,アセチルコリンの作用と競合的拮抗作用を示す。アトロピンの代表的な作用として,副交感神経支配下の瞳孔括約筋を弛緩させて瞳孔を開く効果があり,眼科領域で応用される。スコポラミンの副交感神経抑制作用はアトロピンに似ているが,とくに散瞳作用はより強いとされる。

アトロピンは,治療量(1 mg)ではほとんど中枢作用を示さないが,大量では大脳,なかでも運動領の興奮をきたし,精神発揚,幻覚,錯乱,狂燥状態となる。上述のベラドンナという美しい名をもつ植物をブルガリアではルド・ビレ(気違い草)ともよぶことや,わが国でチョウセンアサガオの別名をキチガイナスビともいうこと,そして,ハシリドコロの名が,その根部を口にした人が走りまわるところからきていることなどは,これらの植物に含まれるアトロピン系アルカロイド中毒の症状を物語る。

(2) コカイン

コカイン（cocaine）は，南米ボリビアおよびペルーに野生する低木であるコカ科コカ属（*Erythroxylon* または *Erythroxylum*）の *E. coca* あるいは *E. novogranatense* の葉から単離されるアルカロイドである。前者がボリビア産，後者がペルー産の植物で，コカイン含量は後者のほうが多い。また，後者はジャワ島で栽培もされるが，栽培品の全アルカロイド含量は多いものの，コカイン含量は少なく，同系アルカロイドであるシンナモイルコカイン（cinnamoylcocaine）やトルキシリン（truxilline）のほうが多い。これらの化合物は *E. coca* からも単離され，いずれも加水分解によって，エクゴニン（ecgonine）を生ずる。エクゴニンは，メチル化，次いでベンゾイル化することによって，コカインに化学誘導される。

コカインは，局所麻酔剤として用いられることがある。しかし，その強い向精神作用のためにさまざまな社会問題をひき起こしており，むしろ，そちらの面で一般によく知られている。

一方，コカインの単離されるコカ葉は，かつては清涼飲料水のコカ・コーラに配合されていた。ジョージア州アトランタの薬剤師ペンバートン（J. S. Pemberton, 1831-1888）は，コカ葉，カフェイン，そしてコラ子（kola または cola nuts）の抽出物を加えたシロップを"Coca-Cola"と名づけ，これにソーダ水か他の炭酸飲料を加えて売り出した。1886年のことであった。この飲料は，医療用でもあり，その広告には「おいしいばかりでなく，頭痛，神経痛，ヒステリー，うつ病などの神経症状を治癒する作用がある」とある。1888年には，キャンドラー（A. G. Chandler；後のアトランタ市長）がコカ・コーラの製造権を譲り受けたが，彼はこの飲料の医薬としての効能をいっさい宣伝せず，単に清涼飲

コカイン　　　　　　　　$R_1=CH_3, R_2=C_6H_5CO-$
シンナモイルコカイン　　$R_1=CH_3, R_2=C_6H_5-CH=CHCO-$
エクゴニン　　　　　　　$R_1=R_2=H$

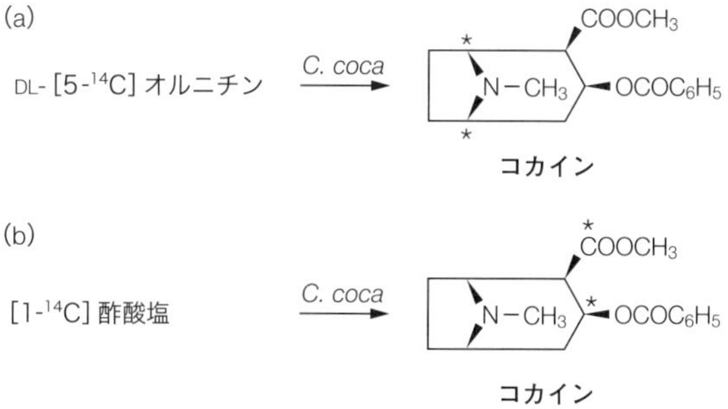

3.3 脂肪族アミノ酸由来のアルカロイド

(a)

DL-[5-^{14}C]オルニチン $\xrightarrow{\text{C. coca}}$ コカイン

(b)

[1-^{14}C]酢酸塩 $\xrightarrow{\text{C. coca}}$ コカイン

図 3.15 [5-^{14}C]オルニチンおよび[1-^{14}C]酢酸塩投与によるコカインへの放射性同位元素の分布

料としてのみ広告しはじめた。しかし，1903年に至るまで，この飲料にはコカインが含まれていたのである。もちろん，現在のコカ・コーラにはコカインは含まれていない。

コカインの生合成も，前述の (−)-ヒヨスチアミンや (−)-スコポラミンと同様の経路をたどるものと推定される。実際に，[5-^{14}C]オルニチンをコカに投与すると，コカインの橋頭炭素にあたる1位および5位が均等に標識されることがわかった（図3.15の*印）。また，[1-^{14}C]酢酸の投与によっては，3位および9位の炭素を標識することが明らかとされた。[5-^{14}C]オルニチンの投与で1位および5位が均等に標識されるという事実は，前述のように，オルニチンが左右対称なプトレッシンに変化したのち，次の生合成過程に入るためと説明される。また，後者の実験によって，この化合物の基本骨格も，アミノ酸のオルニチンにポリケチド経路由来のC_4ユニットが結合して生合成されることが証明された。前項で述べたアトロピンやスコポラミンの場合には，このC_4ユニット中，C_1ユニットは中間体が生成する際に脱炭酸によって失われている。しかし，コカインの生合成においては，このC_1ユニットがそのままカルボキシ基として残り，さらにメチルエステル基に変化している。

3.3.2　リジン由来のアルカロイド

リジン (lysine) を生合成の前駆物質とするアルカロイドには，リジンがその

ピペリン　　　　　　　　　　　　　ピペリン酸

まま取り込まれるものや，リジンから生じる環状のピペリジン（piperidine）が導入されるもの，そして，リジンが脱炭酸して生じる左右対称のカダベリン（cadaverine）が導入されるものとがある。

(1) ピペリン

コショウ科のコショウ（*Piper nigrum*）は，インド原産で，他木によじ登る蔓性常緑樹である。インド，西インド諸島，南米の各地で栽培される。和名のコショウ（胡椒）は，トウガラシを蕃椒と称するのと同じく，「外国産の椒（山椒）」の意味である。いうまでもなく，その果実は香辛料やソースなどの製造に欠くことのできないものである。

なお，未熟果を果皮のついたまま調製したものを黒コショウ（black pepper），果穂が全部紅熟したころに収穫し果皮の外部を取り去ったものを白コショウ（white pepper）という。白コショウの辛味は黒コショウよりも弱いが，芳香はより強い。

コショウの辛味成分として，ピペリン（piperine）などが報告されている。ピペリンは，ピペリン酸（piperic acid）にL-リジン由来のピペリジンがアミド結合した構造を有している。ピペリンはすでに19世紀末までには分離されていたが，その化合構造が明らかとなり，また全合成がなされたのは1970年に至ってからのことである。

(2) ペレチエリン

ザクロ科のザクロ（*Punica granatum*）は，小アジア原産の落葉樹で，各地に庭木や果樹として栽培される。ザクロの幹，枝，根の皮を石榴皮（せきりゅうひ，ざくろひとも読む）などと称し，条虫駆除薬とする。1日用量は30〜40gで，煎剤として用いるが，有効成分が揮発性のため，なるべく新鮮なものを用いる。

石榴皮の活性成分として，ペレチエリン（pelletierine）が単離されている。ペ

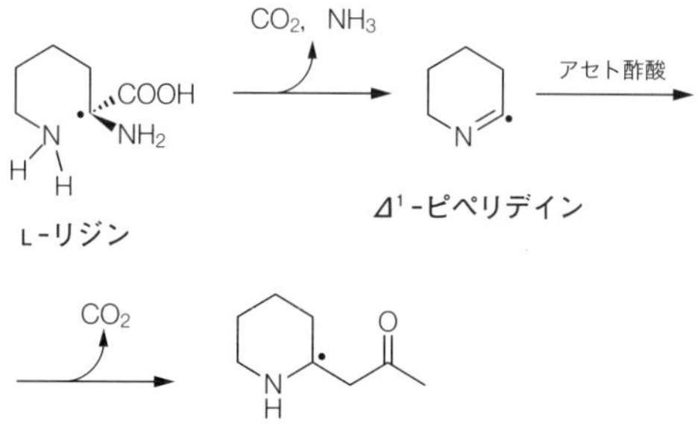

3.3 脂肪族アミノ酸由来のアルカロイド

図 3.16 ペレチエリンの生合成経路

レチエリンの生合成様式を図 3.16 に示す。ペレチエリンは，アミノ酸のL-リジンを起源として生合成される Δ^1-ピペリデインに，C_4 ユニットであるアセト酢酸が結合したのち，脱炭酸して生成する。

この点は，同じピペリジン骨格を有しながら，ピペリジン骨格部分が，前述のアレコリンやリシニンにおいてはニコチン酸を起源とし（3.2.4 項参照），後述のコニインがポリケチド経由で生合成されている（3.5.1 項参照）点で，まったく異なる。なお，これらの生合成経路を異にする一連のピペリジン骨格を有するアルカロイドは，化学構造によってそれを分類する場合には，ピペリジン系アルカロイドと総称されることがある。

3.3.3 グルタミン酸由来のアルカロイド

グルタミン酸を起源とするアルカロイドとして，本項では，海藻のカイニンソウ由来のカイニン酸，同じくハナヤナギ由来のドウモイ酸，きのこのドクササコ由来のアクロメリン酸類，同じくイボテングタケ由来のイボテン酸，ハエトリシメジ由来のトリコロミン酸をとりあげる。

これらのアルカロイドと比較して，より母体のグルタミン酸の形を残している γ-アミノ酪酸（GABA）やテアニンについてはすでに述べた（2.3.8 項および本章の冒頭の神経伝達物質の項参照）。

これまで，グルタミン酸由来のこれらの化合物はアルカロイドというよりもアミノ酸（異常アミノ酸）と考えられることが多かったかもしれないが，それぞ

れアミノ酸であるグルタミン酸を窒素由来とする二次代謝物となっていることから，アルカロイドとみなすことができる．

(1) カイニン酸

カイニンソウ（*Digenea simplex*）は，フジマツモ科に属する紅藻類で，マクリともよばれる．わが国では潮岬以南に産し，またインド洋，紅海，地中海，大西洋熱帯部などにも広く分布する．全藻の乾燥品を海人草（かいにんそう）と称し，回虫駆除薬，カイニン酸の製造原料とする．この生薬は，中国南部では鷓胡菜（しゃこさい）の名称で用いられていたが，わが国でも古くから駆虫薬として用いられており，『金蘭方』（866年）や『頓医抄』（1303年）には，海忍草（かいにんそう）が駆虫薬として用いられているという記録がある．

カイニンソウの有効成分は長いあいだ不明のままであったが，1950年代になって，主たる活性成分として，カイニン酸（L-α-kainic acid）が単離された．大阪薬専（現 大阪大学薬学部）を卒業後，東京大学医学部薬学科生薬学教室の朝比奈泰彦（1881-1975）教授の下で研究生活を開始し，やがて薬学博士号を得て母校に赴任した竹本常松（1.3.6項参照）は共同研究者らとともにカイニンソウの研究に着手し，当初ジゲニン酸（digenic acid）と命名し，のちにカイニン酸と改名した有効成分の単離に成功した．

研究にあたり竹本らは，初めのうちはカイニンソウを熱湯で抽出していたが，この方法では大量の寒天質が生じるためにエキスの取り扱いが厄介であった．しかし，のちにカイニンソウを冷水で抽出したエキスにも駆虫活性のあることがわかり，しかも冷水抽出物には寒天質が出現しなかったので，その後はこの方法を用いた．活性成分の精製には，当時の最新技術であったアルミナカラムクロマトグラフィーも応用された．なお当時は，化合物の化学構造研究は一般に当該化合物が結晶化できなければ進められなかったが，カイニンソウの活性

カイニン酸　　　　　　　　ドウモイ酸

3.3 脂肪族アミノ酸由来のアルカロイド

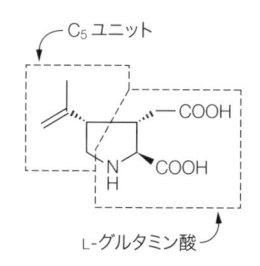

図 3.17　L-α-カイニン酸の生合成ユニット

成分の結晶化は困難を極めた．活性成分の結晶が現われたのは，ほぼ純粋な化合物を得てから6年後のある寒い朝のことだったという．

　カイニン酸は，回虫の運動を，はじめに興奮させ，次いで麻痺させる．こうして運動能力が失われた回虫が，宿主の腸の蠕動によって排出されることになる．竹本はのちに新設の東北大学医学部薬学科（現 東北大学薬学部）に赴任し，以下に述べていくドウモイ酸や，イボテン酸，トリコロミン酸，キスカル酸などの興味ある生物活性を有する種々の新規物質を次々に発見する．

　奄美諸島の徳之島では，カイニンソウと同じフジマツモ科のハナヤナギ（*Chondria armata*）が駆虫の目的で使われ，より有効であるという．この海藻はドウモイとも称される．活性成分として，カイニン酸と化学構造の類似したドウモイ酸（domoic acid）が得られている．カイニン酸や次項に述べるドウモイ酸は，これらのアルカロイドの起源となる L-グルタミン酸とは異なり，血液脳関門を通りやすい．

　カイニン酸類はプロリン様の部分構造を有しているが，実際には，L-グルタミン酸がメバロン酸由来の C_5 ユニットと縮合して生合成されると考えられている（図 3.17）．一方，ドウモイ酸は，L-グルタミン酸にメバロン酸由来の C_5 ユニットが2つ，すなわちモノテルペノイドユニットとして結合して生成すると考えられる．

　カイニン酸は，NMDA（*N*-メチル-D-アスパラギン酸，*N*-methyl-D-aspartic acid）や後述のキスカル酸などと同様，興奮惹起性アミノ酸（excitatory amino acid；EAA）の一種である．カイニン酸とその類縁物質はまた，カイノイド（kainoids）とも総称され，神経系の研究における重要な薬物となっている[1]．

アクロメリン酸 A   アクロメリン酸 B

(2) アクロメリン酸

　マツタケ科のドクササコ（*Clitocybe acromelalga*）は，別名ヤケドタケともいい，わが国固有の有毒きのこである。平地の竹林やコナラ林に群生し，福井，富山，新潟県を中心とし，北は山形，宮城県から，南は滋賀，京都から和歌山県まで分布している。

　このきのこの毒は恐ろしく，誤食すると食後数時間で不快感を起こし，数日から10日ほど経ると手足の指先に激痛を生じ，これが数十日も続くといわれる。この毒性を表わす本体か否かは不明であるが，ドクササコからは極微量の新神経毒アミノ酸，アクロメリン酸 A および B（acromelic acid A, B）が単離され，化学構造が決定されている。これらの化合物は，カイニン酸に類似した化学構造を有している。アクロメリン酸類もカイニン酸と同様，その生合成にはグルタミン酸が導入されていると考えられる。

　アクロメリン酸 A は，ザリガニ第二歩脚開鋏筋の神経筋を用いる生物活性試験において，強い脱分極作用（depolarization）を示す。この活性強度は，それまでに得られたグルタミン酸関連化合物中，最強のものであるという。

(3) イボテン酸，トリコロミン酸，ムシモール

　マツタケ科に属するイボテングタケ（*Amanita strobiliformis*）やベニテングタケ（*A. muscaria*）には，ハエが摂取することによって死ぬ成分（殺蝿成分）が含まれていることが知られていた。また，ベニテングタケやテングタケ（*A. pantherina*）には，アトロピン（atropine）様の副交感神経興奮作用をきたす作用が知られていた。

　これらの活性を示す成分として，かつてベニテングタケの主活性成分とみなされていたムスカリン（muscarine）も考えられた。しかし，ムスカリンの副交

3.3 脂肪族アミノ酸由来のアルカロイド

イボテン酸　　　　　ムシモール　　　　　トリコロミン酸

感神経興奮活性は非常に高いものの，ベニテングタケにおける含量は少なく，ベニテングタケの示す活性を説明しうるものではなかった。

結局，イボテングタケおよびベニテングタケから新たに活性成分として得られたのは，イボテン酸（ibotenic acid），および，その脱炭酸化合物であるムシモール（muscimol）であった。前述した東北大学の竹本らのグループの業績である[2]。これら化合物はいずれも，イソキサゾール（isoxazole）骨格を有しており，生合成的には，グルタミン酸あるいはグルタミンが関与していると考えられる。

向精神作用に関しては，ムシモールがイボテン酸よりも5～10倍強力であるとされ，またムシモールには強い中枢神経系抑制作用とGABA拮抗作用のあることが報告されている。さらに，その全合成もなされている。一方，イボテン酸には，カイニン酸とともに強力な神経興奮作用のあることが知られており，これらは，それぞれグルタミン酸の2～7倍および8～80倍の興奮作用を示した。これらの化合物は，いずれも立体構造（コンホメーション）が固定化されたグルタミン酸誘導体とも考えられ，実験的な神経毒物として応用されている。

わが国の東北地方の一部では，上記のきのこ類と同じマツタケ科のハエトリシメジ（*Tricholoma muscarium*）を火で焙ったものをハエ取りに使用する風習があった。これに着目した東北大学医学部薬学科（当時）の竹本常松は，上述のイボテン酸の研究協力者でもあった中島正（1929-）らとともに，その有効成分を検索した結果，トリコロミン酸（tricholomic acid）と命名した一成分を単離し，その化学構造を決定した[3]。この化合物は，イボテン酸のジヒドロ体にあたり，強力な殺蠅活性がある。また，上記のイボテン酸とともに特有のうま味を有する。なお，トリコロミン酸と化学構造的に類似している前述のカイニン酸およびドウモイ酸にも，殺蠅作用があることが知られている。

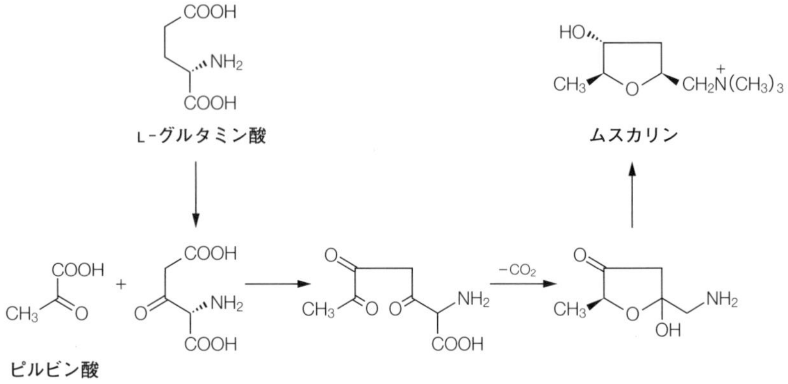

図 3.18　ムスカリンの生合成経路

　一方，上述のアセタケなどの有毒成分として知られるムスカリンは，グルタミン酸とピルビン酸との縮合によって生合成される[4]（図 3.18）。ムスカリンは副交感神経を興奮させることにより，心拍を緩やかにさせるとともに，内分泌亢進，消化管の収縮，縮瞳，発汗などの作用を示す。ムスカリンの化学構造と，主要な神経伝達物質のひとつであるアセチルコリン（2.3.18 項参照）の化学構造のあいだには，類似性がある。

(4) GABA と L-テアニン

　L-グルタミン酸の脱炭酸によって生成したアルカロイドに，γ-アミノ酪酸（GABA）がある。GABA は，脳内の抑制性の伝達物質であるとともに，経口投与で，腎臓のはたらきをよくしたり，血圧を下げたりする活性があり，注目されている。

　また，お茶，とくに玉露のうま味の主成分として，テアニン（theanine）というアルカロイドが知られている。テアニンは，グルタミン酸に N-エチルアミンがアミド結合した化合物であり，異常アミノ酸というとらえ方もあるだろうが，

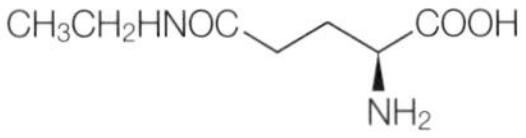

テアニン

3.3 脂肪族アミノ酸由来のアルカロイド

その生成過程をみるとアルカロイドといってもよい化合物である（GABA やテアニンについては2.3.8項でもふれた。GABA に関連して化学合成された化合物についてはさらに4.3.7項で述べる）。

3.3.4　2,3-ジアミノプロピオン酸由来のアルカロイド

2,3-ジアミノプロピオン酸は，アラニンの β 位にアミノ基が結合した塩基性アミノ酸の一種である。このアミノ酸を核として生合成されるアルカロイドとして，ここでは使君子由来のキスカル酸について述べておく。

(1) キスカル酸

シクンシ科のシクンシ（*Quisqualis indica* var. *villosa*）は，広く熱帯アジアに自生する蔓性木本で，幹の高さは5mに達する。シクンシの果実を漢方では，使君子と称し，回虫駆除薬とくに小児腸寄生虫病に用いられる。駆虫作用を有する成分として，キスカル酸（quisqualic acid, シクンシ酸ともいう）が単離され，その化学構造が決定されている[5]。

キスカル酸は，L-2,3-ジアミノプロピオン酸（L-2,3-diaminopropionic acid）由来のアルカロイドである。キスカル酸の前駆体は，L-2,3-ジアミノプロピオン酸の誘導体である L-2-アミノ-3-ウレイドプロピオン酸（L-2-amino-3-ureidopropionic acid）ということもできる。

キスカル酸は，前出のカイニン酸や NMDA と同様に，興奮惹起性アミノ酸（EAA）の一種であり，その受容体は，キスカル酸受容体（quisqualate receptor）と称されることがある。キスカル酸については，X腺結晶解析が行なわれ，また立体選択的全合成も行なわれた。

キスカル酸の生合成前駆体とみなされる L-2-アミノ-3-ウレイドプロピオン酸は，マメ科のネムノキ（*Albizzia julibrissin*）の種子などから単離されている

L-2,3-ジアミノプロピオン酸　　アルビッジイン　　キスカル酸

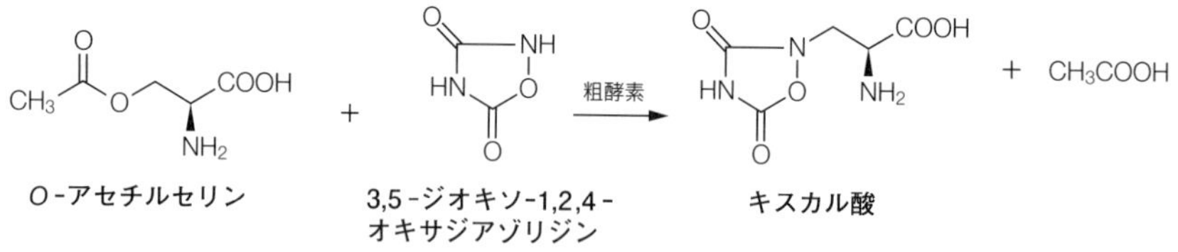

図 3.19　植物から単離された粗酵素によるキスカル酸合成

粗酵素はエンドウ（*Pisumsativum sativum*）またはシクンシ（*Quisqualis indica* var. *villosa*）から得たもの。

アミノ酸で，アルビッジイン（albizziin＝3-((アミノカルボニル)-アミノ)-L-アラニン）と命名されている化合物に該当する。一方，キスカル酸は，エンドウ（*Pisum sativum*）の芽生え，あるいは，シクンシの茎葉の抽出物由来の粗精製の酵素を，*O*-アセチルセリン（*O*-acetylserine）と3,5-ジオキソ-1,2,4-オキサジアゾリジン（3,5-dioxo-1,2,4-oxadiazolizine）の混合物に作用させることによって生成できることも報告されている（図3.19）。

3.3.5　プロリン由来のアルカロイド

　プロリン様の化学構造を有する化合物の例として，カイニン酸とその関連化合物の例があるが，すでに述べたように，この化合物のピロリジン環の由来はプロリンではなく，グルタミン酸と C_5 ユニットからなることが明らかとなっている。このように一見，プロリン由来の化合物であることをうかがわせるものでも，実際にはプロリンを起源としていないものが多い。

　本項では，プロリン骨格をその化学構造に取り込んでいることが知られている化合物として，微生物由来のプロジギオシンとピロール-2-カルボン酸，および植物由来のスタキドリンの例について述べる。

(1) プロジギオシン

　霊菌（*Serratia marcescens*）は，腸内菌科の一種のグラム陰性の小桿菌で，濃赤色を呈し，糞便培養において発見されることがある。この菌の培養物から単離された赤色色素プロジギオシン（prodigiosin）は，抗かび，抗白血病および抗マラリア活性を示す化合物である。その後，化学合成もされているが，毒性も強く，臨床応用には至っていない。

3.3 脂肪族アミノ酸由来のアルカロイド

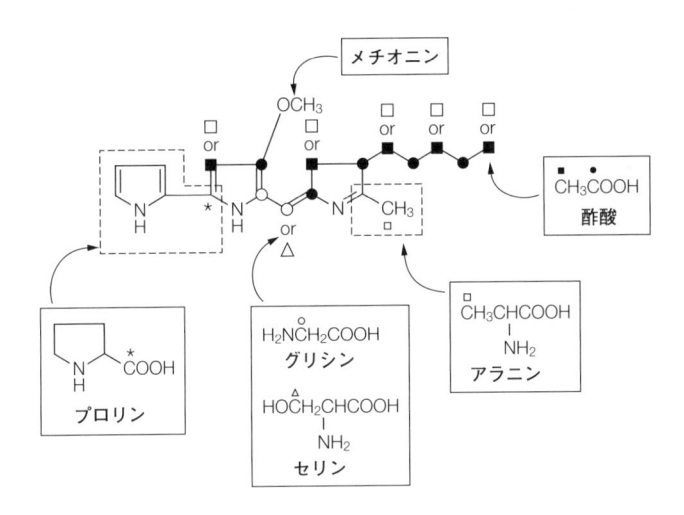

図3.20 プロジギオシンの生合成前駆体

　この化合物の分子中には，ピロール骨格が複数含まれるが，そのうち1個のピロール単位の起源はアミノ酸のプロリンであることが，標識されたプロリンがこの化合物に取り込まれることから確認されている（図3.20）。プロジギオシンには，プロリンのほか，炭素骨格の起源物質として，アラニン由来のC_2ユニットや酢酸由来の$C_2 \times 5$ユニット，それにグリシンまたはセリン由来の$C_1 \times 2$ユニットが導入されている。メトキシル基のメチル基はメチオニン由来である。しかし，アミノ酸の窒素原子を保持したまま導入されているのはプロリンのみである。

(2) スタキドリン

　マメ科に属するムラサキウマゴヤシ（*Medicago sativa*）から単離されたスタキドリン（stachydrine）は，L-プロリン由来のアルカロイドである。

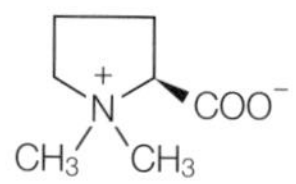

スタキドリン

実際に，L-プロリンやL-ヒグリン酸（L-hygric acid）のカルボキシ基の炭素を^{14}Cで標識した化合物を投与すると，カルボキシ基が標識されたスタキドリンが得られることがわかっている（図3.21）。なお，この際，プロリンは成長した植物でないと利用されないこともわかった。どうやら，若い植物体ではプロリンをヒグリン酸に変換する酵素を欠いているようである。

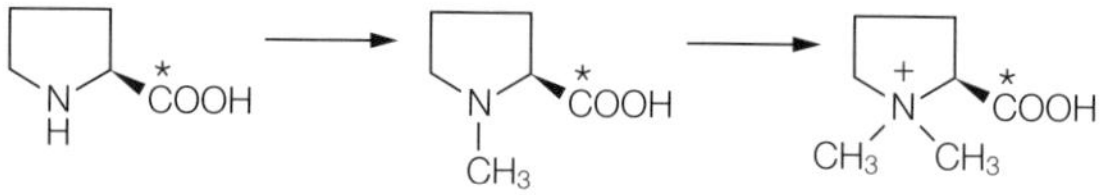

L-プロリン　　　L-ヒグリン酸　　　スタキドリン

図3.21　ムラサキウマゴヤシにおけるスタキドリンの生合成経路
＊印は^{14}Cで標識されている位置を示す。

(3) ピロール-2-カルボン酸

*Streptomyces*属の一放線菌の培養物から得られる抗生物質であるピロール-2-カルボン酸（pyrrole-2-carboxylic acid）も，おそらくプロリンを起源とするアルカロイドであろうと考えられる。このアルカロイドには，血小板凝集阻害活性などの生物活性[6]が報告されている。

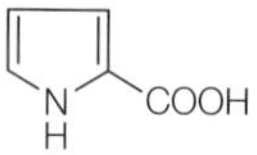

ピロール-2-カルボン酸

引用文献

1) T. Takemoto : Isolation and Structural Identification of Naturally Occurring Excitatory Amino Acids, p. 1. *in* Kainic Acid as a Tool in Neurobiology, E. G. McGeer *et al.* eds., Raven Press, New York (1978)
2) 竹本常松・中島正・横部哲郎：薬学雑誌, **84**, 1232 (1964)
3) 竹本常松・中島正：薬学雑誌, **84**, 1230 (1964)
4) 山村庄亮・長谷川宏司編：天然物化学―植物編―, p. 401, アイピーシー (2007)
5) 竹本常松・高木信也・中島正・小池一弘：薬学雑誌, **95**, 176 (1975)
6) K. Komiyama, C. Tronquet, Y. Hirokawa, S. Funayama, O. Sato, I. Umezawa, S. Oishi : *Jpn. J. Antibiot.*, **39**, 746 (1986)

3.4　プリンおよびピジミジン骨格を有するアルカロイド

　核酸（nucleic acid）およびその関連化合物は，これまでは一般にアルカロイド類とは別に取り扱われることが多かった。しかし本書では，近年の傾向に従ってアルカロイドの定義をかなり拡大して解釈しているので，これらの化合物の一部もアルカロイドとしてとりあげることにした。核酸および核酸関連の化合物群は，プリン塩基またはピリミジン塩基を基本骨格としている。

　核酸を構成するプリン系やピリミジン系のヌクレオチド（nucleotide）の塩基部分は，生合成の起源をたどればアミノ酸を骨子としていることがわかっている。しかし，これらの塩基自身がすでに生体において基本的な化合物となっていることから，これらの骨格を有するアルカロイドをそれぞれの骨格の起源となるアミノ酸の項目には入れず，これらの骨格由来の化合物として一括する。

　ヌクレオシド（nucleoside）は，プリン誘導体であるアデニン（adenine；Aと略記）とグアニン（guanine；G），または，ピリミジン誘導体であるシトシン（cytosine；C），チミン（thymine；T），ウラシル（uracil；U）のいずれかの塩基

表3.1 DNA および RNA を構成する塩基，ヌクレオシドおよびヌクレオチド

DNA	塩基	アデニン（adenine；A）
		グアニン（guanine；G）
		シトシン（cytosine；C）
		チミン（thymine；T）
	ヌクレオシド	2′-デオキシアデノシン（2′-deoxyadenosine）
		2′-デオキシグアノシン（2′-deoxyguanosine）
		2′-デオキシシチジン（2′-deoxycytidine）
		2′-デオキシチミジン（2′-deoxythymidine）
	ヌクレオチド	2′-デオキシアデニル酸（2′-deoxyadenylic acid；dAMP）
		2′-デオキシグアニル酸（2′-deoxyguanylic acid；dGMP）
		2′-デオキシシチジル酸（2′-deoxycytidylic acid；dCMP）
		2′-デオキシチミジル酸（2′-deoxythymidylic acid；dTMP）
RNA	塩基	アデニン（adenine；A）
		グアニン（guanine；G）
		シトシン（cytosine；C）
		ウラシル（uracil；U）
	ヌクレオシド	アデノシン（adenosine）
		グアノシン（guanosine）
		シチジン（cytidine）
		ウリジン（uridine）
	ヌクレオチド	アデニル酸（adenylic acid；AMP）
		グアニル酸（guanylic acid；GMP）
		シチジル酸（cytidylic acid；CMP）
		ウリジル酸（uridylic acid；UMP）

に，糖の D-リボース（D-ribose）または D-2-デオキシリボース（D-2-deoxyribose）が N 配糖体として結合した化合物をいう．たとえば，プリン誘導体のヌクレオシドであるアデノシン（adenosine）はアデニンに D-リボースが結合した化合物であり，グアノシン（guanosine）はグアニンに D-リボースが結合した化合物である．

さらに，プリン塩基を有するヌクレオシドであるアデノシンおよびグアノシンの 5′位のリン酸エステル（ヌクレオチド）はそれぞれ，アデニル酸（adenylic acid；AMP）およびグアニル酸（guanylic acid；GMP）と称し，RNA（リボ核酸）の形成に用いられる．一方，DNA（デオキシリボ核酸）のヌクレオシドにお

3.4 プリンおよびピジミジン骨格を有するアルカロイド　　　163

2′-デオキシアデノシン	$R_1=R_2=H$
アデノシン	$R_1=OH, R_2=H$
2′-デオキシアデニル酸 (dAMP)	$R_1=H, R_2=PO_3H_2$
アデニル酸 (AMP)	$R_1=OH, R_2=PO_3H_2$

2′-デオキシグアノシン	$R_1=R_2=H$
グアノシン	$R_1=OH, R_2=H$
2′-デオキシグアニル酸 (dGMP)	$R_1=H, R_2=PO_3H_2$
グアニル酸 (GMP)	$R_1=OH, R_2=PO_3H_2$

2′-デオキシシチジン	$R_1=NH_2, R_2=R_3=R_4=H$
シチジン	$R_1=NH_2, R_2=R_4=H, R_3=OH$
2′-デオキシチミジン	$R_1=OH, R_2=CH_3, R_3=R_4=H$
ウリジン	$R_1=OH, R_2=R_4=H, R_3=OH$
2′-デオキシシチジル酸 (dCMP)	$R_1=NH_2, R_2=R_3=H, R_4=PO_3H_2$
シチジル酸 (CMP)	$R_1=NH_2, R_2=H, R_3=OH, R_4=PO_3H_2$
2′-デオキシチミジル酸 (dTMP)	$R_1=OH, R_2=CH_3, R_3=H, R_4=PO_3H_2$
ウリジル酸 (UMP)	$R_1=OH, R_2=H, R_3=OH, R_4=PO_3H_2$

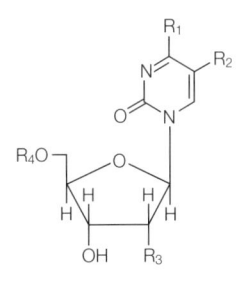

図 3.22　DNA および RNA を構成するヌクレオシド，ヌクレオチド，関連化合物の化学構造

いては，それぞれの 2′ 位の酸素を欠く 2′-デオキシアデノシンおよび 2′-デオキシグアノシンが用いられ，それぞれのヌクレオチドを 2′-デオキシアデニル酸 (dAMP) および 2′-デオキシアデニル酸 (dGMP) という（表 3.1, 図 3.22）。

　一方，核酸とは，多数のヌクレオシドが，その 1 分子の結合糖の 3′ 位と他の分子の結合糖の 5′ 位とのあいだで，それぞれリン酸を介して結合した長鎖の高分子化合物である。ちなみに，ヌクレオシドの糖の水酸基がリン酸によってエステル化された化合物をヌクレオチドということから，核酸はこれらヌクレオチドの重合体ということもできる。

3.4.1 プリン骨格を有するアルカロイド

　喫茶の風習は世界中の至るところで見られる。そのなかでも，コーヒー，紅茶，緑茶，ココアは広く愛飲されている代表的な飲料である。起源となる植物の種類も，愛飲されはじめた地域もまったく異なる飲料なのに，これらの飲料にはプリン（purine）骨格を有するカフェインとその関連化合物が共通に含まれていることは興味深い。

　また，エネルギーの供給源として重要な ATP（アデノシン三リン酸）や，かつお節のうま味成分であるイノシン酸なども，プリン骨格を有するアルカロイドである。

(1) カフェインと関連アルカロイド

　コーヒーはアカネ科のコーヒーノキ（*Coffea arabica*）の種子から調製し，紅茶や緑茶はツバキ科のチャ（*Thea sinensis*）の葉，そして，ココアはアオギリ科のココアノキ（*Theobroma cacao*）の種子（カカオ子）から調製される。コーヒーノキの原産地はアフリカ，チャの原産地は東南アジア，ココアノキの原産地は南米〜中米である。

　このように，これらの飲料はそれぞれまったく異なる植物を起源とし，まったく異なる地域で見いだされたが，興味深いことに含まれる量や割合は異なるものの，いずれもプリン誘導体である，カフェイン（caffeine），テオブロミン（theobromine），テオフィリン（theophylline）が含まれている。

　カフェインやテオフィリンの研究の歴史は古く，いずれのアルカロイドも1820年に単離されている。カフェインには軽度の中枢神経興奮作用があり，抑うつされた中枢機能を亢進させ，精神の作業や行動を上昇させたり，抑うつ状

カフェイン　　　$R_1=R_2=CH_3$
テオブロミン　　$R_1=H, R_2=CH_3$
テオフィリン　　$R_1=CH_3, R_2=H$

3.4 プリンおよびピジミジン骨格を有するアルカロイド   165

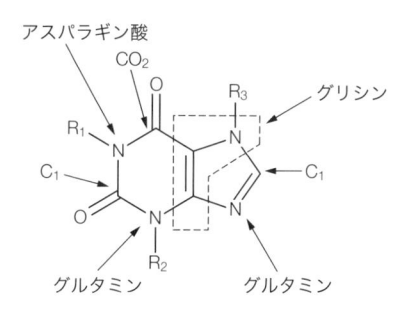

図 3.23　カフェインおよび関連化合物のキサンチン骨格の生合成起源

態を改善させたりする作用を有する。なお，カフェイン，テオブロミン，テオフィリンのように，プリン骨格の2位と6位がカルボニルとなった基本骨格を，キサンチン（xanthine）骨格と称することがある。したがって，これらの化合物はまたキサンチン誘導体ということもできる。

　カフェインやテオフィリンの基本骨格を構築するキサンチンは，図3.23に示すように，グリシンを基本とし，グルタミンおよびアスパラギン酸由来の窒素と二酸化炭素，および他の分子由来のC_1ユニットから生合成されることがわかっている。AMP（アデニル酸）からIMP（イノシン酸），XMP（キサンチル酸）を経て，テオブロミンやカフェインに至る生合成経路については，のちにイノシン酸の項で示す。

(2) ATP と cAMP

　アデニンにD-リボースがN配糖体として結合したアデノシンのことはすでに述べた。このアデノシンの糖の5′位にリン酸基が3個結合したものが，アデノシン三リン酸（adenosine triphosphate；ATP）であり，エネルギーに富んだ化合物である。ATPは1929年にウサギの筋肉から単離されている。

　ATPが加水分解して，3個結合したリン酸のうちの1分子が放出され，アデノシン二リン酸（adenosine diphosphate；ADP）となる際にエネルギーを発生させる。

　ATPについて，現在知られているリン酸が3つ連続して結合している化学構造を世界で最初に提出したのは，日本の牧野堅（1907-1990）であった[1,2]。

　アデノシン誘導体中，サイクリック3′,5′-アデノシン一リン酸（cyclic 3′,5′-

アデノシン三リン酸（ATP）　　　　　サイクリックAMP（cAMP）

adenosine monophosphate；cAMP，サイクリック AMP ともいう）は，大部分の動物細胞中に存在する重要な化合物である。cAMP は ATP からつくられ，その反応はアデニル酸サイクラーゼ（adenylate cyclase）によって触媒される。

　cAMP は組織中で，cAMP ホスホジエステラーゼ（cAMP phosphodiesterase）によって触媒される反応で，AMP に変えられることによって壊される。細胞内 cAMP 濃度は通常，$1\,\mu\mathrm{M}$ 程度である。cAMP は 1957 年に単離された。cAMP の化学構造は，最終的に立体配置も含めて X 線結晶解析で確認され，全合成もなされている。

　なお，この cAMP が高等植物から単離された例もある。クロウメモドキ科のナツメ（*Zizyphus jujuba* var. *inermis*）の果実の乾燥品は大棗(たいそう)とよばれて漢方で用いられるが，大棗には 1 g あたり 0.03〜0.16 mg の cAMP が含まれているという[3]。

(3) イノシン酸

　上記以外のプリン誘導体としては，かつお節のうま味成分として知られているイノシン酸（inosinic acid）や，細胞分裂を促進する作用のある物質，すなわちサイトカイニン（cytokinin）であるゼアチン（zeatin）がある。

　イノシン酸は，古くリービッヒ（2.3.12 項参照）によって発見され，1847 年にはすでにこの化合物に，うま味に相当する味のあることが指摘されていたらしい。一方，ゼアチンは，イネ科のトウモロコシ（*Zea mays*）の未熟種子から単離された化合物であり，天然に産するサイトカイニンとしては最初に単離さ

3.4 プリンおよびピジミジン骨格を有するアルカロイド

イノシン酸（IMP）　　　　　ゼアチン

れた．その後，種々の天然由来のサイトカイニンが単離されているが，サイトカイニンはすべてプリン誘導体である．

　プリン塩基にリボースが結合したヌクレオシドの生合成は，まずプリン塩基が生成して，このプリン塩基にリボースが結合して進むのではなく，プリン環が構築される初期からリボースはすでに生合成中間体に結合している．また，プリン塩基部分は，前述のように，アミノ酸のグリシンを基本とし，グルタミンおよびアスパラギン酸由来の窒素と二酸化炭素や，蟻酸由来のC_1ユニットから形成されていることがわかった．

　まず，リボース-5-リン酸（ribose-5-phosphate）のC1位がATPによってリン酸化され，活性化されてPRPP（5-phospho-α-D-ribosyl-1-pyrophosphoric acid）となる（図3.24）．このピロリン酸基は，グルタミン由来の活性アンモニアとC1位の立体配位の反転を伴って置換される．この窒素原子は，プリン塩基の9位の窒素となる．次いで，ATPによって活性化されたグリシンがアミド結合で導入され，これ以降はグルタミン由来のアンモニアが導入されてイミダゾールに閉環し，二酸化炭素さらにアスパラギン酸由来の窒素を取り入れ，イノシン酸（IMP）の生合成が完結する．

　IMPは，アデニル酸（AMP）からキサンチル酸（XMP）やグアニル酸（GMP）などへ至る重要な生合成中間体でもある．まず，AMPからXMPへの変換は，AMPのC6位の酸化によって生じるIMPのC2位のさらなる酸化によって進む．さらに，GMPは，こうして生じたXMPのC2位のアミノ化によって生成する．この生合成経路をまとめると，図3.25のようになる．

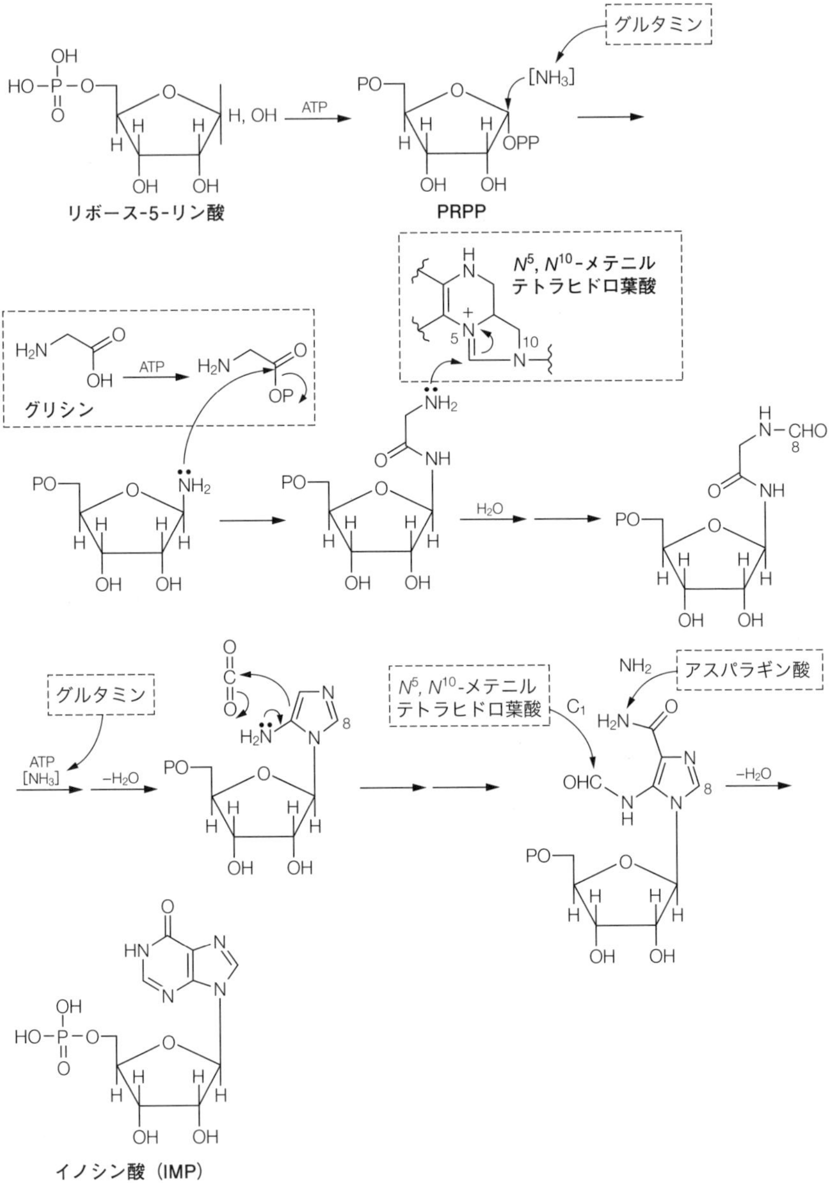

図 3.24　イノシン酸（IMP）の生合成経路

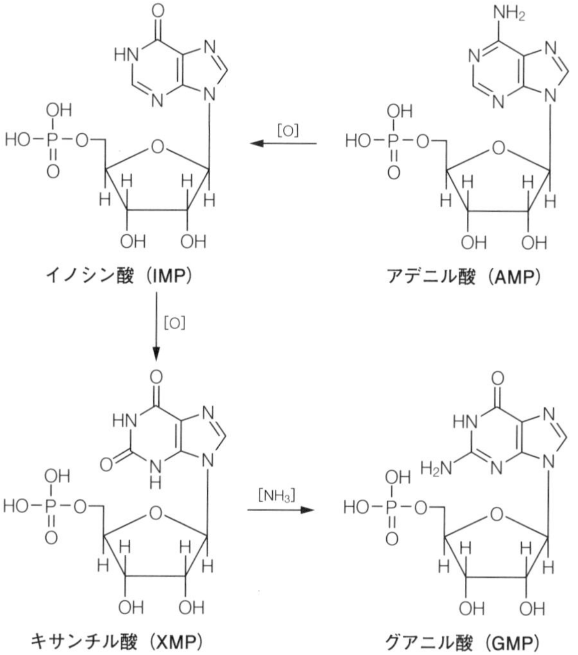

3.4 プリンおよびピジミジン骨格を有するアルカロイド 169

図 3.25 アデニル酸からイノシン酸，キサンチル酸および
グアニル酸への生合成経路

　一方，カフェインの生合成については，コーヒーノキやチャの茎を用いた実験によって，AMP 由来の XMP から生じたキサントシン（xanthosine）の N7 位のメチル化が起こり，その後，図 3.26 に示すように，7-メチルキサントシン（7-methylxanthosine），7-メチルキサンチン，テオブロミンを経て，カフェインに至ることが知られている[4]。

3.4.2 ピリミジン骨格を有するアルカロイド

　DNA および RNA に関連する塩基中，前項ではプリン塩基と称されるアデニンおよびグアニン関連化合物についてふれた。本項では，ピリミジン（pyrimidine）塩基とも称される，シトシン，チミン，ウラシル関連化合物について簡単に述べることにする。

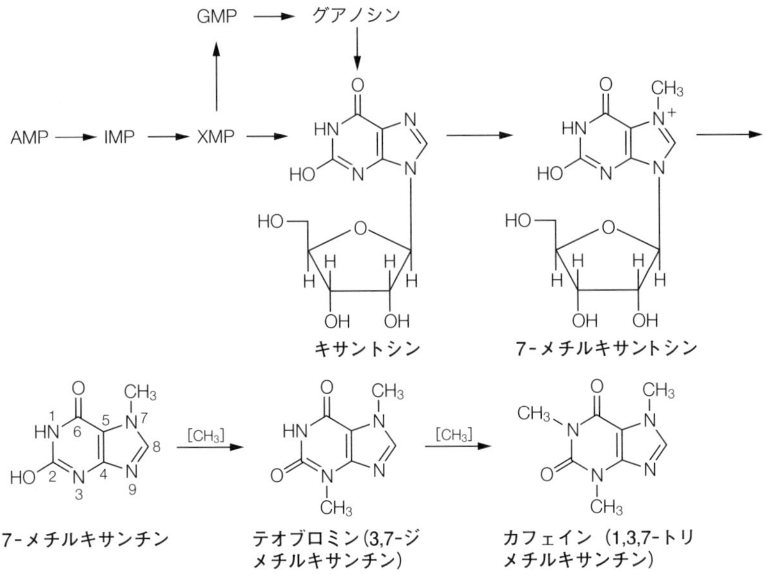

図 3.26 アデノシンからテオブロミンおよびカフェインへの生合成経路

プリン誘導体のほうは，核酸の構成単位として存在しているほか，カフェインやイノシン酸，サイトカイニンなどとして天然物からしばしば得られていることはすでに述べたとおりである。これに対して，ピリミジン類は，核酸の構成単位として存在し，またビタミン B_1 の部分構造となっているほかは，天然物としてはあまり見られない。

(1) シトシン，チミン，ウラシルおよび関連化合物

シトシン，チミン，ウラシルに，D-リボースまたは D-2-デオキシリボースが結合してヌクレオシドになったものをそれぞれ，シチジン（cytidine），2′-デオキシシチジン（2′-deoxycytidine），2′-デオキシチミジン（2′-deoxytymidine），ウリジン（uridine）と称する。これらの化合物中，シチジンは当初，酵母の核酸から単離され，2′-デオキシチミジンは子ウシの胸腺由来の核酸（DNA）から得られた。一方，ウリジンは酵母の核酸を弱アルカリで加水分解することによって得られている。これらのヌクレオシドのうち，2′-デオキシチミジンは単にチミジン（tymidine）と称することもある。

3.4 プリンおよびピジミジン骨格を有するアルカロイド

これらの配糖体がそれぞれ 5′ 位においてリン酸化を受けたものがそれぞれ，シチジル酸（cytidylic acid；CMP），2′-デオキシシチジル酸（2′-deoxycytidylic acid；dCMP），2′-デオキシチミジル酸（2′-deoxytymidylic acid；dTMP），ウリジル酸（uridylic acid；UMP）である。ここで，2′-デオキシシチジル酸（dCMP）と 2′-デオキシチミジル酸（dTMP）は DNA の形成に，また，シチジル酸（CMP）とウリジル酸（UMP）は RNA の形成に，それぞれ使われている。な

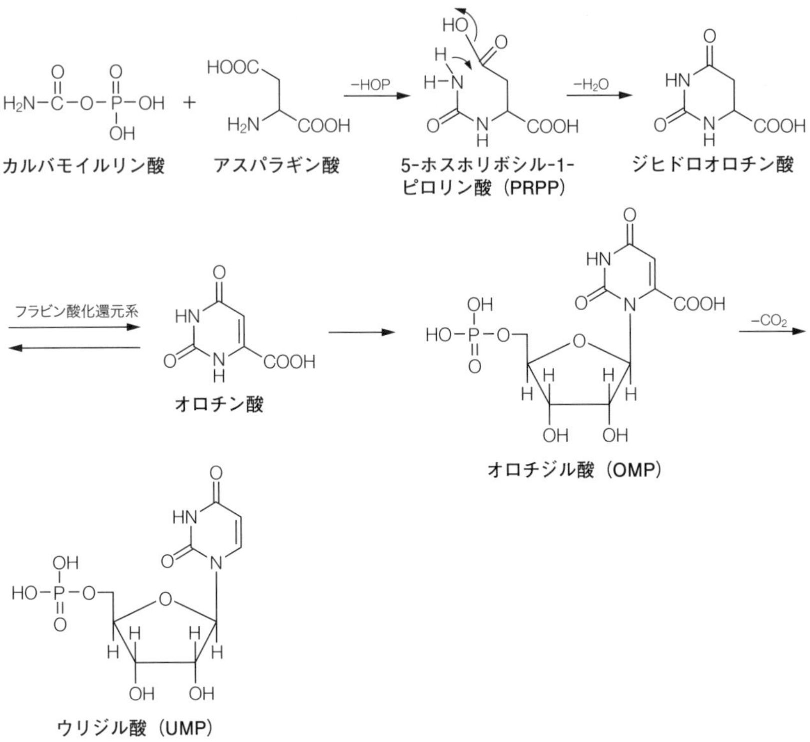

図 3.27 ウリジル酸の生合成経路

お，2′-デオキシチミジル酸（dTMP）は単にチミジル酸（TMP）と称されることもある。

前項で述べたように，プリンヌクレオシドのイノシン酸などの生合成においては，プリン環生合成の初期からリボースがすでに中間体に結合していた。これに対して，ピリミジンヌクレオシドの生合成においては，ピリミジン核の生合成後にリボース（デオキシリボース）が導入される。

ウリジル酸の生合成について，図 3.27 を用いて説明する。まず，アミノ酸のアスパラギン酸（aspartic acid）が，カルバモイルリン酸（carbamoyl phosphate）によってカルバモイル化され，ジヒドロオロチン酸（dihydroorotic acid）になり，これがフラビン酸化還元系によって脱水水素化されて，オロチン酸（orotic acid）となる。オロチン酸は次いで，5-ホスホ-α-D-リボシル-1-ピロリン酸

チアミン塩酸塩（ビタミンB_1）

(PRPP) によって N1 位にリボースが導入されてオロチジル酸（orotidylic acid；OMP）となり，さらに脱炭酸によってウリジル酸（uridylic acid；UMP）となる。

(2) ビタミン B_1

脚気 (Beri-beri) は，現在はピリミジン誘導体であるビタミン B_1 (vitamin B_1) の欠乏によって起こる栄養欠乏症のひとつであると解明されている。しかし脚気は，かつては命にかかわる原因不明のたいへん恐れられた病であった。このピリミジン骨格を有するビタミン B_1，すなわちチアミン（thiamine）塩酸塩の化学構造の正しい化学構造を提出したのは，ATP の化学構造（3.4.1 項参照）も提出した牧野堅らである[5]。

ビタミン B_1 は，ニンニク成分と結合して安定な化合物を形成する。この安定化した化合物は医薬品として応用されているが，その詳細は第 4 章（4.2.10 項）で述べる。

引用文献
1) K. Makino：*Biochem. Z.*, **278**, 161 (1935)［*Chem. Abstr.*, **29**, 8020[1] (1935)］
2) 丸山工作：現代化学, **196**, 40 (1987)
3) K. Hanabusa, J. Chong, M. Takahashi：*Planta Medica*, **42**, 380 (1981)
4) T. Suzuki, H. Ashihara, G. R. Waller：*Phytochemistry*, **31**, 2575 (1992)
5) K. Makino, T. Imai：*Hoppe-Seiler's Z. Physiol. Chem.*, **239**, I (1936)

3.5 擬（プソイド）アルカロイド

以上述べてきたアルカロイド類は，その分子中に含まれる窒素がアミノ酸由来であることが特徴であった。すなわち，アルカロイドの骨格に，アミノ酸の

窒素のみならず，アミノ酸の炭素骨格の全部あるいは一部（脱炭酸などで一部の炭素が抜けることがある）の骨格が導入されている。

それに対して，本節で述べるアルカロイド類の分子中に含まれる窒素は，アミノ酸骨格が導入されたものではなく，アンモニアなどの形で別途導入されている点が特徴的である。そのようなアルカロイド類を，擬アルカロイドまたはプソイドアルカロイドとよぶ。

本来ならば，本書でアミノ酸の関与が不明確なアルカロイドについて論じる必要はないかもしれない。しかし，アルカロイドについての章を設けた以上，アルカロイドの全貌についての概略を知るためには，擬アルカロイドについても概略を述べておいたほうがよいと判断し，あえてこの節を設けた。

本節では，ポリケチドおよびテルペノイド生合成経路を経て生成する化合物に窒素原子が取り込まれて生合成される代表的なアルカロイド類と，その他の生合成経路を経て生成する代表的なアルカロイドの例としてエフェドリン類について概略を述べる。

3.5.1　ポリケチド由来の骨格を有するアルカロイド
(1) コニイン

ドクニンジン（*Conium maculatum*）はセリ科の植物で，"hemlock plant"の異名を有する。その全草の抽出物には強い毒があり，古代ギリシャでは罪人（おもに今でいう政治犯）の処刑に用いられた。ソクラテス（Socrates, 紀元前 470-399）が紀元前 399 年にドクニンジンの抽出エキスによって処刑されたのは有名な話である。

この植物の主たる毒成分であるコニイン（coniine）は，1827 年に単離されている。コニインは，前出のペレチエリン（3.3.2 項参照）とたいへんによく似た化学構造を有している。ペレチエリンの窒素原子はリジン由来であった。ロビ

(+)-コニイン

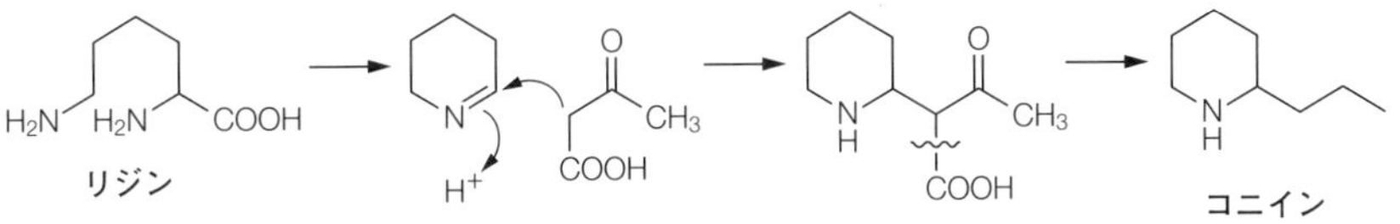

3.5 擬（プソイド）アルカロイド

図 3.28　ロビンソンによるコニインの推定生合成経路

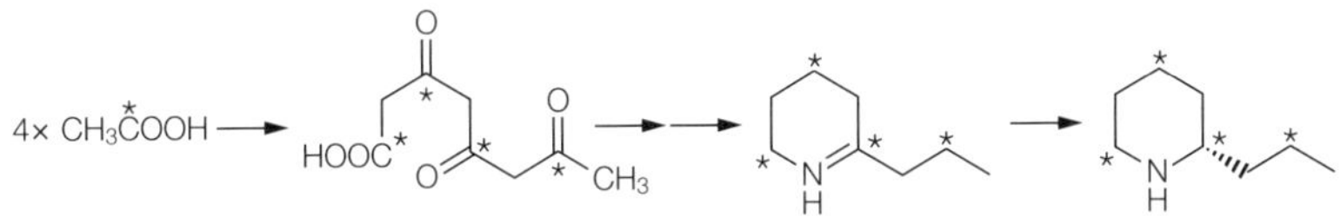

図 3.29　コニインの生合成経路

ンソン（R. Robinson, 1886-1975）は図 3.28 に示すように，コニインの生合成経路についてもペレチエリンと同様に L-リジン由来と考えていた[1]。

しかし，研究が進んだ結果，コニインには L-リジンあるいはその炭素骨格を残した代謝産物は導入されないことがわかった。すなわち，コニインの窒素はアミノ酸由来ではなかったのである。結局，コニインは，ポリケチド生合成経路を経て形成された骨格に窒素が導入されて生合成されていることが明らかとなった（図 3.29）。

(2) ニグリファクチン

放線菌の一種である *Streptomyces* sp. No. FFD-101 の生産するニグリファクチン（nigrifactin）は，抗ヒスタミン活性を有する抗生物質である[2]。この化合物の化学構造は機器分析を中心に決定された[3] が，その結果，前述のコニインやペレチエリンと類似の部分構造を有していることがわかった。そこで，この抗生物質の生合成機構を明らかにするために，安定同位体の取り込み実験が行なわれた。

結局，ニグリファクチンの生合成においては，6 位を放射性同位元素の ^{14}C で標識した [6-^{14}C] DL-リジンは取り込まれず，1 位を標識した [1-^{14}C] 酢酸が 6 位，4 位，2 位，2′ 位，4′ 位，6′ 位に取り込まれることがわかった[4]。したがって，この化合物の生合成においては，リジンが取り込まれることはなく，マロ

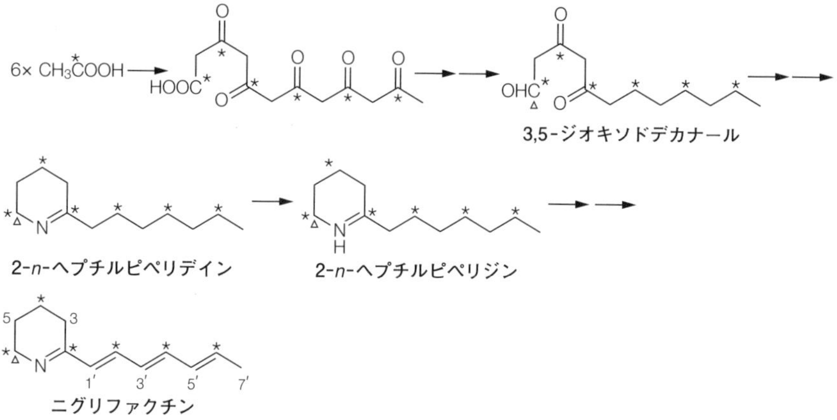

図 3.30 ニグリファクチンの生合成経路

ニル CoA（C_2 ユニット）が6分子縮合したものに窒素が導入された形で生成していることがわかった。なお，この事実は，安定同位体の ^{13}C で標識した[1-^{13}C]酢酸を投与して得たニグリファクチンの ^{13}C NMR を測定することによっても証明されている。

さらに，[1-^{14}C] 3,5-ジオキソ-n-ドデカナール（[1-^{14}C] 3,5-dioxo-n-dodecanal），[6-^{14}C] 2-n-ヘプチルピペリデイン（[6-^{14}C] 2-n-heptylpiperideine），および，[6-^{14}C] 2-n-ヘプチルピペリジン（[6-^{14}C] 2-n-heptylpiperidine）が，それぞれニグリファクチンに取り込まれることから，その生合成経路は図3.30に示すように結論づけられた。[6-^{14}C] 2-n-ヘプチルピペリジンがニグリファクチンに取り込まれることから，ニグリファクチンの二重結合は生合成の最終段階で導入されることもわかった。

3.5.2 テルペノイド由来の骨格を有するアルカロイド
(1) アコニチン

キンポウゲ科のトリカブト属（*Aconitum*）植物は，北半球の亜寒帯や温帯に広く分布し，アジア，ヨーロッパ文化圏の大部分で，この属の植物が生育している。そして，トリカブト属植物の塊根が猛毒であることは，太古の時代から人々のよく知るところであった。よって，トリカブト属植物は文化史的にさま

3.5 擬（プソイド）アルカロイド　　　　　　　　　　　　　　　　　　　　177

アコニチン　　　　　$R_1=C_6H_5$, $R_2=CH_2CH_3$
メスアコニチン　　　$R_1=C_6H_5$, $R_2=CH_3$
ジェスアコニチン　　$R_1=C_6H_4$-(p-OCH_3), $R_2=CH_2CH_3$

ざまな挿話を残してきた．わが国での古い記録としては，藤原薬子（?-810）がいわゆる薬子の変（810年）といわれる事件ののちに追いつめられて，附子（トリカブト）と思われる毒を仰いで自殺したとされる記録がある．

一方，漢方では，一部のトリカブト属植物の塊根のうち，母根を烏頭，子根を附子と称して利用している．なお，現在処方されている附子のエキス製剤には，毒力を弱めた加工附子が用いられることがほとんどであるという．

烏頭や附子に特徴的なアルカロイドを，トリカブト属アルカロイド（Aconitum alkaloids）ともいう．トリカブト属アルカロイドのうち強い毒性を有するものに，アコニチン（aconitine），メスアコニチン（mesaconitine），ジェスアコニチン（jesaconitine）などがある．

Aconitum 属由来のアコニチン系アルカロイドの生合成についての詳細な報告は今のところ見あたらないが，その化学構造から類推すると，ジテルペノイドを基本骨格とし，生合成過程で分子内に窒素を取り込んでいると考えられる．

(2) ソラニン類

ナス科のジャガイモ（Solanum tuberosum）の新芽には，ステロイド系アルカロイドの有毒成分ソラニン（solanine）が含まれていることが知られていた．その後，ソラニンは混合物であり，詳細な分析によって，6つの成分，すなわち，$α$-, $β$-, $γ$-ソラニンと，$α$-, $β$-, $γ$-チャコニン（chaconine）からなることがわかった[5]．これら6つのアルカロイドは，いずれも共通のアグリコン（糖以外の部分構造）としてソラニジン（solanidine）を有し，ちがいは糖部分にある．

$α$-ソラニンの化学構造式を他の5つの化合物とともに図3.31に示す．$β$-ソ

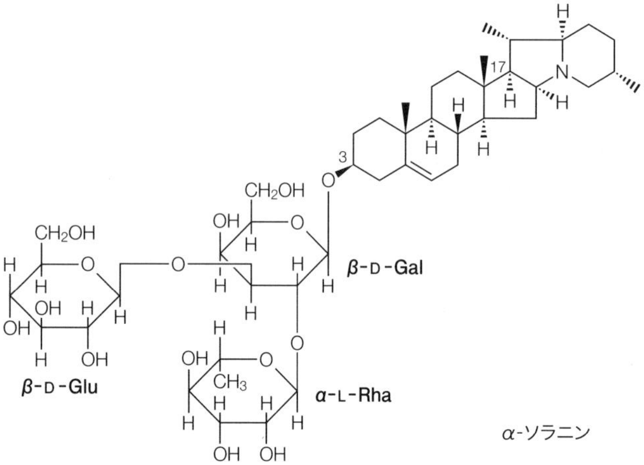

化合物名	糖部
α-ソラニン	β-D-Glu(1→3)-β-D-Gal (1→) ↑ (1→2) α-L-Rha
β-ソラニン	β-D-Glu(1→3)-β-D-Gal (1→)
γ-ソラニン	β-D-Gal (1→)
α-チャコニン	α-L-Rha(1→4)-β-D-Glu(1→) ↑ (1→2) α-L-Rha
β-チャコニン	α-L-Rha(1→4)-β-D-Glu(1→)
γ-チャコニン	β-D-Glu(1→)

図 3.31　α-ソラニンと関連化合物の化学構造

ラニンおよびγ-ソラニンは，α-ソラニンからそれぞれ単糖類が1分子および2分子，脱離した化学構造を有している。一方，α-チャコニンとβ-チャコニンおよびγ-チャコニンとの関係も同様である。これらのアルカロイドの窒素の起源はアミノ酸骨格が導入されたものではない。

3.5.3　その他の擬アルカロイド

(1) エフェドリン類

漢薬麻黄は，中国に自生するマオウ科マオウ属（*Ephedra*）植物の *E. equiseti-*

3.5 擬（プソイド）アルカロイド

(−)-エフェドリン　　　R=CH₃
(−)-ノルエフェドリン　R=H

(+)-プソイドエフェドリン　　　R=CH₃
(+)-ノルプソイドエフェドリン　R=H

(+)-メタンフェタミン　R=CH₃
(+)-アンフェタミン　　R=H

na, *E. distachya*, *E. sinica* の地上部を起源とする生薬である。各種漢方方剤に配合されるほか，気管支拡張などの目的で使用される塩酸エフェドリン（鎮咳薬）の製造原料とする。

　麻黄からは，主成分としてたがいに立体異性体となっている4種のエフェドリン（ephedrine）系アルカロイドが単離されている。すなわち，(−)-エフェドリン（(−)-ephedrine），(−)-ノルエフェドリン（(−)-norephedrine），(+)-プソイドエフェドリン（(+)-pseudoephedrine），(+)-ノルプソイドエフェドリン（(+)-norpseudoephedrine）である。これらの化合物中，頭に *pseudo* のついたアルカロイドはそれぞれ，元の化合物のジアステレオマーで，ベンジル位の立体異性体となっている。

　エフェドリン類の化学構造は，前出のメスカリン（mescaline；3.2.1 項参照）に似ていることから，一見，その生合成もメスカリンと同様，アミノ酸のフェニルアラニンを起源としているように思わせる。実際に，*E. distachya* を用いた標識体の投与実験によって，(−)-エフェドリンの C_6–C_2–N 構造のベンゼン環の生合成には，フェニルアラニンの3位を放射性同位体で標識した［3-^{14}C］フェニルアラニンが導入されることがわかった。

　しかし，この場合，フェニルアラニンは直接導入されていない。なぜなら，2位を標識した［2-^{14}C］フェニルアラニンの標識はエフェドリンに移行せず，また，二重標識化合物の［2,3-^{14}C］フェニルアラニンでは，C3位のみが取り込ま

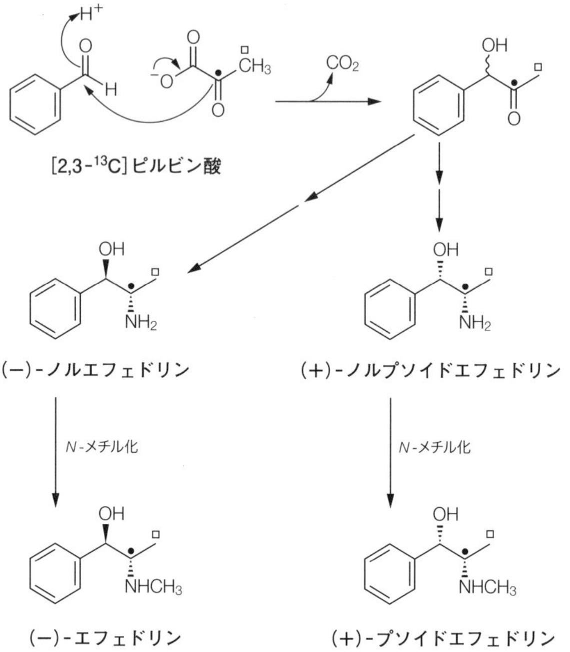

図 3.32　(−)-エフェドリンおよび関連化合物の生合成経路

れることがわかったからである．さらに，エフェドリン類には，フェニルアラニンよりも，C_6-C_1 型の安息香酸やベンズアルデヒドのほうが，より効率よく取り込まれることも明らかとなった．

以上の事実を総合すると，エフェドリン類の C_6-C_1 部と，C_6-C_1 部に結合している C_2+N ユニットの起源は別個であり，フェニルアラニンがそのままの形で導入されているものではないと結論されるに至った．そして，C_2 ユニットはピルビン酸由来である[6]ことがわかり，エフェドリン類には図 3.32 に示すように，ピルビン酸が脱炭酸した C_2 ユニットが結合して生合成の過程で N 原子を得て，さらにメチオニン由来のメチル基が導入されるという生合成経路が示されるに至った．

なお，エフェドリンから得られる化学誘導体のひとつにメタンフェタミンがある．メタンフェタミンは，別名ヒロポン，シャブ，アイス，スピード，S（エス）などとよばれている覚醒剤であり，他の項で述べたモルヒネ，LSD，コカ

3.5 擬（プソイド）アルカロイド

インなどとともに，現在の日本において種々の社会問題をひき起こしているアルカロイドである。全合成されたメタンフェタミンはラセミ体であるが，(−)-エフェドリンを原料とし，これの水酸基を水素に置き換えて合成すると，光学活性を有する(+)-メタンフェタミンとなる。

引用文献

1) R. Robinson : *in* The Structural Relations of Natural Products, p. 64, Clarendon Press, Oxford (1955)
2) Y. Kaneko, T. Terashima, Y. Kuroda : *Agr. Biol. Chem.*, **32**, 783 (1968)
3) T. Terashima, Y. Kuroda, Y. Kaneko : *Tetrahedron Lett.*, **10**, 2535 (1969)
4) T. Terashima, E. Idaka, Y. Kishi, T. Goto : *Chem. Commun.*, **1973**, 75 (1973)
5) R. Kuhn, I. Löw, H. Trischmann : *Chem. Ber.*, **88**, 1492 (1955)
6) G. Grue-Sϕrensen, I. D. Spenser : *J. Amer. Chem. Soc.*, **110**, 3714 (1988)

第4章

生活や産業に深く結びついたアミノ酸

　本章では，アミノ酸に関する種々の話題についてとりあげる．アミノ酸が医療，美容，健康飲料などさまざまな目的で用いられることや，アミノ酸の味，有毒なアミノ酸などについて述べる．

　地球上には，タンパク質構成アミノ酸20種のほか，約700種ほどの非タンパク質構成アミノ酸，いわゆる異常アミノ酸が知られている．各タンパク質構成アミノ酸およびその関連化合物の性状については第2章で，またアミノ酸由来のアルカロイドについては第3章にすでに述べた．本章で述べる化合物には，異常アミノ酸に該当するものや，タンパク質構成アミノ酸がペプチド結合したものなどもある．上述したように，これまでに知られている異常アミノ酸の数は700種にものぼる．すべてを網羅することはできないし，この本の主旨でもないので，とくに興味を引きそうな代表的な異常アミノ酸について述べるにとどめる．

　アミノ酸の用途としては，医療や食品，飼料添加，工業用などがある．医療用としては，各種のタンパク質構成アミノ酸の混合物が経口栄養剤や点滴剤として使用されるほか，ペプチドであるインスリンなどがホルモン剤として用いられる例がある．また，サイクロセリンのように常アミノ酸の鏡像体由来成分が抗生物質として発見され，医療に応用されているものもある．さらに，アミノ酸由来のアルカロイドでもあるL-ドパ（2.3.16項参照）がパーキンソン症候群に応用されるなど，アミノ酸を起源とする化合物の利用も多い．

　食品用としては，L-グルタミン酸モノナトリウム（味の素）の利用が特筆さ

れようが，アスパルテームのようにタンパク質構成アミノ酸を原料として化学合成された人工甘味料の例もある。

一方，L-リジンやDL-メチオニンなどが飼料添加用に用いられている。さらに，L-グルタミン酸由来のポリL-グルタミン酸が合成皮革などのポリアミノ酸重合製品開発に応用されている。

4.1 味覚とアミノ酸

味覚には，甘味（sweet），塩味（salty），酸味（sour），苦味（bitter）の4味が古くから知られていた。このうち，甘味は主として炭水化物によってもたらされ，エネルギー源のシグナルである。一方，塩味は電解質であるナトリウムのシグナルである。また，酸味は熟れていない果物や腐敗した食物などのシグナルであり，苦味はアルカロイドを中心とした毒性のシグナルである。この他の食についての感覚としては，痛覚を刺激する辛味や，口腔粘膜の収斂で感じる渋味，さらに，こく，香り，温度，色，光沢，咀嚼感などもある。甘味や塩味は本能的に求めるようになる味であろうが，ヒトが長じて，酢の物やコーヒー，緑茶，タバコ，ビールのような酸っぱいものや苦いものをたしなむようになるのは，文化の産物といえるであろう。

4.1.1 L-グルタミン酸とうま味

味には上記のように4味が知られていたが，その後，池田菊苗によるグルタミン酸モノナトリウム（味の素；L-monosodium glutamate；MSG）の発見によって，うま味（umami）が加わり，5味となったことは第2章のグルタミン酸の項（2.3.8項）でも述べたとおりである。

1985年の「うま味国際シンポジウム」において，"umami"は5番目の基本味として国際的に認知された。なお，辛味（hot）は痛覚を刺激するもので，味覚ではない。さらに，渋味（astringent）も口腔粘膜の収斂で感じるもので，やはり味覚ではない。

ところで，味の素発見の数年後の1913年（大正2年）に池田菊苗の高弟である小玉新太郎（1885-1923）によって，かつお節のうま味成分としてイノシン酸

ヒスチジン塩が発見された[1]。のちに，この化合物中，ヒスチジン部分はかつお節の酸味を示す主成分ではあるが，うま味の発現に不可欠ではないことが判明した。これは，池田が共同研究者の小玉に命じた実験の結果である。さらに昭和時代に入って，1957年にはヤマサ醤油（株）の國中明（1928- ）によって，グアニル酸塩がシイタケのうま味成分であることが発見された[2]。イノシン酸やグアニル酸は，核酸系のアルカロイドであるとともに，広義のアミノ酸ということもできよう。イノシン酸やグアニル酸をL-グルタミン酸モノナトリウム塩と混ぜると，うま味がいちじるしく増加し，それぞれのうま味の強さの和よりもはるかに強いものとなる。この現象を，うま味の相乗効果と称する。

　現在，世界でもっとも多く製造されているアミノ酸は，うま味調味料として使用されているL-グルタミン酸モノナトリウムであり，その年間生産量は約120～130万トンであるという。中国では，「味の素」のことを一般に「味精」というが（中国東北地区では「味素」ともいう），中国は世界一の味精の消費国であり生産国でもある。生産・消費とも全世界の約半分を占める。1997年の中国における味精の生産量は約63万トンであった[3]。

　ちなみに，タンパク質構成アミノ酸中，L-グルタミン酸モノナトリウムに次いで生産量が多いのは，飼料用途を中心としたDL-メチオニンが60万トン，L-リジン塩酸塩が55万トン，L-スレオニンが3万トンである。これらはいずれも2000年のデータであるが，1982年のDL-メチオニンとL-リジン塩酸塩の生産量はそれぞれ14万トンと4万トンであり，L-スレオニンはまだ飼料用としては生産されていなかった。この増加を見れば，いかに飼料用アミノ酸生産量が大幅に増加しているかがわかるであろう[4]。

4.1.2　アミノ酸の味

　アミノ酸にはそれぞれさまざまな味があり，たとえば，L-グルタミン酸とL-アスパラギン酸はうま味と酸味を呈する。これに対し，L-グルタミン酸モノナトリウムやL-アスパラギン酸モノナトリウムにはうま味がある。一方，L-アラニン，グリシン，L-スレオニン，L-セリン，L-プロリンは甘味を呈する。このうち，グリシン，L-アラニン，L-セリンは，高濃度ではうま味を呈する。

　これに対して，L-アルギニン，L-イソロイシン，L-チロシン，L-バリン，L-

4.1 味覚とアミノ酸

フェニルアラニン，L-メチオニン，L-リジン，L-ロイシンは，苦味を呈する[5,6]。

さらに，第3章（3.3.3項）で述べたが，きのこのイボテングタケやハエトリシメジから単離されたアルカロイドであり，広義のアミノ酸ということもできるイボテン酸やトリコロミン酸も，強いうま味を呈することが知られている。イボテン酸やトリコロミン酸は，L-グルタミン酸を基本骨格として生合成される。

L-グルタミン酸と L-アスパラギン酸は，うま味と酸味を呈すると述べた。トマトの味の特徴を出しているのは L-グルタミン酸と L-アスパラギン酸であり，その比率は4：1の割合が最適であるという。なお，L-グルタミン酸の光学異性体である D-グルタミン酸にはうま味がないことも知られている。

また，ズワイガニやホタテ貝の味を呈するには，L-アラニン，L-アルギニン，グリシン，L-グルタミン酸が欠くことのできないアミノ酸成分であり，同様にバフンウニにおいては，L-アラニン，グリシン，L-グルタミン酸，L-バリン，L-メチオニンが欠くことのできないアミノ酸成分である[7]。ちなみに，ウニの味の特徴は，L-アラニン，グリシン，L-バリン，L-メチオニンの組合せで再現できるという[8]。

L-グルタミン酸やグリシンなどは，甘味やうま味の発現に不可欠な場合が多い。これに対して，L-メチオニンや L-アルギニンなどは，味にいわゆる「くせ」があるのだが，独特の風味の発現に寄与している。

なお，L-スレオニンなどを除く必須アミノ酸の味には苦いものが多い。これに対して，非必須アミノ酸のほうが好ましい味をしているものが多いが，このことにはなんらかの生物学的な意味があるのかもしれない。いうなれば，このことは，いわゆる非必須アミノ酸のほうがむしろ重要なことを示しているのではなかろうか。いずれにしても，「非」必須アミノ酸という名称は誤解を招きかねない。

人間は，微生物のはたらきなどを利用して，肉・乳・豆などのタンパク質をアミノ酸に分解して，さまざまな味を生み出してきた。発酵食品はまさにアミノ酸の宝庫といえる。醤油や味噌，魚醤（たとえば，日本のしょっつる，タイのナン・プラー，ベトナムのニョク・マム）などは，調味料としての傑作である。アミノ酸は，アミノ基を有するために還元糖とメイラード反応を起こすが，醤油

製造工程においてはとくに火入れ時にメイラード反応（4.1.4項参照）が大きく進む。

　なお，上述の魚醤は，古代ギリシャではガロン，古代ローマではガルムやリクアメンなどとよばれていた。魚醤の製法は，基本的には，魚の内臓，カタクチイワシなどの小魚やエビを塩漬けにし，天日の下で数週間置いて液状に分解したのち，濾して液体を取り出す。だが，これらの魚醤は古代ローマの滅亡とともに消滅してしまった。魚醤の匂いは好ましくないという記載は古代ローマの書物にも残されており，魚醤が使用されたのはその味のためであったといえる。現在，ヨーロッパで知られている魚発酵製品としては，頭や内臓を除去したカタクチイワシに塩と香料を混ぜて，半年以上発酵させたアンチョビがある。魚醤の遊離アミノ酸としてL-グルタミン酸の濃度が高いのは醤油と同じであるが，L-リジン濃度も高い。当時の主食であった小麦にはL-リジン含量が少なく，遊離のL-リジンが含まれていたことが，魚醤の味が好まれた理由であったのだろう。ちなみに，L-リジン欠乏の動物は，苦味を有するL-リジン水溶液を好んで摂取することが知られている。魚醤の使用は2500年以上の歴史をもっており，歴史的にもっとも古いアミノ酸系調味料であったといえよう。

　わが国の秋田地方における特産である「しょっつる」は，イワシやハタハタの類を生のまま塩漬けにして貯蔵し，日を経て自然に滲出した上水（うわみず）を濾したものである。わが国における他の魚発酵製品としては，伊豆諸島とくに新島で生産されている「くさやの干物」も有名である。これをつくるには，魚の開きを，サメの頭や魚の内臓および血液などを海水に入れて発酵させた「くさや液」に2時間漬けては天日で干すという操作をくり返して仕上げる。くさやの干物については元禄時代の文献にも出てくるというから，古くから食べていたものと思われる。現代のくさや液も先祖代々連続使用されているもので，強烈な臭気を有し，さまざまな微生物が生息しているが，この中にうま味成分も含まれる。不思議なことに，くさや液には腐敗した魚による食中毒の原因となるヒスタミンは含まれないという。なぜなら，くさや液の中にはヒスタミンを産生する微生物もたしかに存在するが，逆にヒスタミンを分解する微生物も存在するためであるという。

　一方，牛や豚は屠殺（とさつ）後に死後硬直が起きるが，その後は組織が緩みはじめ，

4.1 味覚とアミノ酸

タンパク質の自己分解が始まって,グリシン,L-グルタミン酸,L-メチオニンなどのアミノ酸が生成される。一方,残存するATP(アデノシン三リン酸)の分解も始まり,ATPがADPへ,次いでAMPとなって,さらにIMP(イノシン酸)へと分解し,うま味成分が生成される。したがって,たとえばステーキ肉は屠殺後まもなくの新鮮なものよりも,少々時間を置いたもののほうが柔らかくて,しかもおいしいということになる。

4.1.3 人工甘味料とアスパルテーム

サトウキビは,すでに紀元前2000年ごろにはインドで栽培されていたらしく,貴重な甘味資源としてしだいに世界中に広まっていった。その甘味成分は,ショ糖(sucrose)である。

このショ糖よりも甘い人造化合物が,1879年に偶然に発見された。それが,サッカリン(saccharin)である。サッカリンは,ショ糖の約300倍の甘味を呈する。その後,化学合成された甘味料として,ズルチン(dulcin, 1883年)や,別名をチクロともいうサイクラミン酸ナトリウム(cyclamic acid sodium salt, sodium cyclohexylsulfamate, 1937年),アスパルテーム(aspartame, 1966年),アセスルフェーム-K(acesulfame-K, 1971年)が相次いで発見された。それぞれ,ショ糖の約280倍,30倍,160倍,200倍の甘味を有する。いずれも偶然

に発見された化合物である。

　これらのなかで，ズルチンとサイクラミン酸ナトリウム（チクロ）は安全性に関する疑問から使用禁止になったが，サッカリンやアスパルテームは食品添加物として使用されている。サッカリンは独特の苦味を伴うが，アスパルテームの甘味はよりショ糖に近いため，多く使われている。また，アセスルフェーム-Kはさらにショ糖に近い甘味をもっているという。

　アスパルテームは，L-フェニルアラニンとL-アスパラギン酸がペプチド結合したうえ，L-フェニルアラニンユニットのカルボキシ基がメチルエステルとなった化合物（N-L-α-aspartyl-L-phenylaranine 1-methyl ester）である。アスパルテームのカロリーは4 kcal/gであるが，砂糖の約160倍の甘味を有することも考慮すると，カロリーはほとんどないといえよう。アスパルテームは，消化管内でアミノ酸に分解されたのちに吸収されて代謝される。もちろん，アスパルテームは血糖値に影響を与えない。ただし，アスパルテーム分子にはL-フェニルアラニンを含むため，フェニルケトン尿症（4.2.7項参照）の乳児には禁忌である。

4.1.4　メイラード反応とメラノイジン

　肉を焼くと，メイラード反応（Maillard reaction）によってメラノイジン（melanoidin）が生成される。メラノイジンとは，食品中の糖やアミノ酸が加熱によって褐変したものをいう[9]。メラノイジンは，ビールや味噌や醤油の，色，香り，味に影響を与える。とくに醤油の製造にあたっては，火入れ時にメイラード反応が大きく進む。メイラード反応は，アミノ酸のアミノ基と還元糖のアルデヒド基が結合する反応である。

　種々の食品において，熱をかけて調理した際に，材料中のアミノ酸と糖類が反応して，食欲をそそる風味となることがある。これを再現したものをリアクションフレーバーという。たとえば，D-グルコース存在下でさまざまなアミノ酸を180℃に加熱すると，それがL-システインの場合には焼いた肉，L-ヒスチジンの場合にはトウモロコシ，L-プロリンやL-リジンの場合にはパン，L-メチオニンの場合にはジャガイモの香りがたつ。表4.1に，それぞれのアミノ酸をD-グルコース存在下に加熱した際に得られる香りとして知られているものをま

4.1 味覚とアミノ酸

表 4.1 リアクションフレーバーの例

アミノ酸	香りの基
L-アラニン	カラメル
L-アルギニン	焦げた砂糖
L-イソロイシン	焼いたチーズ
グリシン	カラメル
L-システイン	焼いた肉
L-チロシン	カラメル
L-バリン	チョコレート，ゴマ
L-ヒスチジン	トウモロコシ
L-フェニルアラニン	スミレの花
L-プロリン	パン
L-メチオニン	ジャガイモ
L-リジン	パン
L-ロイシン	焼いたチーズ

とめた。

4.1.5 腐敗とアミノ酸

　一般に腐ることを「腐敗」といっているが，具体的に腐敗とは，微生物のはたらきによって，有機化合物とくにタンパク質が，人にとって不利益な化合物すなわち有毒な物質や悪臭を発する物質などに変化することをいう。同じ微生物のはたらきでも，人にとって有益な化合物（酒，抗生物質，チーズなど）を与える場合には「発酵」とよんで区別していることは先に述べた。

　かつて，動物組織とくに肉類の腐敗の際に生成される有毒物質を，死（体）毒あるいは屍毒，英語ではプトマイン（ptomaine）と称していた。プトマインのなかには，動物のタンパク質を構成する種々のアミノ酸が脱炭酸して生じたアミン（アルカロイド）となったものが多い。プトマインの語源は，ギリシャ語の"死毒（*ptoma*)"である。

　プトマインによるプトマイン中毒とよばれるものがあった。プトマイン中毒症状はさまざまで，アトロピンやストリキニーネ，モルヒネ，クラーレ，あるいはムスカリン中毒様の症状を示すとされた。しかしながら，プトマインと称されたアミン類は一般に，腐敗が相当に進まないと生じない化合物である。当

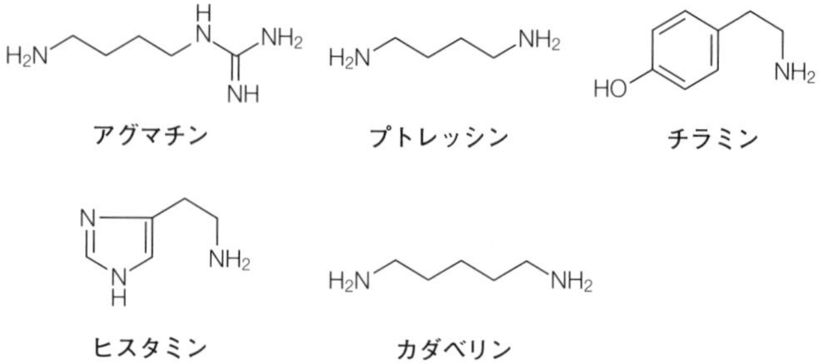

図4.1　腐敗によって生じるアミン（アルカロイド）類

然，そこまで腐敗の進んだものを人が食べるとは考えられない。実際にプトマイン中毒が起きたとされた際の食品は，それほど腐敗が進んでいなかった。このことから現在，プトマイン中毒説は消滅し，プトマインやプトマイン中毒は，歴史上にのみ存在する言葉となった。

　たとえば，有名なボルジア家（BorgiasまたはBorjas）の毒薬であるカンタレラ（cantarella）は，プトマインとみなされていた。しかし，そのじつ，カンタレラの製法は，逆さ吊りにして撲殺したブタの肝臓をすり潰したものに，亜砒酸を混入して腐敗させたものを，乾燥したものか液体にしたものであるという。この場合，亜砒酸のみで十分に毒性を発揮する。もしカンタレラの主成分が亜砒酸であるならば，カンタレラについて当時いわれていたように，即刻死に至らしめることも長い時間をかけて死に至らしめることも自在であったということに，何の不思議もないことになる。亜砒酸は服用させる量の加減で，急性毒にも慢性毒にもなるからである。

　腐敗によってタンパク質（アミノ酸）から生成するアミン（アルカロイド）には，L-アルギニン由来のアグマチン（agmatine），L-オルニチン由来のプトレッシン（putrescine），L-チロシン由来のチラミン（tyramine），L-ヒスチジン由来のヒスタミン（histamine），L-リジン由来のカダベリン（cadaverine）などがある（図4.1）。これらのアルカロイドのうち，アグマチンはヒスタミンとともにアレルギー様食中毒の原因物質であり，ヒスタミンと毒性の相乗作用がある。また，チラミンは，チーズ，ワイン，保存魚製品などにも多く含まれる成分である。さらに，プトレッシンは，L-アルギニン由来のL-オルニチンを経て，ま

たは，L-アルギニン由来のアグマチンを経て，微生物のはたらきで生成される。プトレッシンには腐敗臭がある。

引用文献
1) 小玉新太郎：東京化学会誌，**34**，p. 751（1913）
2) 國中明：農芸化学会誌，**34**，p. 489（1960）
3) 松永収二：調査四季報，**99**，2号（1999）
4) 佐藤弘之・新星出：Ajico News，**205**，25（2002）
5) 木村毅：Ajico News，**199**，21（2000）
6) 河合美佐子：Ajico News，**209**，1（2003）
7) 福家眞也：医学のあゆみ，**190**，1091（1999）
8) 都甲潔：プリンに醤油でウニになる，p. 122，ソフトバンククリエイティブ（2007）
9) 大宮信光：面白いほどよくわかる化学，p. 95，日本文芸社（2003）

4.2 美容・健康とアミノ酸

4.2.1 コールドパーマとアミノ酸

毛髪や羊毛に含まれるケラチンはタンパク質であるが，その構成アミノ酸のうち14～18%がL-シスチン（L-システイン）であることが特徴的である。これに対して，たとえば絹もやはりタンパク質からなるが，後述するように（4.5.3項参照），L-シスチン（L-システイン）含量はごく少ない。

毛髪におけるアミノ酸側鎖間には，各種の結合が存在する。すなわち，L-システインどうしのジスルフィド結合（S-S結合），水素結合，疎水結合，側鎖間ペプチド結合，塩結合である。パーマネントウェーブの形成には，L-システインどうしのジスルフィド結合が関与している。

ヒトの髪の毛の成分は，内側から外側に向かって順に，メデュラー（medulla），コルテックス（cortex），キューティクル（cuticle）と命名されているが，いずれもケラチンと称されるタンパク質である。このうち，いちばん外側のキューティクルは硬いタンパク質である。

髪の毛にウェーブをかけるには，19世紀には火で熱く焼いたコテを髪にあてる方法が用いられていたが，20世紀になってから熱源として電気製品が使われるようになった。これらはいずれも熱を使っていたわけだが，その後，化学薬

品を使ういわゆるコールドパーマが開発された。コールドパーマは，髪の毛のタンパク質構成アミノ酸のうち，L-システインとL-シスチンの変換をその原理としている。

　L-システイン中のスルフィド基（SH基）は，ペプチド鎖の中に適当な間隔で存在するが，酸化されやすく，他のL-システイン分子のスルフィド基と立体的に近い位置にあると，おたがいのあいだでジスルフィド（S-S）結合をつくる。そのため，タンパク質の立体構造が安定したものになる（図4.2）。

　コールドパーマの方法は，まず髪の毛をロッドといわれる円筒に巻きつけ，第1液を吹きつける。この液は，還元剤であるチオグリコール酸（$CH_2(SH)COOH$）を主成分としたものである。この過程で，キューティクル内の異なるタンパク質分子間のL-システインどうしがジスルフィド結合でつながっていた

髪の毛をロッドに巻き付け，還元剤でジスルフィド（S-S）結合を切る

酸化剤を適用して，より近いところでジスルフィド結合を再構築させる

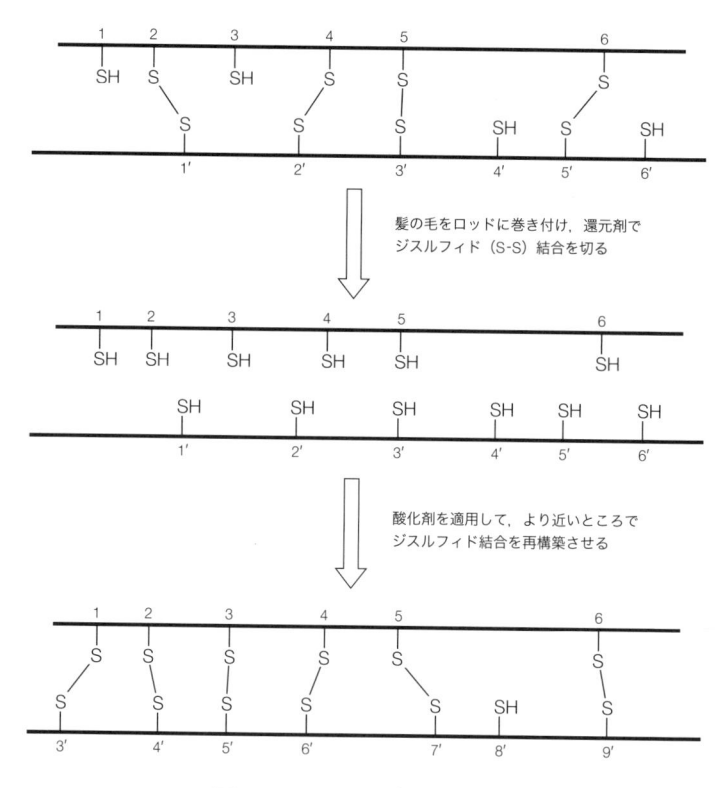

図4.2　コールドパーマの原理

部分(これを架橋という;この部分はL-シスチンとなっていることになる)が切れる。次いで、第2液として酸化剤(臭素酸ナトリウム $NaBrO_3$, 臭素酸カリウム $KBrO_3$, 過酸化水素水 H_2O_2 のいずれかに、安定剤としてpH調整剤を加えたもの)を吹きつける。この過程で、キューティクル内のL-システインが、近くにある別のL-システインとジスルフィド結合を再形成する。これで、髪の毛がロッドに巻きついた形が保たれた状態でタンパク質が固定され、パーマネントウェーブが形成されるというわけである。なお、システインパーマとして、第1液にL-システインを主成分とする薬液を使う方法もある。この方法では、ウェーブをかける力がやや弱いものの、髪の傷みは少ないという。

また、毛髪におけるアミノ酸側鎖間には水素結合があることも述べたが、カルボニル基とアミノ基のあいだの水素結合は、水によって切断される。よって、毛髪の寝癖を直すために、水をつけてくしけずるのは理にかなっていることになる。

4.2.2 メラニン色素とアミノ酸

メラニンの原料はL-チロシンである。メラニンは、L-チロシンがL-ドパを経て変化してできるが、その間に角化細胞に移動し、少しずつ皮膚の表面へと押し上げられて、しみ・そばかすとして目に見えてくるようになる(メラニンの生合成については第2章のL-チロシンの項で述べた)。

メラニンには、黒いメラニンと黄色いメラニンとがあり、白色人種が黄色いメラニンを多くつくるのに対して、黄色人種は黒色メラニンと黄色メラニンの双方をつくるといわれる。

ストレスや食生活の偏りなどが引き金となって、体内に黒色メラニンが過剰につくられ、そのまま表皮内に沈着してしまうことがある。この沈着がしみの原因である。しみには、30〜40歳代の女性に多く見られる肝斑(顔面に発症する後天性斑状色素増加症;4.3.8項参照)と、中年以降に見られる老人性色素斑とがあり、双方とも日光を浴びることがおもな原因で生じると考えられている。

L-システインは、メラニン産生によって皮膚にできたしみを消すのに効果的なアミノ酸である。それは、L-システインに、メラニンをつくる酵素であるチロシナーゼの活性を抑制する作用があるからである。

なお，髪の毛の色には，ユウメラニン（eumelanins）とフェオメラニン（pheomelanins）が関連している。いずれも，L-チロシン由来のL-ドパから生成され，ユウメラニンはL-ドパがL-システインと反応して生成される。この2種類のメラニン色素からなるメラニン顆粒の大きさ，色の濃さ，分布が，毛髪の色を決定する。

4.2.3 アミノ酸系界面活性剤

界面活性剤のうち，もっとも身近なものは石鹸であろう。界面では自由エネルギーが高く不安定であるため，できるかぎり表面積を小さくしようとする表面張力がはたらく。これに対して，分子内に親水性の基と親油性の基をあわせもつ化合物が界面上に並ぶと，界面での自由エネルギーが小さくなる。このような活性をもつ化合物を界面活性剤という。

界面活性剤には，イオン性のものと非イオン性のものとがあり，ポリエチレングリコールやポリビニルアルコールのような非イオン性の界面活性剤には，Triton X や Tween などの商品名がついている。

一方，イオン性の界面活性剤には，水中で解離したときに，本体が陰イオンとなるアニオン性界面活性剤と，本体が陽イオンとなるカチオン性界面活性剤，そして，分子内にアニオン性とカチオン性の両基をもっているために，溶液のpH（水素イオン濃度）に応じて陰性，陽性，あるいは両性イオンとなる両性界面活性剤とがある。

通常の石鹸は，脂肪酸ナトリウム（$RCOO^-Na^+$）であり，水中で解離したときに本体は陰イオンとなる。これに対して，カチオン性界面活性剤は，逆性石鹸やリンスなどとして使われ，例として，アルキルトリメチルアンモニウム塩（$RN^+(CH_3)_3X^-$）がある。また，両性界面活性剤の例としては，アミノ酸のアミノ基に各種の置換基が結びついた界面活性剤があり，アミノ酸としてはグルタミン酸，グリシン，アラニン，アルギニンなどが使われる。たとえば，例として，グリシンのアミノ基に置換基の結合したアルキルカルボキシベタイン（$R(CH_3)_2N^+CH_2COO^-$）がある。

アミノ酸系界面活性剤は，人の皮膚のpHに近い弱酸性であり，肌を傷めずにしっとりと洗いあげる。また，従来使われている石鹸成分であるミリスチン

酸カリウムの場合，くり返し手を洗うと3～4回目からpHがアルカリ性（約8）になるが，グルタミン酸系界面活性剤ではくり返し洗ってもpHが弱酸性（約5.5）を保つことが知られている。

4.2.4 ラチリズムとアミノ酸

　日本では発生していないが，ラチリズム（Lathyrism）という病気がある。エチオピアでは5～9歳の肢体不自由児の18.6%がラチリズムであるという。

　ラチリズムは，マメ科のグラスピー（grass pea, *Lathyrus sativus*）に含まれるβ-N-オキザロアミノ-L-アラニン（β-N-oxaloamino-L-alanine；BOAA）を摂取することによって起きる中毒である[1]。BOAAは，第3章（3.3.3項）で述べたキスカル酸や，NMDA（N-メチル-D-アスパラギン酸），カイニン酸，ドウモイ酸などと同様に，興奮惹起性アミノ酸（excitatory amino acid；EAA）の一種である。

　ラチリズムは，歩行障害で始まる両下肢の痙性不全麻痺が特徴で，胸髄，腰髄，仙髄の皮質脊髄路の変成が起きる。触覚，痛覚，温度感覚などは正常なことが多い。また，摂取を中止すれば病気の進行が止まるのが普通であり，この点で筋萎縮性側索硬化症とは異なる。

　ラチリズムに似た病気に，骨ラチリズムや血管ラチリズムとよばれるものがある。この病気は，脊椎の変形，長幹骨の彎曲，外骨腫，変形性関節症，解離性動脈瘤などをひき起こす。その原因物質は，上述のグラスピーと同属の植物であるスイートピー（*Lathyrus odoratus*）に含まれるβ-アミノプロピオニトリ

ル（β-aminopropionitrile）やβ,β′-イミノジプロピオニトリル（β,β′-iminodipropionitrile；IDPN）[2]）である。IDPNによる中毒では，運動神経と同時に知覚神経も障害を受け，小脳障害を伴う。

4.2.5　パーキンソン症候群とアミノ酸

パーキンソン症候群（Parkinsonism）は，1817年にイギリスの医師パーキンソン（J. Parkinson, 1755-1824）の「振顫麻痺に関する論文」によって報告された。

パーキンソン症候群は，錐体外路系神経の中枢の障害によって起こり，錐体外路系神経核のドパミン代謝異常に関係するといわれる。錐体外路系の機能維持には，アセチルコリンとドパミンの2つの化学伝達物質が量的にバランスのとれていることが必要であるのに対して，パーキンソン症候群ではドパミンが欠乏しているという。

1963年，ウィーン大学のホルニーキーウィッツ（O. Hornykiewicz, 1926- ）は，この疾病がL-ドパの欠乏によってひき起こされることを見いだし，1967年にはL-ドパ（レボドパ）が治療に使われるようになった。パーキンソン症候群の治療には，抗アセチルコリン剤を投与するか，またはドパミンの増量を図るためにその前駆物質であるL-ドパの投与も有効とされる（L-ドパについては4.3.10項でもふれる）。

4.2.6　ペラグラとニコチン酸

ペラグラ（pellagra）は，主としてトウモロコシを主食とする地方の風土病であったが，その原因は長いあいだ不明であった。その原因が解明されたのは1937年のことであり，現在は総称してナイアシン（niacin）とよばれるニコチン酸やニコチンアミドの欠乏症候群であることが明らかになっている。ニコチン酸という名称は，この化合物がタバコ由来のアルカロイドであるニコチンの酸化によって初めて得られたことに因む（ニコチン，ニコチン酸，ニコチンアミドについては3.2.4項でも述べた）。

ヒトの食餌としてのナイアシンのおもな供給源は，肉類のようなL-トリプトファン含有タンパク質や，ニコチン酸そのものを含む食品である。しかし，L-

トリプトファン60gあたり生成されるニコチン酸は1mgとされる。よって、トウモロコシのようにL-トリプトファン含量の少ない穀物をおもなタンパク源とした食餌をとると、ペラグラが起こりやすくなる。

ペラグラの症状は"3d"あるいは"4d"といわれる。"d"の1つめは皮膚炎（dermatitis）、2つめは下痢（diarrhoea）、3つめは精神障害（dementia）、そして、4つめに死（death）が待っている。より具体的には、皮膚の紅疹、変色、剥脱、または口内炎、舌炎、消化器官の炎症、下痢であり、さらに、精神障害を起こし、死に至ることもあるということである。

ニコチン酸あるいはニコチン酸アミドは体内で種々の脱水素酵素の補酵素となっているNAD（nicotinamide-adenine dinucleotide）やNADのリン酸化物であるNADPの生合成原料となる。

4.2.7 フェニルケトン尿症

フェニルケトン尿症については、第2章のL-フェニルアラニンの項（2.3.16項）でも述べた。この疾患は遺伝的なものであり、肝臓におけるL-フェニルアラニン水酸化酵素を欠いている。この酵素は、L-フェニルアラニンをL-チロシンに変換する酵素である。

この結果、フェニルケトン尿症の患者は、メラニン色素の原料であるL-チロシンができないために色素産生が低下し、血中にはL-フェニルアラニンが大量に蓄積する。また、尿中にL-フェニルアラニンの代謝物でケトン基を有するフェニルピルビン酸を排泄するので、このようによばれる。

フェニルケトン尿症の患者に通常の食事をさせていると、皮膚の色が白く、また髪の毛が褐色化し、さらに大脳の神経細胞が正常に成長できなくなるため、知能障害や精神障害も起きる。

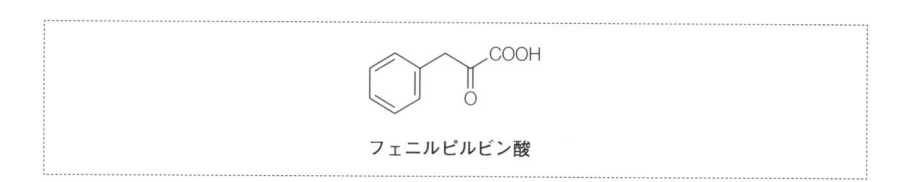

フェニルピルビン酸

4.2.8 鎌形赤血球症

赤血球中に含まれるタンパク質であるヘモグロビンのαおよびβサブユニットのうち，βサブユニットの146個のアミノ酸のうちの6番目のアミノ酸が，本来はL-グルタミン酸であるべきところがL-バリンに置き換わっているとき，鎌形赤血球症 (sickle cell anemia) となる．すなわち，この部分のアミノ酸配列は，正常の赤血球ではL-バリン-L-ヒスチジン-L-ロイシン-L-スレオニン-L-プロリン-L-グルタミン酸-L-グルタミン酸〜となっているところが，鎌型赤血球症の患者では6番目のL-グルタミン酸がL-バリンとなっているのである．

鎌形赤血球症とは遺伝子疾患であり，その患者では赤血球の一部が鎌状（三日月形）に変形する．変形した赤血球はもろく，毛細血管の通過時に壊れてしまい，重度の貧血，血流障害，酸素供給量の低下などをひき起こす．

鎌形赤血球症の患者は，地中海沿岸のトルコ，ギリシャからアフリカ北西部，アラビア南部，パキスタン，インドやバングラデシュの南部にまで広く分布しているが，赤道直下の国々とくにアフリカの黒人に多い．そして，この鎌形赤血球を持った人は，悪性貧血を起こして亡くなることが多い．

一方，マラリア原虫は赤血球に寄生するが，鎌形赤血球症の患者ではマラリア原虫が繁殖しづらいようで，感染に抵抗力が強いといわれる．

4.2.9 分岐鎖アミノ酸

これまでも再々述べてきたように，生体内に存在する20種の主要アミノ酸のうち，L-イソロイシン，L-スレオニン，L-トリプトファン，L-バリン，L-ヒスチジン，L-フェニルアラニン，L-メチオニン，L-リジン，L-ロイシンの9種類を必須アミノ酸といい，それ以外の11種類を非必須アミノ酸という．必須アミノ酸とは，生体内で合成することができず，食餌から摂取しなければ欠乏するアミノ酸をいうことも述べた．

これらの必須アミノ酸のなかでも，とくに分岐鎖アミノ酸 (branched chain amino acids；BCAA) と称されるL-イソロイシン，L-バリン，L-ロイシンは，運動や骨格筋の維持・増量においてもっとも重要なはたらきをしており，アクチン (actin) とミオシン (myosin) の主成分となっている．したがって，これらのアミノ酸は，筋肉の質を高めたり，エネルギー供給に重要な役割を果たし

4.2 美容・健康とアミノ酸

ている。加えて，タンパク質分解を抑制する機能を有することも示されている。この作用を活かして，術後侵襲期のタンパク質栄養状態を改善するために輸液などに分岐鎖アミノ酸が多く添加されたり，運動選手の骨格筋の維持・増量に使用されることもある[3]。

4.2.10 ニンニク，アリイン，ビタミン B_1

アリイン（alliin）は，ユリ科のニンニク（*Allium sativum*）に含まれるアミノ酸の一種である。アリインは，ニンニクの組織を破壊することによって放出される酵素アリナーゼ（allinase）のはたらきにより，アミノ酸の L-デヒドロアラ

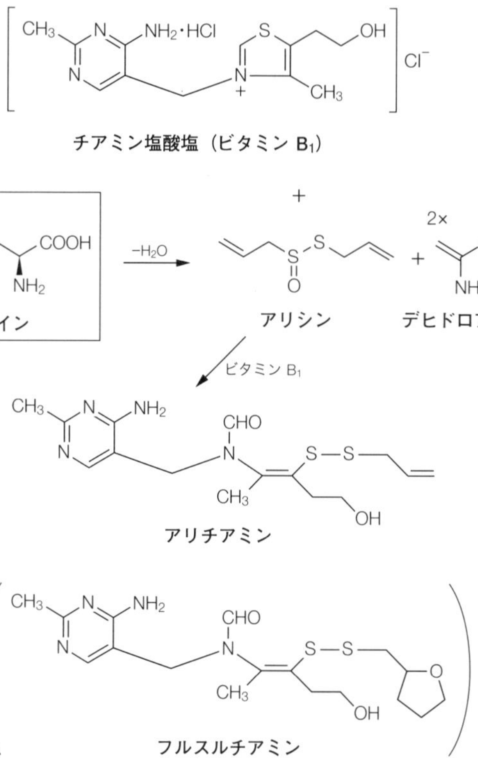

図 4.3 ビタミン B_1 とアリチアミンの構造
参考にフルスルチアミンの構造も示した。

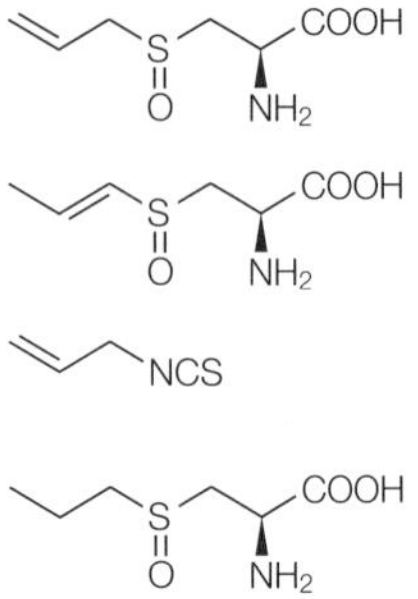

第 4 章 生活や産業に深く結びついたアミノ酸

ニンニクのアリイン

タマネギの催涙物質前駆体

ワサビ，カラシ（マスタード）由来のアリルイソチオシアネート

チャイブに含まれる S-プロピル-L-システインスルホキシド

図 4.4 アリインおよび関連化合物の化学構造比較

ニン（L-dehydroalanine）を放出し，アリシン（allicin）となる。アリシンは，ニンニク特有の香り（強烈な臭い）の主成分である。一方，こうして生成したアリシンは，ビタミン B_1（＝チアミン thiamine）が存在すると，これと結合してアリチアミン（allithiamine）になる。

じつは，ビタミン B_1 は，酵素アノイリナーゼ（aneurinase，別名チアミナーゼ thiaminase）で分解されるが，アリシンと結合してアリチアミンとなったものはアノイリナーゼに抵抗して分解されにくくなる。すなわち，アリチアミンは安定なビタミン B_1 誘導体となる。さらに，アリチアミンは優れた腸管吸収と高い血中濃度を示し，生体内に至ってビタミン B_1 を放出することから，医薬品として応用されることになった。ところが，アリチアミンには服用後にニンニク臭を発するという欠点があった。そこで，この臭いの発生しない類似化合物が合成され，そのなかでフルスルチアミン（fursultiamine，またの名を Alinamin F という）が活性ビタミン B_1 として応用されている（図 4.3）。

なお興味深いことに，ニンニクと同じユリ科で同属のタマネギ（*Allium cepa*）に含まれる催涙物質前駆体は，アリインの異性体である（図 4.4）。また，これらの刺激性の化合物は，いずれもアブラナ科のワサビ（*Wasabia japonica*）やカラシナ（*Brassia juncea*）由来の辛味成分であるアリルイソチオシアネート（allylisothiocyanate）ともよく似た部分構造を有している。なお，同じ *Allium* 属のチャイブ（*A. schoenoprasum* の仲間）にも，ニンニクやタマネギに含まれるアミノ酸と類似した L-システイン誘導体である *S*-プロピル L-システインスルホキシド（*S*-propyl-L-cysteine sulphoxide）が含まれている。

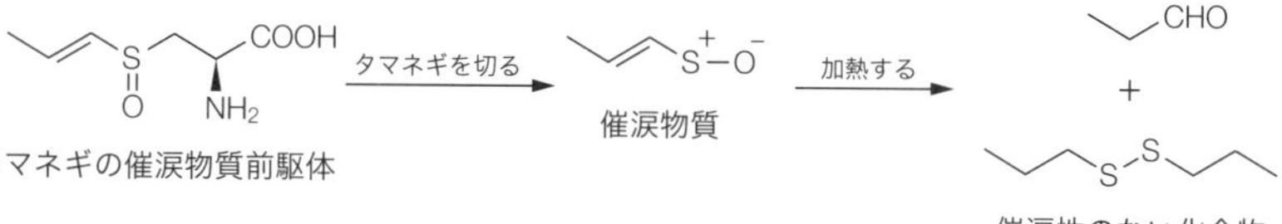

4.2 美容・健康とアミノ酸

図4.5 タマネギの催涙物質前駆体から催涙物質の生成とその加熱による催涙性の消失

タマネギを切ると，タマネギに含まれる催涙物質前駆体が分解されて催涙物質となって放出されるが，加熱調理すると，もはや目を刺激することがない。それは，加熱によって，催涙物質が，刺激性のないプロピオンアルデヒドやジプロピルジスルフィドに変化するためである（図4.5）。

4.2.11 シジミに含まれるL-オルニチン

L-オルニチンはタンパク質構成アミノ酸ではないが，とくに貝類のシジミに遊離アミノ酸として多く含まれ，シジミ1個体あたり約0.4 mg程度含まれているという。また，L-オルニチンはサプリメントとして流通している。

肝臓には，オルニチン回路とよばれる代謝回路がある。そして，アンモニアを尿素に変えるときや解毒作用にL-オルニチンが関与する。シジミを食べると二日酔いせず，肝臓によいとされるのは，このためであるとされている。

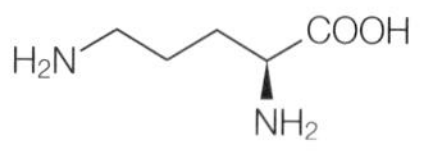

L-オルニチン

4.2.12 β-アラニン，パントテン酸，コエンザイムA

パントテン酸（panthothenic acid）とは，「どこにでもある酸」という意味で，生物界に広く分布している。パントテン酸は，β-アミノ酸の一種であるβ-アラニンに，α,γ-ジオキシ-β,β-ジメチル酪酸（α,γ-dioxy-β,β-dimethylbutyric acid）がペプチド結合した化学構造を有している。パントテン酸欠損飼料でネ

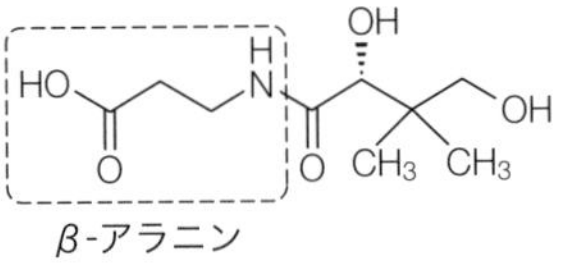

[図: パントテン酸、パンテテイン、コエンザイムA (CoA) の構造式]

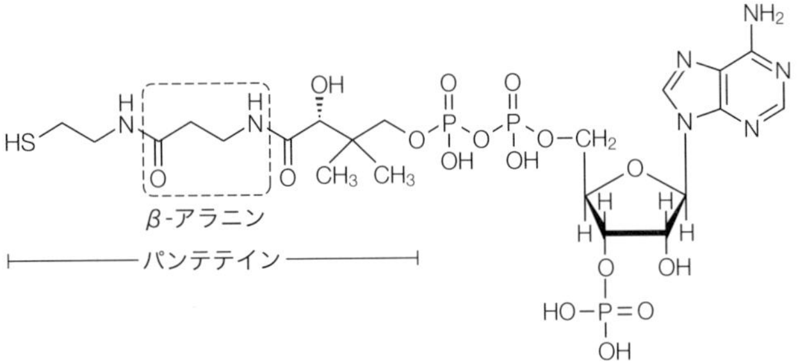

ズミを飼うと，成長が衰え，皮膚炎や毛髪の白毛化をきたす。

　パントテン酸は，天然界に遊離状態で存在することは少なく，パントテン酸にβ-メルカプトエチルアミン（β-mercaptoethylamine）が結合してパンテテイン（pantetheine）となり，パンテテインにさらに2分子のリン酸とアデノシン-3′-リン酸（adenosine 3′-phosphoric acid）の結合したコエンザイムA（CoA，補酵素A）として存在する。コエンザイムAは，脂質や糖質の代謝（生合成・分解），アシル基の転位，ある種のオリゴペプチドの生合成において重要なはたらきをする。

4.2.13　タウリン

　通常のアミノ酸は，塩基性基としてアミノ基(-NH$_2$)を，酸性基としてカルボキシ基(-COOH)を有するが，タウリン（taurine）は，分子中にアミノ基とスルホ基(-SO$_3$H)を有する。この点で，タウリンは一般のアミノ酸とは異なる特徴を有する，いわゆる広義のアミノ酸ということができよう。タウリンはまた，含硫アミノ酸の一種であるということもできる。タウリンは，日本薬局方にも収載されている。

4.2 美容・健康とアミノ酸

タウリン
タウロコール酸

　タウリンは，L-システインの主たる酸化生成物であり，ウシの胆汁中から発見された。タウリンは，ヒトを含めた多くの動物体内や植物に広く分布する。ヒトの胆汁酸のうち，2/3はコール酸のグリシン抱合体であるグリココール酸である（2.3.6項参照）が，残りの1/3はコール酸のタウリン抱合体であるタウロコール酸である。また，軟体動物の肉エキス中には遊離のタウリンが多量に含まれ，食卓にのぼる魚のなかではサワラにタウリンが多いという[4]。
　タウリンは，鬱血性および高ビリルビン血症時の肝機能の改善に用いられる。また，心筋代謝の改善やストレスの軽減作用を示すなど，鬱血性心不全の基礎疾患に対し，包括的に心機能の恒常性を保持する。肝臓に対しては，虚血，低酸素条件下における肝機能の恒常性を維持させる。さらに，中枢神経系および末梢神経系において，細胞内カルシウム濃度を低下させることによって神経細胞（ニューロン）の興奮性を修飾することから，神経伝達物質あるいは神経修飾物質としてはたらくことが示唆されている。
　以上のことから，タウリンは，高ビリルビン血症（閉塞性黄疸を除く）における肝機能の改善や鬱血性不全に対して投与される。また，いわゆる健康飲料のなかには大量に含まれるものもある。
　ただし，日本薬局方解説書のタウリンに関する服薬指導の項[5]にも「肝臓病では薬だけに頼らないで，過労を避けるとともに，食生活を見直し，決められた食事療法を守るよう指導する。アルコール性肝障害では，必ず禁酒するよう指示する」と書いてあることを指摘しておきたい。
　タウリンは不斉炭素を含まないので，その生産には化学合成法が有用である。タウリンを合成するには，2-ブロモエタンスルホン酸ナトリウムを濃アンモニ

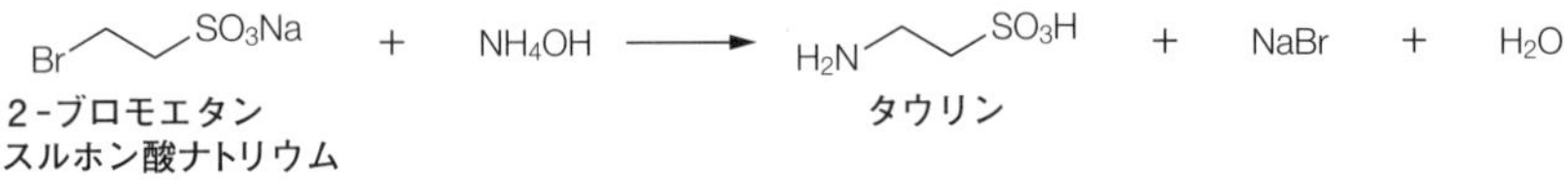

$$\underset{\text{2-ブロモエタン}\atop\text{スルホン酸ナトリウム}}{\text{Br}\diagup\diagdown\text{SO}_3\text{Na}} + \text{NH}_4\text{OH} \longrightarrow \underset{\text{タウリン}}{\text{H}_2\text{N}\diagup\diagdown\text{SO}_3\text{H}} + \text{NaBr} + \text{H}_2\text{O}$$

図 4.6　タウリンの合成

ア水に溶かし，5〜7日間置いたのち，反応液を乾固し，残渣を少量の熱湯に溶解し，エタノールを加えて臭化ナトリウムを含むタウリン結晶を沈澱させる。この結晶を濾取したのち，熱湯に溶解してエタノール中に加え，タウリンの結晶を得る（図4.6）。

4.2.14　パラアミノ安息香酸

　パラアミノ安息香酸（p-amino benzoic acid；PABA）は，安息香酸のベンゼン環のp位にアミノ基が結合しており，広義のアミノ酸といえる。

　パラアミノ安息香酸は，細菌の発育に必要なことが多く，ネズミにおける欠乏症状として，脱毛，白毛化，成長停止などが起きる。また，パラアミノ安息香酸と化学構造の類似した抗菌剤のスルファミン剤であるp-スルファニルアミド（p-sulfanilamide）との拮抗現象が知られている。

　また，パラアミノ安息香酸は，葉酸（folic acid）の構造の一部を構成してい

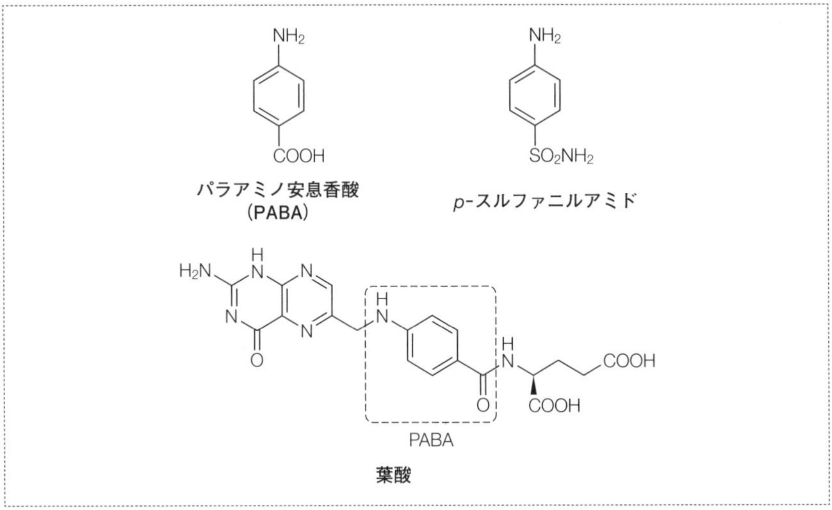

る。葉酸は，パラアミノ安息香酸にL-グルタミン酸とプテリジン（pteridine）誘導体が結合した化学構造を有している。葉酸という名称は，この化合物が最初にホウレンソウから単離された（1941年）ことに因む。葉酸が欠乏すると，大球性貧血（悪性貧血）になり，成長が低下してくる。

引用文献

1) J. Hugon, A. Lundolph, D. N. Roy, H. H. Schaumberg, P. S. Spencer : *Neurology*, **38**, 435 (1988)
2) 内藤裕史：中毒百科，p.481，南江堂（1991）
3) 馬渡一徳：*Ajico News*, **206**, 23 (2002)
4) 成瀬宇年：魚料理のサイエンス，p.103，新潮社（1995）
5) 日本薬局方解説書編集委員会編：日本薬局方解説書，C-2357，廣川書店（2006）

4.3　医薬品とアミノ酸

すでにこれまでにも若干述べてきたが，医療用に用いられるアミノ酸や関連化合物は多い。ここでは，日本薬局方に収載されているアミノ酸やアミノ酸輸液，ペプチドの代表であるインスリンや，アミノ酸由来の抗生物質，そして，GABA関連物質，トラネキサム酸など，医薬品や健康維持に関連したアミノ酸について述べていく。また，ヒト以外の生物に特有の生物活性を示すなど，その他の生物活性を有するアミノ酸についても若干述べる。

4.3.1　日本薬局方とアミノ酸

日本薬局方にはアミノ酸として，L-アスパラギン酸，L-アルギニン，L-イソロイシン，カイニン酸，L-カルボシステイン，グリシン，グルタチオン，タウリン，L-トリプトファン，L-スレオニン，ニコチン酸，ニコチン酸アミド，パラアミノサリチル酸（PAS），L-バリン，L-フェニルアラニン，L-メチオニン，メチルドパ（methyldopa），L-リジン，レボドパ（levodopa），L-ロイシンなどが収載されている。さらに，これらのアミノ酸の一部については，その塩や注射液なども収載されている。

これらのアミノ酸のなかで，カイニン酸，L-カルボシステイン，ニコチン酸，

ニコチン酸アミド，パラアミノサリチル酸，メチルドパ，レボドパなどは，アミノ酸であると同時にアルカロイドともみなすことができる。

4.3.2 アミノ酸輸液

世界で初めてアミノ酸輸液の製造に成功したのは，日本の製薬会社であった。アミノ酸輸液ができるまで，点滴といえばブドウ糖やビタミンが主流であったが，アミノ酸を添加した点滴剤が発明された結果，静脈から栄養を補給する「完全静脈栄養法」が確立した。そして，アミノ酸輸液の点滴によって，大事故や脳の障害などによって自分で口から栄養を補給できなくなった患者へも栄養補給が可能となり，医療は飛躍的に進歩したのである。

この，高カロリー輸液（中心静脈栄養）は，各種のアミノ酸の効率的な調製方法の発達で低価格化が進んだことによって実現したといえる。静脈にタンパク質を導入するとアレルギー反応をひき起こす可能性があるので，アミノ酸としての栄養の導入は有利である。高カロリー輸液には現在，アミノ酸のほかに，ブドウ糖，脂肪，ビタミン，ミネラルが入っている。しかし実際には，点滴だけで必要な栄養をすべて摂取することはまだできていない。

わが国のアミノ酸輸液のもっとも古いものとして，1950年のカゼイン分解物をあげることができる。これは，その当時まだ各アミノ酸を工業的に大量生産できる体制になかったために，カゼインを加水分解して製造したものであった。その後，結晶アミノ酸製剤として，1956年にラセミ体のアミノ酸の混合物が発売された。1959年には，初めてのL型必須アミノ酸製剤が発売される。これは，世界初のL型アミノ酸のみを配合したものであった。

1980年代になると，腎不全用や肝不全用のアミノ酸輸液が発売された。たとえば，腎不全用アミノ酸製剤は，腎疾患の病態に見合ったアミノ酸配合が検討されたものである。

1990年代になると，小児用アミノ酸製剤も発売された。これは，成人とは異なる小児の代謝にアミノ酸構成を合わせたものである。2000年代以降は，アミノ酸輸液にあらかじめビタミンがセットされたキット製剤も発売されるようになる。この結果，アミノ酸輸液を受けている患者のビタミン不足を予防することが可能となった[1]。

以上述べたように，アミノ酸輸液は，当初は栄養補給的な総合アミノ酸が主であったが，徐々に疾患別や特殊用製剤へと発展をとげてきたといえる。

4.3.3 アミノ酸のさまざまな効用

眠れないときは，カカオを原料とするココアやチョコレートを口にするとよいといわれる。ココアの原料のカカオには，カフェインが少ししか含まれない代わりに，L-アスパラギン酸，L-トリプトファン，GABA（γ-アミノ酪酸）が多く含まれ，これらのアミノ酸には睡眠状態へと誘う作用があるといわれるからである。

一方，L-グルタミンやL-アルギニンにはそれぞれ，免疫細胞を増やしたり活発にしたりする作用があるため，インフルエンザウイルスに対抗する効果が期待される。さらに前述したように，分岐鎖アミノ酸といわれるL-バリン，L-ロイシン，L-イソロイシンには，体内のタンパク質を増やす作用があり，免疫細胞をつくる材料となる。さらに，L-メチオニンには肝臓や腎臓のはたらきを助ける作用，L-スレオニンには肝臓への脂肪の蓄積を予防する作用があり，L-システインには組織の抗酸化反応を助ける作用がある。

なお，アミノ酸のなかには，種々の神経伝達物質やアルカロイドの生合成の際に導入される例があることは，すでに第3章で述べたとおりである。

4.3.4 インスリン

インスリンは，膵臓のランゲルハンス島から分泌されるホルモンで，不足すると糖尿病をひき起こす。かつて糖尿病は必ず死に至る病と恐れられていた。しかし，当時はミラクルとも称されたインスリンが発見され，人類はこの状況から抜け出すことができた。

インスリンの発見は，1916年にトロント大学で医学を修めたのち1920年当時はやらぬ開業医をしていたバンティング（E. G. Banting, 1891-1941）の突然の突飛ともいえる発想に始まる。バンティングは「膵臓の部分切除を行なったのち膵管を結紮し，膵臓が変性したらそれを取り出して抽出する」というアイデアをトロント大学の炭水化物代謝の権威であったマクラウド（J. J. R. Macleoud, 1876-1935）教授に相談したものの，なかなか受け入れてもらえない。しかし粘

り強く交渉した結果，結局，教授の8週間のスコットランド行きの休暇のあいだに，実験室と実験助手，そして10匹のイヌを使わせてもらうことになった。この際，コインの裏表によるくじ引きでバンティングの助手を務めることに決まったのが，ベスト（C. H. Best, 1899-1978）であった。

彼らは短期間の実験のうちに，膵臓から，糖尿病のイヌに注射すると血糖を下げる活性のある物質を発見し，膵臓のランゲルハンス島の島にちなんで，これをアイレチン（iletin）と命名した。この化合物はのちにマクラウドによって，ラテン語のインスリン（insulin）と改名される。

予定の2ヵ月が過ぎて，この研究に若干のめどがついてきたころ，バンティングの要望で，この研究にマクラウド教授と生化学者のコリップ（J. B. Collip, 1892-1965）が加わった。プロの生化学研究者のコリップが参加することによって，彼らはより純度の高いインスリンを調製することに成功した。また，コリップは，インスリンによって肝臓がグリコーゲンを合成できるようになることも発見した。このような状況から，いつのまにか，この研究は，マクラウドの主導の下，プロの研究者のコリップがリードする形となり，バンティングとベストは助手扱いとなっていた。そのため，バンティングとベスト，マクラウドとコリップのあいだは決裂し，バンティングに暴力をふるわれたコリップはチームを去ってしまう。やがて，インスリンはイーライ・リリー社（Eli Lilly & Co.）によって商品化された。

早くも1923年には，この成果が，カナダ初のノーベル賞（医学生理学賞）に選ばれる。受賞者はバンティングとマクラウドであった。バンティングは，マクラウドも受賞者になると聞いて激怒し，ベストこそ受賞にふさわしいとし，ベストに賞金の半分を与えると宣言した。これに対し，2週間後，マクラウドもコリップに賞金の半分を分け与えると発表した。

バンティングは，議会で終身年金を受領することが決まり，しかもわずかしか得られないインスリン使用の実権も握っており，絶大な権力を握ることになった。彼はやがて，マクラウドへの敵意をあらわにしはじめ，さまざまな罵詈雑言をはきはじめる。ことあるごとに批判されたマクラウドはたまらず，1928年にはついにトロント大学を退職に追い込まれた。そしてイギリスに戻り，母校であるアバディーン大学の教授となった。その後，マクラウドは，小腸の糖

4.3 医薬品とアミノ酸

吸収などに関する研究のほか，医学教科書の執筆などでも評価された。マクラウドは，トロントでのできごとはけっして口にすることがなかったという。彼の温厚な人柄は，学生や同僚たちに好評であった。

一方，バンティングはといえば，トロント大学構内にバンティング・ベスト研究所が設けられたものの，こんどは自分の名がベストと対等に扱われていることを快く思わなかったらしい。この研究所で彼は，何のさしたる成果もあげることはできなかった。そして，1941年，軍医として戦地に赴く途中，飛行機の墜落で彼は死亡した。バンティングが事故死する5日前，バンティングはコリップと和解した。すなわち，同年2月にモントリオールのホテルで2人が会ったとき，バンティングはコリップに「インスリン発見の功績の80％は君，10％がベスト，そして残りがマクラウドと私だ」と語ったという。

ベストはその後，マクラウドの後任としてトロント大学教授となっていた。しかし彼には，いつもバンティングと名声を分かち合わなければならないという恐るべき運命が待ち受けていた。バンティングはベストの台頭を警戒し，ベストは無知・粗暴なバンティングを尊敬していなかった。だが，この緊張関係もバンティングの死とともに解消した。その後，ベストはヘパリンの単離などの研究で評価され，晩年には平穏な研究生活を送ったという。

後年，マクラウドは，インスリンの発見において，ノーベル賞にうまく乗ったように言われることもあった。しかし，研究を遂行するうえで，マクラウドがいなければ重要な役割を果たした生化学者のコリップが研究チームに加わることもなかっただろうし，イーライ・リリー社が商品化に踏み出すこともなかったであろう。さらに，マクラウドがインスリン抽出・精製から臨床試験まで

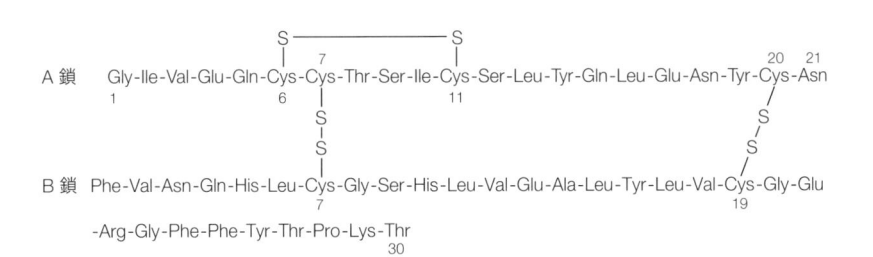

```
                 S————————S
                 |  7      |                              20 21
A鎖  Gly-Ile-Val-Glu-Gln-Cys-Cys-Thr-Ser-Ile-Cys-Ser-Leu-Tyr-Gln-Leu-Glu-Asn-Tyr-Cys-Asn
      1               6              |11                                    |
                                     S                                      S
                                     |                                      |
                                     S                                      S
                                     |                                      |
B鎖  Phe-Val-Asn-Gln-His-Leu-Cys-Gly-Ser-His-Leu-Val-Glu-Ala-Leu-Tyr-Leu-Val-Cys-Gly-Glu
                          7                                              19
     -Arg-Gly-Phe-Phe-Tyr-Thr-Pro-Lys-Thr
                                    30
```

図 4.7 ヒトインスリンのアミノ酸配列

に至る研究体制をうまく組織化しなかったならば，この研究自体がまとまることはなかったと思われる。

一方，こうして得られたインスリンの1次構造を決定してノーベル賞を得たのが，第1章（1.3.11項）で紹介したサンガーである。治療に使用されるインスリンは当初，ウシの胎児から得られたものが使用されていたが，その後，遺伝子組み換え技術によって大腸菌にヒトのインスリン遺伝子を組み込むことによって，ヒト型のインスリンが大量に得られるようになった。現在は，ヒト型のインスリンが治療に用いられている（図4.7）。インスリンは，遺伝子組み換え技術によって生産された世界初の医薬品となった。

インスリンの発見は，抗生物質の発見などとともに，医薬品開発の歴史に残る大きな業績であった。

4.3.5 サイクロセリン

サイクロセリン（cycloserine，(4R)-4-aminoisoxazolidin-3-one）はアミノ酸由来の主要な抗生物質の一種で，D-セリンが組み込まれた形をとっている。サイクロセリンは，この薬剤に感受性のある結核菌に適応しており，肺結核などの結核症に応用される。

4.3.6 ポリミキシンB

ポリミキシンBは，デプシペプチド系抗生物質の一種であり，大腸菌，肺炎球菌，緑膿菌などに適用される。

ポリミキシンBは，ポリミキシンB_1とB_2の混合物である。ポリミキシンB_1とB_2のいずれにもタンパク質構成アミノ酸のL-チロシンを2分子，L-ロイシンを1分子含むほか，タンパク質構成アミノ酸の光学異性体であるD-フェニルアラニンを1分子含んでいる。この他，この抗生物質に特徴的なアミノ酸であ

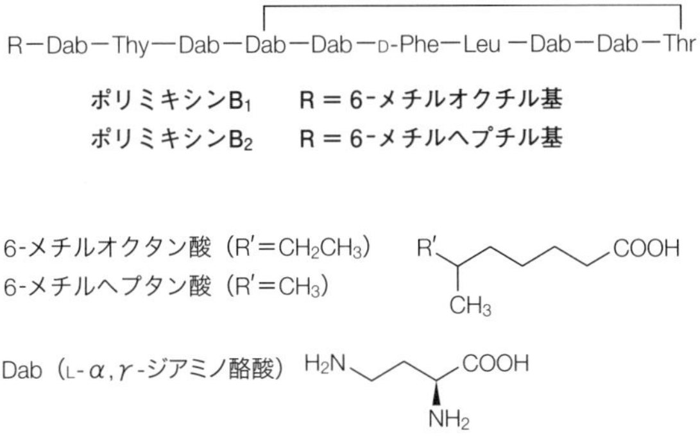

4.3 医薬品とアミノ酸   211

R—Dab—Thy—Dab—Dab—Dab—D-Phe—Leu—Dab—Dab—Thr

ポリミキシンB_1　　R = 6-メチルオクチル基
ポリミキシンB_2　　R = 6-メチルヘプチル基

6-メチルオクタン酸（R'=CH_2CH_3）
6-メチルヘプタン酸（R'=CH_3）

Dab（L-α,γ-ジアミノ酪酸）

図 4.8　ポリミキシン B_1 と B_2 の化学構造
6-メチルオクタン酸および6-メチルヘプタン酸，ならびに Dab
（L-α,γ-ジアミノ酪酸）の化学構造は下に示すとおりである。

る L-α,γ-ジアミノ酪酸（L-α,γ-diaminobutyric acid；Dab）を 6 分子含んでいる。

　ポリミキシン B_1 と B_2 はいずれも 10 個のアミノ酸からなるペプチドであるが，これらのアミノ酸以外に，ポリミキシン B_1 では 6-メチルオクタン酸（6-methyloctanoic acid）由来の 6-メチルオクチル基が，ポリミキシン B_2 では 6-メチルヘプタン酸（6-methylheptanoic acid）由来の 6-メチルヘプチル基がそれぞれ N 末端に結合して，いわゆるデプシペプチドを形成している（図 4.8）。

4.3.7　GABA と関連化合物

　GABA は γ-アミノ酪酸（γ-aminobutyric acid）の略称であり，その頭文字をとって GABA とよばれる。γ（ガンマ）は，ギリシャアルファベット（α，β，γ…）の 3 番目の文字で，カルボキシ基から数えて 3 つめの炭素にアミノ基が結合している酪酸（butyric acid）であることを示す。GABA は，1 分子中に塩

H_2N—CH_2—CH_2—CH_2—COOH
　　　　γ　　β　　α

γ-アミノ酪酸（GABA）

HOOC〜〜〜NH_2

GABA

基性を示すアミノ基（-NH$_2$）と，酸性を示すカルボキシ基（-COOH）があることから，アミノ酸の一種ともみなせる。

　GABAがL-グルタミン酸由来のアミノ酸であることは第2章（2.3.8項）で述べた。L-グルタミン酸のα位のカルボキシ基が脱炭酸してGABAとなる。ちなみに，L-アスパラギン酸の脱炭酸されたアミノ酸はβ-アラニンに該当し，さらに炭素鎖が短くなったものがグリシンである。

　アミノ酸は，タンパク質などを構成するほか，体内で遊離した状態でも見いだされる。体内で遊離した状態で見いだされるアミノ酸のうち，タンパク質構成アミノ酸以外で高い頻度で見つかるもののひとつがGABAである。

　GABAは脳内伝達物質のひとつで，興奮を鎮めるはたらきがある。ただし，脳には外部から特定の分子しか導入されないような調節機構（血液脳関門）が存在し，口にしたGABAがそのまま脳に至ることはない。

　GABAはすでに19世紀末に合成されており，当初はピペリジン（piperidine）の酸化によって得られたので，ピペリジン酸（piperidinic acid）と称されることがあった。GABAが初めて天然界に存在することが確認されたのは，20世紀の中ごろになってからである。最初，ジャガイモの抽出物にGABAが存在することが，2次元ペーパークロマトグラフィーで確認された。一方，動物界においては，ヒトの血液や尿の中にもGABAが少量含まれることが同じく2次元PPCにて確認され，1950年にはウシの新鮮な脳髄からGABAが単離された。以後，GABAは，動物の脳，神経，各種の植物，微生物に広汎に分布することが知られることになった。

　漢薬のひとつに，マメ科のキバナオウギ（2.3.1項参照）などの根を基原とする黄耆（おうぎ）という生薬がある。この生薬の抽出エキスには1930年代から実験的に血圧下降作用のあることが知られていたが，その活性成分がGABAであることが1976年に報告されている[2]。GABAには血管の老化を防ぐ作用もあるといわれ，経口投与によって高血圧症ラットの血圧を持続的に下げるというデータもある[3]。また，GABAには利尿作用があり，過剰な塩分を尿中に排泄することにより血圧下降に結びつくという[4]。

　GABA含有の食品が健康食品として認知されるようになったのは1980年代の半ばからである。そのきっかけは，ギャバロン茶であった。生の茶葉を嫌気

性条件下で窒素ガス中にしばらく保存してから緑茶を製造すると，GABA量が通常の緑茶の20～30倍となり，その含量は茶葉1gあたり2mgに達する。このギャバロン茶は，経口投与で高血圧症ラットの血圧を下げることが確認された。ちなみに，ギャバロン茶は，ギャバとウーロン茶の合成語である。

一方，米ぬかからGABAを大量に生産する技術が開発され，また，米，大麦，漬け物，ヨーグルト，豆腐などでGABAの含量を増やす製造法も開発された。その発端は発芽玄米である。発芽玄米は，玄米の3倍，白米の10倍量のGABAを含む。さらに，カカオにGABAが多く含まれることに注目し，GABAを前面に出したチョコレートも発売されている。また，GABAが添加されたコーヒーも売り出されている。その他，GABAを含む商品として，丸大豆GABA醤油（キッコーマン），爛漫の発芽玄米酒GABA（秋田銘酒）などがある。

GABAの化学誘導体としては，GABOB（γ-amino-β-hydroxybutyric acid）がdl体として調製され，抗痙攣薬として使われている。また，バクロフェン（baclofen；ギャバロンともいう）は，脳血管障害や術後後遺症などによる痙攣性麻痺に適用される。さらに，ガバペンチン（gabapentin）という抗てんかん剤も，化学誘導体とみなすことができる。ガバペンチンは，他の抗てんかん薬で十分な効果が認められない患者に適用される。

GABAには，以上のように種々の有用な作用が期待されてはいるものの，GABAの有用性についてはまだ未知のところも多く，今後さらに多方面から解析されるべき化合物と思われる。

4.3.8 トラネキサム酸

トラネキサム酸（tranexamic acid）は，抗プラスミン活性を示すプロテアーゼ

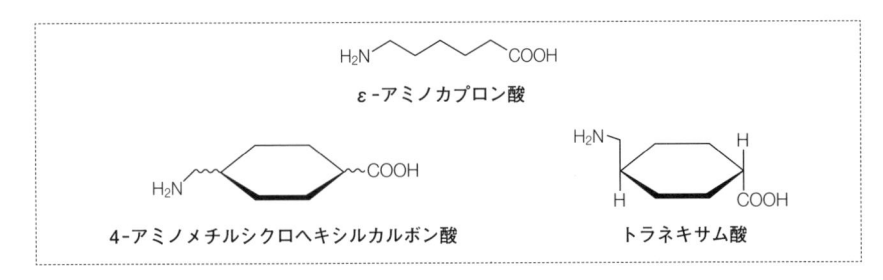

```
        H₂N〜〜〜COOH
       ε-アミノカプロン酸

   H₂N-◇-COOH              H₂N-◇-COOH
4-アミノメチルシクロヘキシルカルボン酸      トラネキサム酸
```

阻害剤として，抗出血，抗アレルギー，抗炎症効果などを示し，全身性線溶亢進が関与すると考えられる出血傾向（白血病，再生不良性貧血，紫斑病，手術中・術後の異常出血など），局所線溶亢進が関与すると考えられる異常出血，扁桃炎などに医療用医薬品として汎用される。また，処方箋なしで市販されている医薬品としても，口腔・咽喉用薬，総合感冒薬などに配合されている。

　ε-アミノカプロン酸（ε-aminocaproic acid）には抗線溶作用のあることが知られていたが，その後，4-アミノメチルシクロヘキシルカルボン酸（4-(aminomethyl) cyclohexanecarboxylic acid）が，ε-アミノカプロン酸よりも，はるかに強力な抗線溶作用を示すことが報告された（この化合物はすでに 1900 年に合成されていた[5]）。この化合物にはトランス体およびシス体の 2 種の立体異性体があるが，1963 年にはトランス体のほうに当該活性のあることがわかり，トランス体が 1965 年にトランサミン（transamin）として発売された。これが現在，トラネキサム酸と称しているものである。なお，L-リジンも血液凝固に関係し，トラネキサム酸応用のヒントになったことは，第 2 章の L-リジンの項（2.3.19 項）において述べた。

　トラネキサム酸は，プラスミノーゲンやプラスミンに可逆的に結合して，プラスミンのフィブリンへの結合能を抑制し，フィブリン分解を強く抑制する。これが，トラネキサム酸の抗プラスミン作用である。

　近年，トラネキサム酸の内服は，肝斑（かんぱん）（4.2.2 項参照）にも効果のあることが示された[6]。肝斑は，女性に圧倒的に多く発症し，おもに顔面に生じる。そして，ほぼ左右対称に境界がはっきりした色素沈着を示す。妊娠に伴って生じ，出産後に薄くなることも多い。さらに，経口避妊薬を服用している女性の顔面にも非常に出やすいことが知られている。原因は不明であるが，女性ホルモン

のプロゲステロンと紫外線が影響を与えているようである。

4.3.9 パラアミノサリチル酸（PAS）

抗結核薬であるパラアミノサリチル酸（p-aminosalicylic acid）は，1分子中にアミノ基とカルボキシ基を有するため，アミノ酸の一種といえる。日本薬局方では，パラアミノサリチル酸カルシウム水和物（calcium paraaminosalicylate hydrate）として収載されている。パスカルシウムなどの略名も使われる。

パラアミノサリチル酸の合成は古く，19世紀末にドイツとアメリカで特許の報告がある。しかし，結核菌に対する抗菌作用の発見は，1940年代になってからのことである。レーマン（J. Lehmann, 1898-1989）は，安息香酸やサリチル酸が特異的に結核菌の呼吸作用に影響を与えるという研究報告にヒントを得て，種々のサリチル酸類似化合物を試験していたところ，パラアミノサリチル酸がもっとも強力であることを発見した[7]。PASは，単独，あるいは，ストレプトマイシン（SM）やイソニアジド（INAH）などとの併用により結核に著効を示し，現在もおもに他剤との併用で使用されている。

PASは，ヒト型結核菌に対して静菌作用を示し，$in\ vitro$（試験管内）での結核菌最小発育阻止濃度（MIC）は$0.15\,\mu g/100\ ml$程度である。治療には比較的高用量を必要とし，肺結核などの結核症に1日10～15gを2～3回に分けて服用する。結核菌に対する作用の選択性はきわめて高い。

PASには種々の合成法があるが，一例として3-アミノフェノール（3-aminophenol）にコルベ–シュミット（Kolbe-Schmitt）法を応用して合成する方法を示す（図4.9）[8]。3-アミノフェノールと，炭酸ナトリウム，炭酸水素カリウム，水酸化ナトリウム，あるいは，これらの混合物を，二酸化炭素気流中，加圧下に，

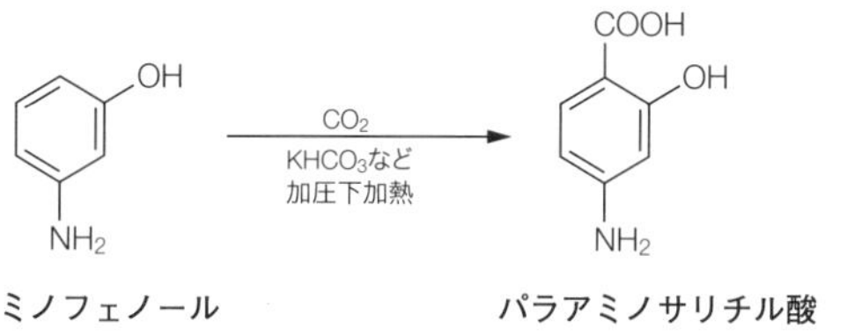

図4.9 パラアミノサリチル酸（PAS）の合成

加熱して反応させる。

4.3.10 レボドパ

　レボドパ（levodopa）は，L-ドパ（L-DOPA, L-3,4-dioxyphenylalanine）の略で，化学構造は 3-ヒドロキシ-L-チロシン（3-hydroxy-L-tyrosine）に該当する。レボドパの名称は，その絶対構造が L(−) 体であり，さらに旋光性も左旋性（levorotatory）を示す（$[α]_D^{20}$ −11.5〜−13.0°, 1 mol/l 塩酸試液, 50 ml, 100 mm）ことに因む。

　すでに述べたように（2.3.12, 3.1.2 項参照），レボドパ（L-ドパ）は，臨床において抗パーキンソン症候群薬として応用される。レボドパはドパミンの前駆物質であって，生体内で芳香族 L-アミノ酸脱炭酸酵素によってドパミンに変換され，ドパミンの不足によって起こるパーキンソン症候群に治療効果を示すものである。ドパミンそのものは血液脳関門を通過できないので，ドパミンを経口あるいは末梢投与しても脳内には到達しない。しかし，その前駆物質となるレボドパは血液脳関門を通過できるので，不足しているドパミンが補充されて治療効果を発揮するのである。なお，レボドパは，メチルドパ（次項参照）やレセルピン（3.2.2 項参照）などの血圧下降薬の作用を増強することがあるので，注意が必要である。

　レボドパは，マメ科植物に存在することから，かつてはその生産を植物からの抽出に頼っていた。しかし現在では，L-チロシンに化学変換を加えるか，微生物変換を加えることによって生産されている。なお，レボドパの対掌体である D-ドパには顆粒球減少の副作用があるので，L-ドパ（レボドパ）のみが臨床に用いられる。

レボドパ（L-ドパ）

4.3 医薬品とアミノ酸

4.3.11 メチルドパ

メチルドパ (methyldopa) は，ノルアドレナリンやアドレナリンのようなカテコールアミンの前駆物質であるL-ドパのα-メチル体である。3/2水和物として日本薬局方に収載されており，その化学名は (2S)-2-amino-3-(3,4-dihydroxyphenyl)-2-methylpropanoic acid sesquihydrate である。旋光性は (−) を示す ($[α]_D^{23}$ $-4.0±0.5°$ ($c=1$ in $0.1N$ HCl))。メチルドパは，臨床で抗高血圧症薬として応用される。

メチルドパは，中枢神経内においてα-メチルノルアドレナリンに代謝され，これがノルアドレナリンの代わりに中枢神経の$α_2$受容体を強く刺激し，ノルアドレナリン本来の機能を抑制したりして交感神経活性を抑制すると考えられている。このような機序により，メチルドパは収縮期血圧および拡張期血圧をともに降下させる。メチルドパは，上述のようにS(−)体(L体)であるが，対掌体のR(+)体(D体)は活性がはるかに劣る。

メチルドパは，3,4-ジメトキシフェニルアセトニトリル (3,4-dimethoxyphenylacetonitrile) を原料として合成されたDL-α-メチルドパを光学分割して得られる。

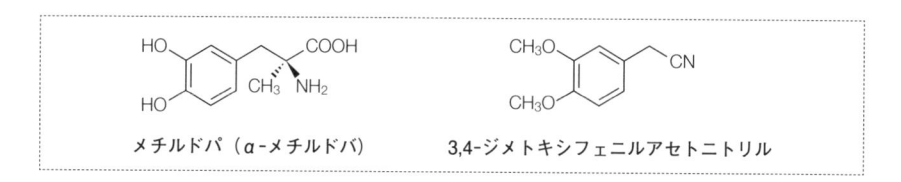

メチルドパ（α-メチルドパ）　　3,4-ジメトキシフェニルアセトニトリル

4.3.12 5-アミノレブリン酸

5-アミノレブリン酸 (5-aminolevulinic acid；ALA) は，δ-アミノ酸の一種であり，クロロフィルやヘムの共通骨格であるポルフィリン (porphyrin) の前駆

5-アミノレブリン酸

体となっている。5-アミノレブリン酸を植物に適量与えると，葉緑素が増えるので，葉の緑色が濃くなる。そのため，5-アミノレブリン酸には光合成向上や

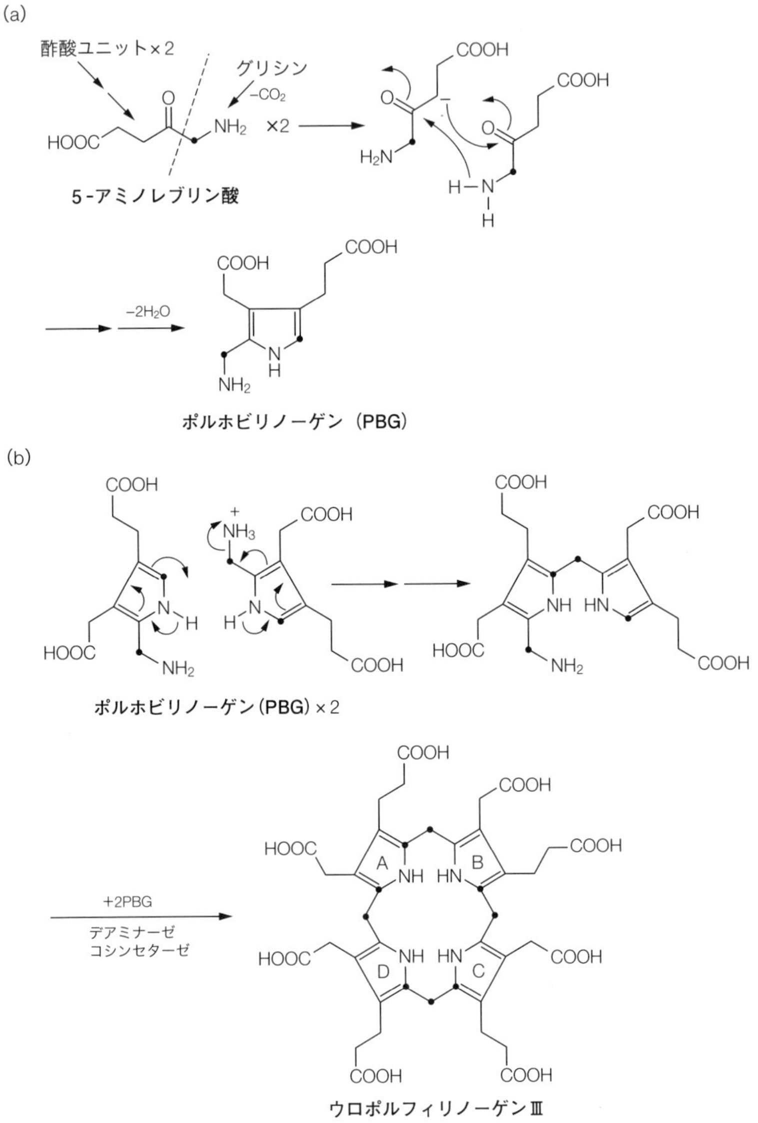

(a)

酢酸ユニット×2　グリシン　−CO₂

5-アミノレブリン酸

→ −2H₂O →

ポルホビリノーゲン（PBG）

(b)

ポルホビリノーゲン（PBG）×2

+2PBG
デアミナーゼ
コシンセターゼ

ウロポルフィリノーゲンⅢ

図 4.10　ポルホビリノーゲン（PBG）の生合成

4.3 医薬品とアミノ酸   219

フェオフォルバイド a

　肥料吸収促進作用があるといわれる。5-アミノレブリン酸は，植物栽培とくに砂漠の緑地化に利用される。

　図4.10に，5-アミノレブリン酸が，ポルフィリン環の生合成前駆体であるポルホビリノーゲン（porphobilinogen；PBG）に取り込まれる機構（a），および，ポルホビリノーゲンからヘムやクロロフィルaの前駆体となっているウロポルフィリノーゲンIII（uroporphyrinogen III）に至る生合成機構（b）を示す。

　なお，クロロフィル a 由来の化合物として，フェオフォルバイド a （pheophorbide a）が知られている。フェオフォルバイドaは本邦産の植物としてドクダミ科のドクダミ（*Houttuynia cordata*）などにも含まれており，光過敏症を起こす物質であることがわかってきた。フェオフォルバイドaはクロレラのような藻類にも含まれており，クロレラ製品の摂取により，光線の当たる部分の皮膚の浮腫や，潰瘍，表皮の壊死，耳の変形をきたした例もある。

4.3.13　エンドルフィン（エンケファリン）

　エンドルフィン（endorphins）という名称は，脳内モルヒネまたは内因性（体内性）モルヒネ（endogenous morphine）を語源としており，すべての脊椎動物の脳や脳下垂体のほか，腸管や胃，副腎，脊髄などにも見いだされる。そして，その作用はモルヒネに類似している。

　エンドルフィンには，α-，β-，γ-エンドルフィン，α-，β-ネオエンドルフィン，メトエンケファリン（met-enkephalin），ロイエンケファリン（leu-enkeph-

H—L-Tyr—Gly—Gly—L-Phe—L-Met—L-Thr—L-Ser—L-Glu—L-Lys—L-Ser—L-Gln—L-Thr—
L-Pro—L-Leu—L-Val—L-Thr—L-Leu—L-Phe—L-Lys—L-Asn—L-Ala—L-Ile—L-Ile—L-Lys—
L-Asn—L-Ala—L-Tyr—L-Lys—L-Lys—Gly—L-Glu—OH

図 4.11　βエンドルフィンの化学構造

alin) などの化合物が含まれる。このなかでは β-エンドルフィンがもっともモルヒネ様活性が高い。

　これらの化合物は，1965年に脳下垂体から，副腎皮質刺激ホルモン（adrenocorticotrophic hormone；ACTH）と共通のアミノ酸配列を含みながら，それとは異なるペプチドホルモンとして単離された β-リポトロピン（β-lipotropin, lipotropic hormone；LPH）と共通の部分構造を有している。エンドルフィンは，いずれもタンパク質構成アミノ酸のみからなり，α-，β-，γ-エンドルフィンはそれぞれ，β-リポトロピンの 61〜76，61〜91，61〜77 番のアミノ酸からなるペプチドである（図4.11）。よって，それぞれ，LPH（61-76），LPH（61-91），LPH（61-77）とも記載される。

　一方，メトエンケファリンおよびロイエンケファリンと命名された化合物が 1975 年にヒューズ（Hughes）らによって報告された[9]。彼らは，発見した化合物に，あらかじめ予想した機能を意味するような名前はつけたくなかったので，エンドルフィンの名称とは別にこれらをエンケファリンと命名した。エンケファリンとは，ギリシャ語で「頭の中に」という意味であり，"en" は内部，"kephalin" はラテン語で「頭」を意味する "cephalo-" をその語源としている。エンケファリンも結局はエンドルフィンと同じ性質を示す化合物群を総称する名称である[10]。現在は，上述のような活性を示して脳内に含まれる化合物群を，エンケファリン類も含めてエンドルフィンと総称することになっている。

　メトエンケファリン（L-Tyr-Gly-Gly-L-Phe-L-Met）とロイエンケファリン（L-Tyr-Gly-Gly-L-Phe-L-Leu）はそれぞれ，5つのアミノ酸からなる小さなペプチドであり，エンドルフィンのなかではもっとも早く化学構造が解明された。メトエンケファリンは LPH の 61〜65 番目のアミノ酸に該当するペプチドであり，ロイエンケファリンはメトエンケファリンの 5 番目のアミノ酸が L-ロイシンになっているペプチドである。なお，上述のエンドルフィンのうち，α-ネオエンドル

フィンおよびβ-ネオエンドルフィンは，α-エンドルフィンおよびβ-エンドルフィンのN末端から5番目のアミノ酸（LPHの65番目）がロイエンケファリンと同様にL-ロイシンとなった化学構造を有している。

エンドルフィンとして，他にもいくつか単離・構造決定されているが，いずれもN末端がL-チロシンとなっているペプチドであり，エンドルフィンと受容体（receptor）の結合で，鍵となる要素は末端のL-チロシン残基であると考えられている。実際に，エンドルフィンのL-チロシン残基をL-フェニルアラニンやD-チロシンに置き換えたり，L-チロシン残基のフェノール性水酸基やアミノ基にメチル基などの置換基を導入したり，フェノール基を他の置換基に置き換えたりすると，鎮痛作用が消失することが知られている。

エンドルフィンは，一般に酵素で分解されやすく，またモルヒネ様の耐性や依存性を示すことから，現在のところ医療には応用されていない。

4.3.14 カナバニン

カイコにさまざまな漢薬を食べさせる実験を行なった東京大学農学部（当時）の田村三郎（1917-）らは，漢薬の一種である黄耆（4.3.7項参照）末をカイコに食べさせると，カイコが繭をつくれなくなることを見いだした。

黄耆の粉末を人工飼料に混ぜて，4齢カイコ幼虫に経口投与すると，幼虫は成育になんら影響を受けることなく5齢に入り，5齢幼虫もそのまま成育を続ける。しかし，上蔟に際して吐糸・営繭・蛹化・成虫化の過程が阻害されて，ついには斃死する。

この特異な生物活性を有する成分を黄耆エキス中から探索したところ，活性成分はアミノ酸の一種であるL-カナバニン（L-canavanine）であることがわかった。L-カナバニンを人工飼料に80 ppm以上混合した場合，カイコのすべてが吐糸せず，蛹化しないで斃死したという[11]。

L-カナバニン

L-カナバニンは，L-アルギニンのδ位のメチレン基が酸素に置き換わった化学構造を有している。

4.3.15　ビアラホス

放線菌のStreptomyces hygroscopicusによって生産されるビアラホス（bialaphos）は，除草活性を有するトリペプチドである。この化合物はたいへんにユニークなC-P-C結合を有する広義のアミノ酸の一種であるL-ホスフィノスリシン（L-phosphinothricin）にアラニルアラニン（L-Ala-L-Ala）が結合した化学構造を有している。この除草剤の活性本体はL-ホスホノスリシン部分であり，散布後にアラニルアラニン部分が切断されて除草活性を示す。L-ホスフィノスリシンは，構造的に類似したグルタミンの類似物質（アナログ）として作用し，グルタミン合成酵素を阻害するため除草活性が発現すると考えられる[12]。

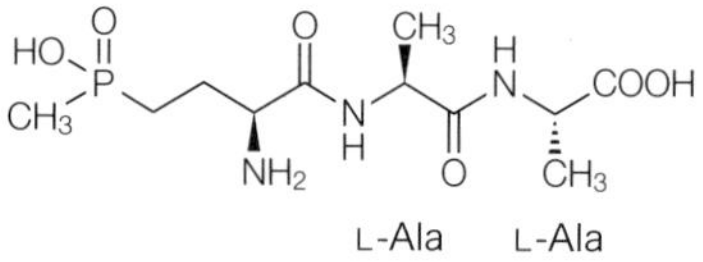

ビアラホス 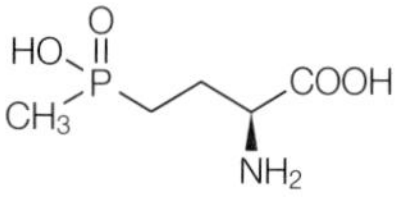　　　　　　　　　L-ホスフィノスリシン

4.3.16　コプリン

コプリン（coprine）は，L-グルタミン酸に1-アミノシクロプロパノール（1-aminocyclopropanol）がペプチド結合した化合物で，ヒトヨタケ科のヒトヨタケ（Coprinus atramentarius）に含まれる有毒成分である。

ヒトヨタケを食べてもなんら中毒は起こさないが，酒（アルコール）と同時に食べるとひどく悪酔いすることが知られている。すなわち，飲酒しながらヒト

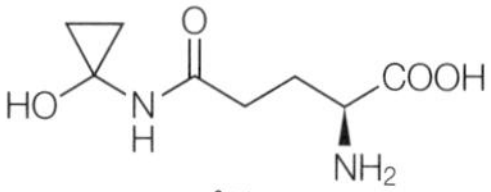

コプリン 　　　　　　　　　1-アミノシクロプロパノール

4.3 医薬品とアミノ酸

ヨタケを食べると，30分から1時間ぐらいで，顔面や頚部，手，胸部が赤く染まり（フラッシング現象），心悸亢進，めまい，悪心，嘔吐，頭痛などが起きる。この症状は，まさに悪酔いそのものである。

この中毒を発生させる原因物質は，ヒトヨタケに含まれるコプリンがヒトの消化管内で加水分解して生成される1-アミノシクロプロパノールである。1-アミノシクロプロパノールは，肝臓内でアセトアルデヒド脱水素酵素のはたらきを阻害し，ヒトの体内にアルコール由来のアセトアルデヒドを蓄積させる。そのため，アルコールの代謝がアセトアルデヒドでとどまってしまうことにより，ちょうど下戸が酒を飲んだときのような悪酔いの症状が現われることになる。

4.3.17 グルタチオン

グルタチオン（glutathione）は，1929年に酵母から単離された[13]。

グルタチオンはトリペプチドで，L-グルタミン酸，L-システイン，グリシンがこの順序で結合したものである。ただし，L-グルタミン酸は，α-カルボキシ基でなくγ-カルボキシ基がL-システインのアミノ基とペプチド結合しているという特徴を有する。よって，グルタチオンの名称は，頭にL-グルタミン酸の結合位置である"γ-"をつけて，γ-L-グルタミル-L-システイニル-グリシンと記載される。日本薬局方でも，N-(N-L-γ-Glutamyl-L-cysteinyl)glycine と記載されている。

グルタチオンには，L-システインのスルフィド（SH）基がそのまま残った還元型と，この部分で2分子がジスルフィド（S-S）結合した酸化型とがある。前

グルタチオン（還元型）

グルタチオン2量体（酸化型）

者は還元性物質であり，抗酸化作用を有する．

グルタチオンには，鉛中毒や有機リン剤中毒の改善作用，薬毒物による肝障害の改善作用，放射線障害の抑制作用，皮膚炎の改善作用，白内障の発症予防・進行防止作用，角膜保護作用などがある．実際には，内用薬として，薬物中毒，アセトン血性嘔吐症（自家中毒・周期性嘔吐症），金属中毒，妊娠悪阻，晩期妊娠中毒に対して，還元性グルタチオンとして1回50～100 mgを1日に1～3回，経口投与される[14]．

グルタチオンは，広く動植物界にも分布しており，食品としてはレバーに多く含まれる．

4.3.18 シトルリン

L-シトルリン（L-citrulline）は，ウリ科のスイカ（*Citrullus vulgaris*）の果汁から単離されたアミノ酸である[15]．また，カゼインからも単離されており，さらに，L-オルニチンを原料として化学合成もされている[16]．

シトルリンには，以前から利尿作用のあることが知られていたが，その後，一酸化窒素（NO）の生成を高め，その結果，血管を広げて血流量を増やす作用もあることがわかってきた．血流量が改善されると，新陳代謝の向上，疲労回復，冷え性やむくみの改善などが期待できる．さらには，シトルリンは肝臓内におけるアンモニアを解毒する機能で重要な役割も担っている．

2007年8月，サプリメントなどの食品分野でシトルリンを使用することが厚生労働省によって初めて認可され，シトルリンを配合した新商品として，2008年4月にはアサヒ飲料から清涼飲料水「アサヒシトルリンウォーター PET 500 ml」が，資生堂薬品から「シトルリンサイクルエナジー」が，ロッテからチューインガム「シトルリンガム」が発売された．

シトルリン

引用文献

1) 荒井裕美子・上原恵子・松本和男：薬史学雑誌, **43**, 162（2008）
2) H. Hikino, S. Funayama, K. Endo：*Planta Medica*, **30**, 297（1976）
3) H. Aoki, Y. Furuya, Y. Endo, K. Fujimoto：*Biosci. Biotech. Biochem.*, **67**, 1806（2003）
4) D. R. Curtis, J. C. Watkins：*Pharmacological Reviews*, **17**, 347（1965）
5) A. Einhorn, C. Ladisch：*Ann.*, **310**, 194（1900）
6) 真船英一・森本佳伸・飯塚泰貴：ファルマシア, **44**, 437（2008）
7) J. Lehmann：*Lancet*, **250**, 15（1946）
8) H. Erlenmyer：*Helv. Chim. Acta*, **13**, 998（1948）
9) J. Hughes, T. W. Smith, H. W. Kosterlitz, L. A. Fothergill, B. A. Morgan, H. R. Morris：*Nature*, **258**, 577（1975）
10) C. F. レヴィンソール著，加藤珪・大久保精一訳：エンドルフィン，p.147，地人書館（1992）
11) 磯貝彰・村越重雄・鈴木昭憲・田村三郎：農化, **47**, 449（1973）
12) 瀬戸治男：天然物化学，p.158，コロナ社（2006）
13) F. G. Hopkins, L. J. Harris：*J. Biol. Chem.*, **84**, 269（1929）
14) 日本薬局方解説書編集委員会：日本薬局方解説書, C-1, p.187, 廣川書店（2006）
15) M. Wada：*Biochem. Z.*, **224**, 420（1930）
16) M. Wada：*Biochem. Z.*, **257**, 1（1933）

4.4 有毒ペプチドと有毒タンパク質

　タンパク質構成アミノ酸がペプチド結合して生成した化合物のなかには強い毒性を有するものがある。しかし，すでにペプチドやタンパク質の科学はそれだけで大きな領域になっていることから，本節ではそれらの化合物のうち代表的なものについて述べるにとどめる。

4.4.1 コレラ毒

　コレラ（cholera）は，もともとはインドのベンガル地方の風土病であったが，19世紀になってから世界的流行をもたらした。かつては死亡率の高い病気で，もっとも恐れられた伝染病の一種である。

　コレラはおもに熱帯アジアで発生すると思われているが，19世紀以前のヨーロッパにおいてもよく発生した。日本には江戸時代末の1822年（文政5年）に最初に襲来し，九州や関西地方に起こり，短期間のうちに次々と死者が出た。

そのため，コレラはコロリまたは三日コロリとよばれた。その後，わが国では1858年（安政5年）と1862年（文久2年）にも大流行があった。1858年は江戸でも大流行し，このときの死者は江戸だけで10万人ともいわれる。コレラ菌は，患者の糞便から水や食品に混じり，経口で感染していく。その潜伏期間は1～5日である。

　コレラがコレラ菌によって起こる病気であると断言したのは，コッホ（3.2.6項参照）であり，1883年のことであった。コレラ菌は，典型的な毒素分泌型の病原菌（外毒素菌）であり，コレラ毒素を放出する。コレラ毒素は，細菌毒素のなかではよく研究されており，1個のAユニットと5個のBユニットからなる，

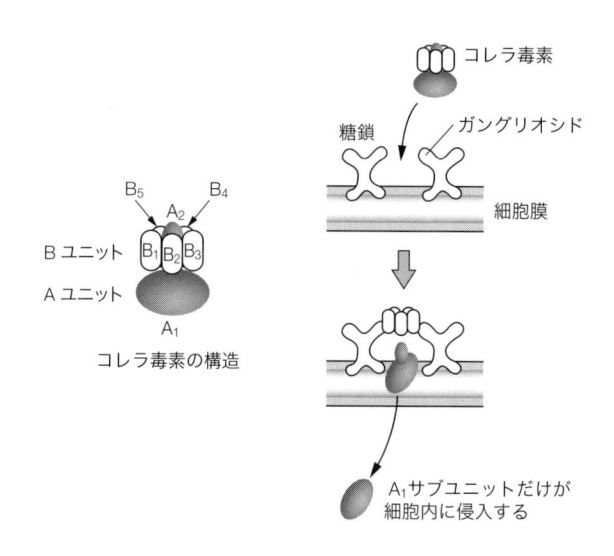

図4.12　コレラ毒素の化学構造とその侵入方法

（左）コレラ毒素は，Aユニット（A_1およびA_2サブユニットからなる）とBユニット（B_1～B_5サブユニットからなる）から構成される。A_1サブユニットの分子量は約23000，A_2のそれは約7000，B_1～B_5のそれは各約11000なので，1つのコレラ毒素の分子量は約85000となる。

（右）コレラ毒素が細胞内に侵入するメカニズムは以下のように考えられている。コレラ毒素のBユニットが，細胞膜表面に突き出た糖鎖のガングリオシド（G_{M1}）部分に結合する。そして，Aユニットが細胞膜に到達すると，A_1とA_2が切り離され，A_1サブユニットだけが細胞内に侵入する。A_1サブユニットは細胞内のアデニル酸シクラーゼを活性化し，大量のサイクリックAMP（cAMP）をつくりだし，その結果，小腸内に多くのNa^+，Cl^-などのイオン（電解質）や水が流れ込み，コレラ特有の下痢（白痢）が起きる。

分子量85000のタンパク質であることがわかっている（図4.12）。この毒素は，まずBユニットが標的細胞の細胞膜受容体に結合し，次いでAユニットのうちA_1サブユニットだけが細胞内に入る。A_1サブユニットはアデニル酸サイクラーゼを活性化して，大量のサイクリックAMP（cAMP）を生成させる。このcAMPがイオンの透過を促進させるため，米のとぎ汁様の激しい下痢（いわゆる白痢）が起こる。このことから，コレラの別名を白痢ともいう。

コレラ毒素に侵されると，体内から大量の水分が，ナトリウムイオンやカリウムイオンなどの電解質とともに奪われる。そのため，治療には，これらの電解質を含んだ点滴による補液がきわめて有効である。補液による治療によって現在，死亡率は1%以下となっている。コレラに対する対処法がわかり，死亡率も大幅に下がったこともあって，このような対処法が可能な地域ではコレラはそう恐れられるものではなくなっている。

4.4.2 ヘビ毒

世界中に棲息する約3000種のヘビのうち，一説によればその1/3は毒ヘビであるとされる。毒ヘビは，ウミヘビ科，コブラ科，クサリヘビ科，マムシ科，ナミヘビ科の5つの科に分類される。また，ヘビ毒は神経毒と筋肉毒に大別されるが，いずれもペプチドである。

ウミヘビ科のエラブウミヘビからは，60数個のアミノ酸からなる分子量約7000のエラブトキシンが得られている。また，クサリヘビ科やマムシ科のヘビからは，アミノ酸118個ほどからなり，赤血球を破壊して血液色素を溶出させる溶血毒が得られている。

コブラ科やウミヘビ科のヘビ毒はアセチルコリン受容体と結合するため，アセチルコリンによる神経伝達が阻害され，情報が筋肉に伝わらなくなる（これを後シナプス性神経毒という）。すなわち，これらの毒は血管を通って，アセチルコリンが結合すべき受容体に先に結合してしまい，本来のアセチルコリンが結合できないために，筋肉への刺激の伝達ができないので筋肉が麻痺を起こす。この作用機序は，植物由来のd-ツボクラリン（3.2.1項参照）と同じであるが，その結合力はd-ツボクラリンよりもはるかに強い。実際に犠牲者が死に至るのは，呼吸筋の麻痺による。なお，コブラ科のヘビには心臓毒も含まれている。

これに対して，マムシ科やクサリヘビ科のヘビの神経毒は，アセチルコリンを放出させつくす作用を有する（これを前シナプス性神経毒という）。その結果，筋肉が常時興奮状態になり，けいれんを起こす。やがて，アセチルコリンを放出しつくすと，こんどは情報の伝導が行なわれなくなり，麻痺状態になる。マムシ科やクサリヘビ科のヘビには，コブラ科やウミヘビ科のヘビに咬まれた場合とは異なり，筋肉毒もあり，局所の出血も見られる。

なお近年，これまで無毒と考えられていたナミヘビ科のヤマカガシも，有毒ペプチドを有することがわかった。ただし，毒牙が口の奥にあるため，通常の場合，咬まれることはまずない。

ヘビ咬傷に対する唯一の治療薬は，抗血清（抗毒素血清または血清）である。抗血清とは，ヘビ毒を少しずつウマに注射し，数ヵ月後に抗体値が高くなった時点で血液を大量に採取し，凝固させて残った上清をいう。抗血清は，毒に対する抗体を含むので，咬まれた人に注射すれば，抗血清中の抗体とヘビ毒（抗原）との反応で体内の毒が中和される。

この治療法はきわめて有効であるが，特異性が高い。すなわち，マムシに咬まれた場合，マムシ毒に対する抗血清でないと効果がないのである。また，ウマのタンパク質に過敏（血清過敏症）な人がこの治療でアナフィラキシーを起こすことがあるので注意が必要である。

古代エジプト最後の女王であるクレオパトラ（Cleopatra, B. C. 69-30）は毒ヘビによって自害したとされるが，どの毒ヘビを使用し，どこを咬ませたかには議論がある。使った毒ヘビについては，コブラ科のエジプトコブラという説と，クサリヘビ科の毒ヘビという説がある。コブラ科のヘビ毒は後シナプス性神経毒で，即座に麻痺状態となる。一方，クサリヘビ科のヘビ毒は前シナプス性神経毒で，まずけいれんが起き，そののちに麻痺状態となる。さらに，クサリヘビ科の毒ヘビに噛まれると，その部分に強い出血が起き，皮膚のただれや浮腫，筋肉の壊死をもたらし，痛みもひどいという。

奴隷を使って人体実験をし，毒に精通していたとされるクレオパトラは，おそらく，後者のような激しい作用がなく，けいれんを起こすことなしにすぐに麻痺に移るタイプの毒ヘビのエジプトコブラに噛ませたのではないだろうか。噛ませた部位はわからないが，その部位が乳房でも腕でも効果は同じであろう。

どちらをとるかは美学の問題である。

4.4.3 イモガイなどの海産動物のペプチド毒・タンパク毒

イモガイ属（Conus 属）は，世界に 400〜500 種，わが国でも暖かい海の潮間帯付近の岩礁に約 120 種が棲息しているという。その形状がサトイモに似ていることから，イモガイという名前がつけられた。これらの巻貝は，体内に銛(もり)を持っていて，獲物の魚にこの銛を打ち込み，強力な毒を注入する。イモガイの毒は，人の命を奪うほどの強力なものであるため，イモガイのことを沖縄ではハブガイとよんでいる。イモガイ類は，もっとも恐れられている軟体動物のひとつであり，イモガイのなかでももっとも恐れられているのはアンボイナ（C. geographus）である。

イモガイに刺されると，激しい痛みがあり，刺された部分や口のまわりや手足のしびれ，嘔吐，めまい，流涎などが起こる。重症の場合は，呼吸，嚥下，発声が困難となり，運動失調，全身のかゆみなどが続き，呼吸麻痺で死亡する。

イモガイの有毒成分は，いずれもアミノ酸が十数個から 30 個程度からなる小分子のペプチドで，コノトキシン類など多数が知られている。コノトキシン類は，さらにその作用により，α-, μ-, ω-コノトキシンなどに分けられる。たとえば，α-コノトキシン類は神経毒で，コブラやウミヘビの毒のように，筋肉と神経の接触点であるアセチルコリン受容体に結合して麻痺作用を起こす。一方，μ-コノトキシン類は，フグ毒のテトロドトキシンと同じように，ナトリウムチャンネルの入口をふさいで筋肉の麻痺を起こす作用をもつ。イモガイの毒のなかには，その他，カリウムチャンネルやナトリウムチャンネルに作用する毒や，眠りをもよおす毒など，多彩な毒作用を呈する成分を有している。

イモガイや前述のフグ以外の海産動物の毒として，カツオノエボシの毒がよく知られている。カツオノエボシは，わが国では俗にデンキクラゲとよばれているものである。その触手に毒があり，通常はこれを伸ばして小魚などを補食するのだが，人がふれるとちょうど感電したように感じるので，デンキクラゲという名前がついた。カツオノエボシの毒成分は熱処理に対して弱いことから，高分子タンパク質と考えられている。一方，人が踏みつけたりしてさされると激痛を起こすオニオコゼの刺棘の毒も高分子タンパク質と考えられているが，

詳細は不明である。

4.4.4 きのこ毒のアマニチン類

ドクツルタケ（*Amanita virosa*）のほか，タマゴテングタケ（*A. phalloides*）やシロタマゴテングタケ（*A. verna*）などは，中毒初期にコレラ様症状を示す毒きのこである。いずれも猛毒であり，命にかかわる毒性を発揮する。

これらのきのこによる中毒は2段がまえである。まず初めに，コレラ様の激しい消化器官作用，すなわち嘔吐や下痢が起きるが，この下痢はやがて収まる。しかし，第2段として肝臓細胞が冒され，さらに腎臓が冒されて，重篤な場合には昏睡状態に至る。そして，この第2段目の毒性によって命を落とすことが多い。上記のドクツルタケ，タマゴテングタケ，シロタマゴテングタケとも同様の毒作用を示す。タマゴテングタケによる中毒はわが国ではほとんどないが，ヨーロッパではきのこ中毒の90％以上がこのきのこによるものであるといい，もっとも恐ろしい毒きのこのひとつとされる。

ドクツルタケは全体が白色で，やや大型のきのこである。笠の直径は5〜

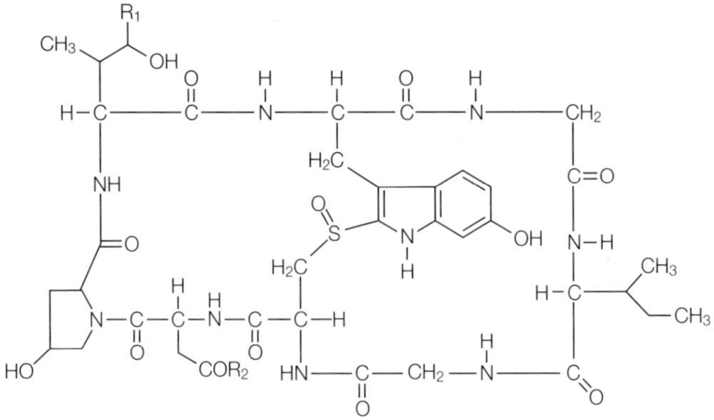

	R_1	R_2	LD_{50}
α-アマニチン	CH_2OH	NH_2	0.3
β-アマニチン	CH_2OH	OH	0.5
γ-アマニチン	CH_3	NH_2	0.2
ε-アマニチン	CH_3	OH	0.3

図4.13 アマニチン類の化学構造と50％致死量（LD_{50}）

10 cm で,さらに大きくなることもある。表面は平滑で,乾くと饅頭の皮のような光沢をもつ。肉もヒダも白色で,山林内の地上に1～2本ずつ生じ,わが国では比較的ふつうに見られる。上述のように,ドクツルタケとその近縁きのこによる中毒は致死率が非常に高いので,特別な注意が必要である。この仲間の毒きのこには,いずれも茎の根元に共通に袋状のつぼがある。これらのきのこは,絶対に口にしないことである。

タマゴテングタケの有毒成分は詳しく研究されており,ファロイジン (phalloidin) というアミノ酸7個からなるペプチドや,アミノ酸8個からなるペプチド(いずれもアルカロイドともいえる)であるアマニチン (amanitin) 類が知られている(図4.13)。アマニチン類は,マウス(腹腔内投与)に対し高い毒性を示し,そのLD_{50}値は0.2～0.5 mg/kgである。ファロイジン類は,非経口投与をしたときに強い毒性を示すが,経口投与をした際は腸管から吸収されず,きのこ中毒には関与しないと考えられている。

4.4.5 ボツリヌス毒素

ボツリヌス毒素 (botulinus toxins, botulin toxins;ボツリヌストキシン) は,私たちが知っている最強の毒のひとつである。1984年6月,熊本県で製造され土産品店で売られていた辛子蓮根(からしれんこん)による食中毒が発生した。その原因がボツリヌス毒素の混入のためとわかり,社会的に大問題となった。報道機関を通じて全国に注意が呼びかけられたものの,患者数36人,うち死亡11人を出す惨事となった。

ボツリヌス菌は嫌気性菌で,酸素の存在下では成育できない。この菌は,密閉された加工食品の中などで繁殖する。もともとボツリヌス菌による中毒は,ヨーロッパでは古くからハムやソーセージによる中毒として恐れられ,ソーセージという意味のラテン語(ボツリヌス)からボツリヌス中毒とよばれていた。ボツリヌス菌は1896年に発見され,1920年代にタンパク毒であるボツリヌス毒素が発見された。なお,蜂蜜からボツリヌス毒が見つかることがある。成人にはまず問題はないが,蜂蜜を幼児に食べさせてはいけない理由のひとつとなっている。

ボツリヌストキシンは,A,B,C_1,C_2,D,E,F,Gの7つに分けられる。

その分子量の平均は15万であり,そのなかでも日本に多いのがE型である。このうち,ヒトに中毒を起こす原因となるのはほとんどがA, B, E型であるが,D, G, F型による中毒も報告されている。治療には,A, B, E, F型混合のウマ抗毒素血清の投与が有効である。あとは,フグ毒による中毒と同様に,適切な人工呼吸管理がすべてである。なお,ボツリヌストキシンは熱に対して不安定で,80℃で30分間,100℃で10分間の加熱で完全に無毒化される。

ボツリヌストキシンの毒性の強さには諸説あるが,一例を示せば,ボツリヌストキシンA~Gの混合物としての実験動物に対する最小致死量は$0.3×10^{-6}$ mg/kgである。ヒトに対する毒性が実験動物に対する毒性と同程度とすれば,この毒素1gは約5500万人のヒトの命を危うくする量である。

ボツリヌス毒素中毒による死因は呼吸筋麻痺である。その中毒のメカニズムは,神経細胞の膜に結合した毒素によって神経終末から伝達物質として出るアセチルコリンの放出が止まり,筋肉が収縮できなくなることによる。この際,アセチルコリン放出に関連しているタンパク質に毒素が作用して,その放出を止めることもわかってきた。

ちなみに,ボツリヌス毒素のうち,ボツリンA(ボツリヌストキシンA)は,ボツリン(botulin)という名称で美容整形にも用いられている。

4.4.6 リシンとアブリン

リシン(ricin)は,トウダイグサ科のトウゴマ(*Ricinus communis*)の種子由来のタンパク質である。リシンはトウゴマの種子1g中に約1mg含まれ(含量率0.1%),その率はトウゴマのタンパク質の約5%に相当する。トウゴマの種子は蓖麻子ともいい,この種子からとった油がいわゆる「ひまし油」で,下剤として知られる。トウゴマから得られた油はまた,ポマードや,「固めるテンプル®」(ジョンソン(株))として食用油を固めて捨てる材料にも応用されている。

リシンはA鎖とB鎖からなり,A鎖(ricin A)は267個,B鎖(ricin B)は262個のアミノ酸からなる。リシンは,これまでに知られている高等植物由来成分として,もっとも毒性の高い化合物のひとつであり,全有毒成分のなかでもまちがいなく十指に入る有毒物質であろう。そのためもあり,リシンや原料植物のトウゴマは,国によっては化学兵器あるいはその材料として特別な管理

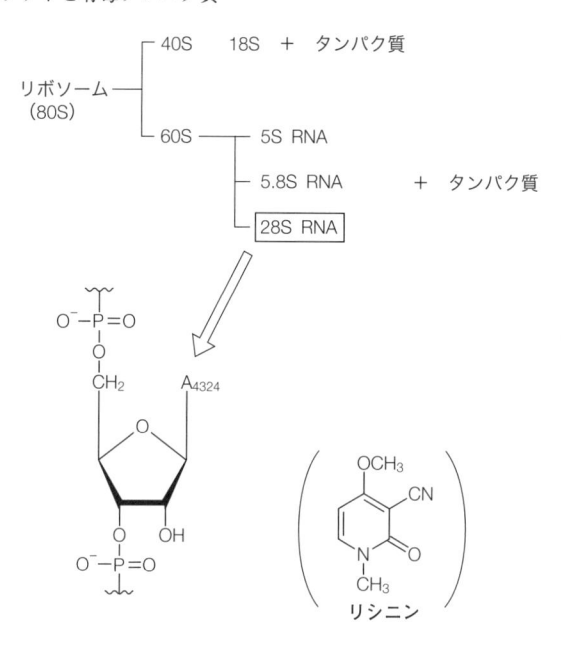

4.4 有毒ペプチドと有毒タンパク質

図 4.14　リシンの毒性発揮機構
リシンはリボ毒であり，リボソームの 28S RNA 中の A_{4324} 塩基を切り離すことにより毒性を発揮する。参考にリシニンの構造も示す。

下に置かれている。リシンは，タンパク質を生成するリボソームに作用するリボ毒（リボソーム不活性化タンパク質）であり，リボソーム RNA（28S RNA）の塩基のひとつ（A_{4324}）を切り離してしまう（図 4.14）。これは，志賀赤痢菌や病原性大腸菌 O157 の毒素であるベロ毒素の作用と同じである。なお，トウゴマの種子には，タンパク質であるリシンのほか，リシニンというアルカロイドも含まれ，これにも毒性がある。リシニンは，アミノ酸の一種であるニコチン酸を生合成の起源とする（リシニンについては 3.2.4 項でもふれた）。マメ科のトウアズキ（*Abrus precatorius*）の種子由来のアブリン（abrin）もリシンと同様の毒作用を示す。同植物由来の L-トリプトファン誘導体のアブリン（abrine）については，第 2 章の L-トリプトファンの項（2.3.13 項）でもふれた。

リシンは経口投与でも毒性を有するが，非経口投与（注射など）のほうが毒性が強い。これは，リシンが腸管からはよく吸収されないためである。1978 年の

初秋にロンドンのテムズ川にかかるウォータールー橋のたもとで起きた殺人事件では，このリシンが使用された。こうもり傘の先にしかけられた道具で，リシンの入った直径わずか1.52 mmのプラチナ-イリジウム合金のカプセル（球体）がブルガリア人亡命作家マルコフ（G. Markov, 1929-1978）氏の大腿部に打ち込まれ，被害者は5日後に息をひきとった。調べると，カプセルには径0.35 mmの小さな穴が2つ開いており，蝋状のもので塞がれていたものが体温で解けて中の毒が出てくるしかけになっていたという。

4.4.7 プリオンとプリオン病

　プリオン（prion）は，私たちが誰でも体内にもっているタンパク質である。ただし，プリオンには正常型と伝播型があり，伝播型プリオン（異常プリオン）がいったん体内（脳内）に入り込んでしまうと，私たちが本来もっている正常型プリオンがどんどん伝播型プリオンに変わってしまう。すなわち，正常型プリオンになんらかの形で取り込まれた異常プリオンが接触すると，正常型プリオンに構造変化が起こって異常プリオンに変わり，この異常プリオンにまた正常型プリオンが接触すると，それが異常プリオンに変化するといったくり返し現象が起きる。プリオンに変性が生じて起こる神経変性疾患を，海綿状脳症と総称している。それは，脳の神経細胞が死んで脱落し，脳が海綿（スポンジ）状になるからである。

　この疾患では，異常化したタンパク質（異常プリオン）が感染性をもち，種を越えて発症させ，プリオン病ともよばれる。そのような病気には，ヒツジのスクレイピー（scrapie）や，ヒトのクロイツフェルト・ヤコブ病（Creutzfeldt-Jakob disease；CJD）などがある。

　異常プリオンは正常型と比較して，タンパク質の1次構造には変化がないものの，2次構造に変化が生じている。正常なプリオンにはαヘリックス構造が多く含まれるのに対して，異常プリオンではβシート構造が多くなっている。異常プリオンの発見者のプルシナー（S. B. Prusiner, 1942- ）は，この業績で1997年にノーベル医学生理学賞を受賞した。

　プリオン病のなかで最初に見つかったのは，ヒツジのスクレイピーであり，この病気は18世紀（1732年）には知られていた。"scrape"とは「ひっかく」

4.4 有毒ペプチドと有毒タンパク質

という意味であり，罹患したヒツジが痒がって身体を柵にこすりつけるために，スクレイピーと名づけられた．スクレイピーはヒトには感染しないと考えられている．

現在もっともよく知られているプリオン病に，ウシ海綿状脳症（bovine spongiform encephalopathy；BSE）と称される病気がある．この病気は当初，狂牛病（Mad cow disease）とよばれたが，現在は使わないことになっている．BSE に感染したウシの脳はスポンジのように変性する．BSE は，1980 年代半ばにイギリスで発生し，約 17 万頭のウシに感染した．その結果，470 万頭のウシが処分された．この大量感染は，感染牛の肉骨粉を飼料として用いたことが原因と考えられている．

ヒトにおいて最初に発見されたプリオン病は，パプアニューギニアの高地に住むフォア族に見られるクールー（Kuru）病であった．この病気は，1957 年にアメリカとオーストラリアの研究者によって発見された．フォア族には，死者の弔いのために親族が集まって，死者の脳を食べる習慣があった．この病気は，感染から発症まで 30 年ぐらいかかり，発症すると神経変性を起こし，痴呆のような症状が出たり運動神経が冒されたりして死に至る．現在，クールー病は事実上消滅した．

いま，ヒトのプリオン病のなかでもっとも有名なのは，上述のクロイツフェルト・ヤコブ病である．知られているだけで 80 人を超える犠牲者が出ている．

ただし，プリオン説についてはいまだに謎が多々あることも一言記載しておく．まず，これらの病気の原因が本当に異常プリオンか否かにも論争もある[1]．さらに，正常プリオンは全身の細胞に含まれるのになぜ脳細胞だけがダメージを受けるのか，タンパク質の寿命は短いのになぜ異常プリオンの関係する疾患の潜伏期が長いのか，異常プリオンがどうやって脳に入り込むのか，なども謎である．そして，そもそも正常プリオンの役割も今のところ不明なのである．

引用文献

1) 福岡伸一：プリオン説はほんとうか？―タンパク質病原体説をめぐるミステリー―，講談社ブルーバックス（2005）

4.5 アミノ酸と高分子化学

タンパク質構成アミノ酸が多数ペプチド結合して生成した高分子化合物は，私たちの皮膚や筋肉，血管を形成したり，繊維（絹，羊毛）となったりしている。また，アミノ酸を模した化合物から合成繊維であるナイロンが生まれた。本節では，このような化合物について述べていく。

4.5.1 コラーゲン，アミノ酸，壊血病

タンパク質の一種であるコラーゲン（collagen）は，日本では古くから膠原質（こうげんしつ）として知られている。膠原とは「膠（にかわ）の基」という意味である。コラーゲンは，細胞と細胞の間隙を埋める組織として存在し，皮膚や腱，血管，肺，骨などのからだの支持組織において重要な役割を果たしている。皮膚の大部分を占める真皮は，ほとんどがコラーゲン線維からなっている。また，コラーゲンを多く含む食材としては，牛すじ，豚足，鶏手羽先，魚あら，小魚などが知られている。

肌にハリをもたせる成分でもあるコラーゲンは，美容の分野でしわ対策に用いられる。すなわち，しわを隠すために，しわ部分にコラーゲンを注入することが行なわれている。しかし，こうして注入されたコラーゲンも徐々に吸収されて，3～6ヵ月ぐらいで消えてしまうので，くり返し注入をする必要がある。

コラーゲンは三重らせん構造をもっており，分子量が約10万のゼラチン分子が3本集まってできている。動物の皮や骨などの結合組織を構成するコラーゲンを加熱すると，コラーゲンの三重らせん構造が壊れて，1本鎖のゼラチンとなる。ゼラチンは，加熱すると液状のゾルになり，冷却すると固体状のゲルとなる。煮魚が冷えてできる「煮こごり」は，骨や皮から溶け出したコラーゲンから生成したゼラチンである。したがって，一般に煮こごりに含まれる成分をコラーゲンといっていることがあるが，これは誤りで，正確にはゼラチンというべきである。ゼラチンは，古くから膠（にかわ）として接着に応用されてきた。ゼラチンには酸素を通しにくいという性質もある。そこで，薬の酸化防止にも役立つことから，この性質を利用して医薬品のカプセルにも用いられている。

4.5 アミノ酸と高分子化学

コラーゲンのアミノ酸組成は，グリシンが 1/3 を占め，そのほか，L-アラニン，L-プロリン，L-グルタミン酸，L-アスパラギン酸などが多い。グリシンは，コラーゲン分子において必ず 3 残基ごとに現われるので，その割合が 1/3 になる。また，4 位が酸化された（ほかに 3 位や 5 位が酸化されたものも存在する）(4R)-4-ヒドロキシ-L-プロリン（2.3.17 項参照）が含まれていることも特徴的である。なお，コラーゲン中の L-リジン分子の 5 位も，かなりの割合で水酸化されている。(4R)-4-ヒドロキシ-L-プロリンや (5R)-5-ヒドロキシ-L-リジン（2.3.19 項参照）は，通常のペプチドやタンパク質を形成するアミノ酸ではないが，コラーゲンのタンパク質にだけ多量に含まれている。

これらの水酸化されたアミノ酸は，ペプチド結合したあとで生成している。その証拠として，放射性同位元素で標識された (4R)-4-ヒドロキシ-L-プロリンをラットに投与しても，このアミノ酸はコラーゲンには取り込まれない。一方，放射性同位元素で標識した L-プロリンはコラーゲン中の (4R)-4-ヒドロキシ-L-プロリンに取り込まれるのである。

すなわち，私たちがコラーゲンを食べても，コラーゲンは分解されて個々のアミノ酸になり，ヒドロキシ化されたアミノ酸がコラーゲンの生成にそのまま寄与することはないと考えられる。あくまでも，コラーゲンに含まれるヒドロキシ化されたアミノ酸は，コラーゲンのペプチドが形成されてから生成する。つまり，体内のコラーゲンを補充するには，とくにコラーゲンを食べなくても，タンパク質に富む食べ物をバランスよく食べていればよいということになる。

ただし近年，ゼラチンを摂取することで，動物実験により骨密度が有意に高くなったり，ヒトの骨関節炎に有意な効果が観察されたりしたほか，とくに若い女性の皮膚の角質層の保湿力が改善されたり，毛髪の太さが有意に増加したり，もろい爪が改善されたりといった報告もなされている。皮膚の角質層，髪の毛，爪は，コラーゲンを含む真皮とは異なり，ケラチンを主成分とする組織であるが，実際にこれらの組織の性質がゼラチンの摂取で改善することは確かなようである[1]。

(4R)-4-ヒドロキシ-L-プロリンや (5R)-5-ヒドロキシ-L-リジンは，上述のコラーゲンの三重らせん構造の安定化に役立っている。壊血病（かいけつびょう）は，かつては新鮮な野菜や果物などビタミン C に富む食物を摂ることができない遠洋航路の船

員などに多発した。L-プロリンのヒドロキシ化には，ヒドロキシ酵素のほか，ビタミンCが不可欠である。そのため，ビタミンCが不足すると，(4R)-4-ヒドロキシ-L-プロリンを生成することができないため，コラーゲン線維がつくられず，血管周囲の引っ張り強度が低くなり，血圧がかかる血管から血液が漏れやすくなる。これがビタミンC不足で起きる壊血病の正体である。壊血病になると，歯肉や歯根靭帯などの結合組織におけるコラーゲン分解も進み，歯肉から出血したり，歯が抜けやすくなったりする。

4.5.2 真珠および象牙とアミノ酸

真珠はその長い成長の過程で，コンキオリン（conchioline）という，爪や毛髪（4.2.1項参照），角，蹄などと同じケラチン型の硬タンパク質と炭酸カルシウムが，それぞれ薄い膜となって交互に累積されてできる。象牙も同じように，長い成長の過程で，タンパク質の薄い膜が木の年輪のように積層してできあがる。真珠や象牙で光沢の出るしくみは，光線の波長によって，表面で反射される光やある程度内部まで透過してから反射する光などが生じるためである[2]。

4.5.3 絹とナイロン

絹（silk）は，生物の細胞そのものではなく，細胞から分泌される液状絹を，カイコ（*Bombyx mori*）が吐糸することによって2次的につくられた繊維である。このことは，綿，麻，羊毛などの他の天然繊維との大きなちがいである。絹は，カイコが吐糸し，それが延伸して，分子が配列すると同時に固化し，繊維となる。カイコのつくった繭からくくりとったままの絹糸を，生糸という。生糸は，タンパク質からなる2本のフィブロイン（fibroin）繊維が，やはりタンパク質からなるセリシン（sericin）に包まれた構造をもっている（図4.15）。生糸を構成する2本のフィブロイン繊維のうち1本には，断面にして約3億本のフィブロイン分子が詰め込まれ，長さ方向には約15億本のフィブロイン分子が並ぶ計算になるという。その細長さを実感するために，フィブロイン繊維1本の太さを1cmに拡大してみると長さは1500kmにもなり，JRの東京駅から西鹿児島駅に至る距離になるという[3]。フィブロインのタンパク質構成アミノ酸については第2章（2.3.6項）でも述べたが，側鎖の小さいグリシン，L-アラ

4.5 アミノ酸と高分子化学

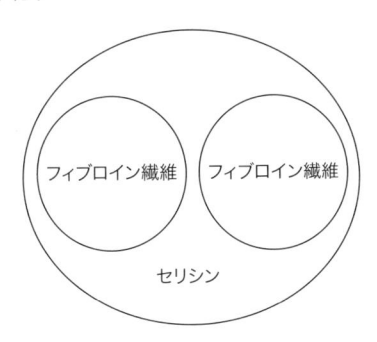

[図: フィブロイン繊維2本をセリシンが包む生糸の断面模式図]

図 4.15 生糸の断面の模式図

ニン，L-セリンを多く含むことが特徴である。ちなみに，カイコガ科のクワコ種のフィブロインは，グリシンが42.6%，L-アラニンが32.0%を占めるが，この割合は種によって異なる[4]。

一方，セリシンは絹膠（けんこう）ともいい，2本のフィブロインをたがいに粘着させているタンパク質である。セリシンのアミノ酸組成は，フィブロインのアミノ酸組成（2.3.6項参照）と比較して，グリシン，L-アラニン，L-チロシンの含量が少なく，L-セリンと酸性アミノ酸が多い。生糸を精錬（石鹸水で煮る）すると，セリシンが溶解してフィブロインだけとなる。この状態にしたものが，いわゆる練糸（ねりいと）といわれるものである。

上述のように，カイコの吐糸はセリシンとフィブロインとからなり，セリシンが25〜30%，フィブロインが70〜75%である[5]。

セリシンのアミノ酸組成を多い順に示すと，L-セリン（37.3%）を筆頭に，L-アスパラギン酸（14.8%），L-スレオニン（8.7%），L-アラニン（4.3%），L-アルギニン（3.6%），L-バリン（3.6%），L-グルタミン酸（3.4%），L-チロシン（2.6%），L-リジン（2.4%）などとなっている。セリシンは，水酸基を有するアミノ酸であるL-セリンを豊富に含むことから，保湿性にすぐれており，化粧用素材として有用であり，いわゆる絹由来の化粧品となっている。

フィッシャー（2.3.14項参照）によって，絹フィブロインのアミノ酸組成に関する研究が行なわれ，タンパク質のアミノ酸の結合様式に関するポリペプチド説に有力な実験的根拠を与えた[6]。

現代は，合成有機高分子化合物（プラスチックまたは合成樹脂，合成繊維）の時

代といってよいほど，私たちの周辺にはその製品があふれている。第2次世界大戦後に特徴的な現代文明をつくり出したのは，エレクトロニクスと高分子の科学といわれる。さまざまな高分子化合物が現われたために，私たちの生活が豊かなものになり，また一方，高分子化合物とのつきあい，とくにその処分がたいへん大きな問題にもなっている。そうした合成有機高分子化合物のなかでも，ナイロンは非常によく使われるものである。

ナイロン（nylon）の語源は不明である。伝線しないという意味の"norun"を変化させたものだという説や，ニューヨーク（N.Y.）とロンドン（London）をつなげたという説，はては日本の養蚕（絹の輸出）に打撃を与えたことから「農林」（Nolyn）をひっくり返したという（珍）説まである。

ナイロンはその分子内に窒素を含んでおり，絹糸と同じく，ペプチド（アミド）結合によって重合している。ナイロンの主たる製品にはナイロン6やナイロン66があるが，現在ナイロンはこのようなポリアミド系合成繊維の総称となっている。

ナイロン66は，デュポン（Du Pont）社のカロザース（W. H. Carothers, 1896-1937）のグループにより，1935年に発明された。この繊維は，ヘキサメチレンジアミン（hexamethylenediamine）とアジピン酸（adipic acid）を原料としている。いずれも炭素6個からなる化合物であったので，当初はポリアミド6-6とよばれた。これが1937年11月に発表され，やがて「石炭と空気と水からつくられ，クモの糸よりも細く，鋼鉄よりも強い繊維」といううたい文句でナイロンと命名されて発売された。ナイロンの商品名は，1938年10月27日のHerald Tribune Forumでアナウンスされた。

その他，ヘキサメチレンジアミンの代わりにテトラメチレンジアミン（tetramethylenediamine）を使用したナイロン46や，カプロラクタムを原料としたナイロン6なども合成されている（図4.16）。これらの材料のうち，カプロラクタムは，化学合成されたアミノ酸の一種が分子内で環化した化合物（環状アミド）である。ヘキサメチレンジアミン，テトラメチレンジアミン，アジピン酸を使用したものも，いずれもナイロン繊維がアミド結合によって重合しているので，絹の繊維を形成しているペプチドと似ている。

カロザースは，のちにナイロンと命名されることになる新しい合成繊維を発

4.5 アミノ酸と高分子化学

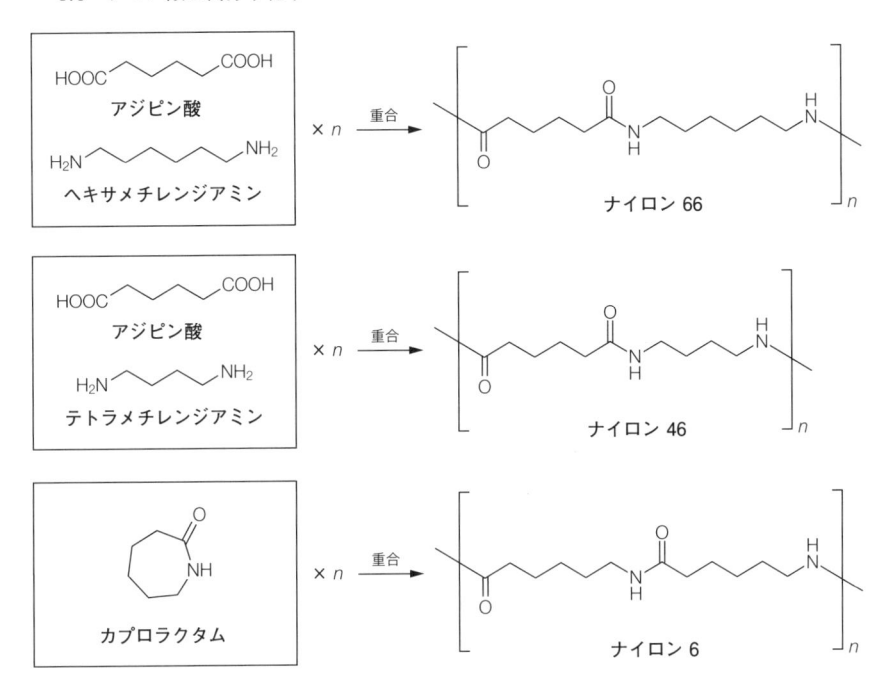

図 4.16 各種ナイロンの生成

見したグループの長であったが，ナイロンの生産体制からは外されてしまった。その後，アルコール依存症とうつ病の果てに，1937年4月29日シアン化物で自殺した。41歳であった。カロザースは，ナイロンの名称も製品も見ることなく世を去ったことになる。

アメリカでは1938年当時，日本から絹を1億ドル輸入していたというから，ナイロンの実用化はアメリカにとって経済の勝利でもあった。ちなみに当時，アメリカが輸入していた絹の3/4は女性のストッキングに消費されていたという。なお，ストッキングやタイツに使用される糸の太さには，デニール（D）という単位が使われている。1デニール（1D）とは，9000 mの糸の重さをg単位で示したものである。したがって，80デニール（80D）のタイツといえば，9000 mあたり80 gの太さの糸を使ったタイツということになる。デニールという語は，フランス語の「貨幣」(denier)に由来する。

4.5.4 納豆のポリグルタミン酸

　納豆は，大豆を煮て，枯草菌の一種である納豆菌（*Bacillus natto* または *Bacillus subtilis* var. *natto*）を植え付けてつくられる。納豆菌は，もともと稲わらにつく菌であり，1905年に東京帝国大学農科大学の沢村真博士によって発見され命名された。納豆の製造では，かつて稲わらについた菌そのものを使っていた。しかし現在は，純粋培養された納豆菌液を大豆を煮たものに噴霧することによって発酵を開始させている。なお，納豆という言葉は，これが僧坊の納所でつくられたこと，または桶や壺などに納めて貯蔵していたために付いた名称である。

　納豆のネバネバの正体の主成分は，グルタミン酸が多数（おそらく最低でも約5000個）ペプチド結合したポリグルタミン酸である。納豆のポリグルタミン酸には，L型のみならずD型のアミノ酸も含まれている。また，その結合様式は，通常のペプチド結合のα結合とは異なり，γ結合をしている点が特徴的である。納豆のポリグルタミン酸は，納豆菌が大豆タンパク質を餌として増え，L-グルタミン酸をD-グルタミン酸に変化させたりした結果生成したものである。粘りの成分としては一般に多糖類が多く，ポリペプチドがその主成分となっているものは珍しい。また，化学構造を比較して，納豆の糸とナイロンのつくりは似ているといえよう。

　納豆のポリグルタミン酸に放射線（コバルト60，γ線）を照射すると，納豆樹脂ができる。納豆樹脂は，水を吸収してハイドロゲルとなり，1gでなんと5リットル（自重の約5000倍）もの水をたくわえることができるという。これは，市販の紙オムツや生理用品の5倍の吸水力を持っていることになる。このような性質は，たとえば乾燥地帯の給水にも適するのではないかと考えられてい

納豆のポリグルタミン酸

る[7,8]。

引用文献
1) 小山洋一:食肉の科学, **48**, 1 (2008)
2) シルクサイエンス研究会編:シルクの科学, p.99, 朝倉書店 (1994)
3) シルクサイエンス研究会編:シルクの科学, p.96, 朝倉書店 (1994)
4) シルクサイエンス研究会編:シルクの科学, p.104, 朝倉書店 (1994)
5) シルクサイエンス研究会編:シルクの科学, p.118, 朝倉書店 (1994)
6) シルクサイエンス研究会編:シルクの科学, p.117, 朝倉書店 (1994)
7) 町田忍:納豆大全, p.45, 角川文庫 (2002)
8) 原敏夫:機能材料, **26** (7), 14 (2006)

参考文献

天羽幹夫・小石川仁治：応用微生物学，光生館（1971）
飯沼和正・菅野富夫：高峰譲吉の生涯，朝日選書（2000）
生田哲：脳と心をあやつる物質，講談社（1999）
伊沢凡人編著：薬学の創成者たち，研数広文館（1977）
石川元助：毒矢の文化，紀伊國屋書店（1963）
石川元助：ガマの油からLSDまで，第三書館（1990）
石坂哲夫：くすりの歴史，日本評論社（1979）
石坂哲夫：薬学の歴史，南山堂（1981）
石田名香雄・日沼頼夫：病原微生物学，金原出版（1969）
石山昱夫：化学鑑定，文春新書（1998）
一戸良行：麻薬の科学，研成社（1982）
井上尚英：生物兵器と化学兵器，中公新書（2003）
岩井和夫・渡辺達夫編，トウガラシ─辛味の科学─，幸書房（2000）
上野輝彌・坂本一男：日本の魚，中公新書（2004）
大崎茂芳：コラーゲンの話，中公新書（2007）
岡崎寛蔵：くすりの歴史，講談社（1976）
岡部進：くすりの発明・発見史，南山堂（2007）
小川鼎三：医学の歴史，中央公論社（1964）
小野宏・小島康平・斎藤行生・林祐造監修，食品安全性辞典，共立出版（1998）
花王生活科学研究所編：ヘアケアの科学，裳華房（1993）
梶田昭：医学の歴史，講談社学術文庫（2003）
金尾清造：長井長義傳，日本薬学会（1960）
川合述史：一寸の虫にも十分の毒，講談社（1997）
刈米達夫・小林義雄：有毒植物・有毒キノコ，廣川書店（1979）
川喜田愛郎：パストゥール，岩波新書（1967）
岸恭一監修：アミノ酸セミナー，工業調査会（2003）
木下祝郎：発酵工業，大日本図書（1975）
京都大学大学院薬学研究科編：新しい薬をどう創るか，講談社ブルーバックス（2007）
草間正夫：ビタミンの話，裳華房（1990）
栗原堅三：味と香りの話，岩波新書（1998）
小泉榮次郎：黒焼の研究，谷口書店（1987）
小泉武夫：発酵は力なり，日本放送出版協会（2002）
小林司：心にはたらく薬たち，人文書院（1993）
小湊潔：にんにくの神秘，叢文社（1972）
小山昇平：日本の毒キノコ150種，ほおずき書籍（1992）
齋藤實正：オリザニンの発見─鈴木梅太郎伝─，共立出版（1977）

櫻庭雅文：アミノ酸の科学，講談社ブルーバックス（2004）
佐藤磐根編著：生命の歴史，日本放送出版協会（1968）
佐藤哲男：毒性生化学，廣川書店（1993）
塩見一雄・長島裕二：海洋動物の毒，成山堂書店（1997）
志賀潔原著／田中文章編：細菌学を創ったひとびと，北里メディカルニュース編集部（1984）
七字三郎：微生物工学の応用，共立出版（1972）
島尾忠男：結核の闘いから何を学んだか，結核予防会（1981）
島薗順雄・万木庄次郎：ビタミン［Ⅰ］［Ⅱ］，共立全書（1980）
清水籐太郎：日本薬学史，南山堂（1949）
シルクサイエンス研究会：シルクの科学，朝倉書店（1994）
瀬川至郎：健康食品ノート，岩波新書（2002）
高橋晄正：アリナミン―この危険な薬―，三一新書（1971）
竹田美文：病原性大腸菌 O157―いま何がわかっているのか―，岩波書店（1996）
立川昭二：日本人の病歴，中公新書（1976）
辰野高司：対談でつづる昭和の薬学の歩み，じほう（1994）
辰野高司：日本の薬学，薬事日報新書（2001）
田所作太郎：麻薬と覚せい剤，星和書店（1998）
田中実：化学者リービッヒ，岩波新書（1951）
塚元久雄編：新裁判化学，南山堂（1972）
常石敬一：20世紀の化学物質―人間が造り出した"毒物"―，日本放送出版協会（1999）
常石敬一：化学兵器犯罪，講談社現代新書（2003）
内藤裕史：中毒百科―事例・病態・治療―，南江堂（2001）
内藤裕史：健康食品・中毒百科，丸善（2007）
中澤泰男：薬毒物と生体との相互作用，南山堂（1992）
永田和宏：タンパク質の一生，岩波新書（2008）
長野敬編：パストゥール―アルコール発酵論他25論文―，朝日出版社（1981）
中村希明：薬物依存，講談社ブルーバックス（1993）
成瀬宇平：魚料理のサイエンス，新潮選書（1995）
日本化学会編：生物毒の世界，大日本図書（1992）
日本薬局方解説書編集委員会編：第十五改正日本薬局方解説書，廣川書店（2006）
野村正：海洋生物の生理活性物質，南江堂（1978）
廣田鋼蔵：化学者 池田菊苗，東京化学同人（1994）
廣田鋼蔵：明治の化学者，東京化学同人（1998）
深海浩：生物たちの不思議な物語，化学同人，京都（1992）
福岡伸一：プリオン説はほんとうか？―タンパク質病原体説をめぐるミステリー―，講談社ブルーバックス（2005）
福田眞人：結核という文化，中公新書（2001）
伏木亨：おいしさを科学する，ちくまプリマー新書（2006）
船山信次：アルカロイド―毒と薬の宝庫―，共立出版（1998）
船山信次：図解雑学 毒の科学，ナツメ社（2003）

船山信次：有機化学入門，共立出版（2004）
船山信次：毒と薬の科学―毒から見た薬・薬から見た毒―，朝倉書店（2007）
船山信次：毒と薬の世界史―ソクラテス，錬金術，ドーピング―，中公新書（2008）
前田安彦：新つけもの考，岩波新書（1987）
真壁仁：紅と藍，平凡社新書（1979）
槇佐知子：食べものは医薬，筑摩書房（1992）
増井幸夫・神崎夏子：植物染めのサイエンス，裳華房（2007）
町田忍：納豆大全，角川文庫（2002）
丸山工作：生化学の夜明け，中公新書（1993）
丸山茂徳・磯崎行雄：生命と地球の歴史，岩波新書（1998）
三宅眞：世界の魚食文化考―美味を求める資源研究―，中公新書（1991）
柳田友道：うま味の誕生，岩波新書（1991）
山川浩司：国際薬学史―東と西の医薬文明史―，南江堂（2000）
山崎幹夫・中嶋暉躬・伏谷伸宏：天然の毒，講談社サイエンティフィク（1985）
山西貞：お茶の科学，裳華房（1992）
山本郁男編：薬物代謝学辞典，廣川書店（1995）
吉田よし子：香辛料の民族学，中公新書（1988）

オパーリン（石本真訳）：生命，岩波書店（1962）
ジョージ・シュワルツ（栗本さつき訳）：シュワルツ博士の「化学はこんなに面白い」，主婦の友社（2002）
ジョエル・デイビス（安田宏訳）：快楽物質エンドルフィン，青土社（1987）
ルネ・デュボス（長野敬訳）：パスツール―20世紀科学の先達―，河出書房（1968）
ルネ・ヴァレリー・ラド（桶谷繁雄訳）：パスツール伝，白水社（1961）
ローラ・フォアマン（岡村圭訳）：悲劇の女王クレオパトラ，原書房（2000）
プラトン（久保勉訳）：ソクラテスの弁明・クリトン，岩波文庫（1927）
グウィン・マクファーレン（北村二朗訳）：奇跡の薬―ペニシリンとフレミング神話―，平凡社（1990）
ウォルター・モードル，アルフレッド・ランシング（宮木高明訳）：薬の話，タイムライフインターナショナル（1968）
アンドレ・モロワ（新庄嘉章・平岡篤頼訳）：フレミングの生涯，新潮社（1959）
E・リンドナー（羽賀正信・赤木満州雄訳）：食品の毒性学，講談社サイエンティフィク（1978）
C・F・レヴィンソール（加藤珪・大久保精一訳）：エンドルフィン，地人書館（1992）
セルマン・ワクスマン（飯島衛訳）：微生物とともに，新評論（1955）

J. Emsley（渡辺正・久村典子訳）：毒性元素―謎の死を追う―，丸善（2008）
N. Taylor（難波恒雄・難波洋子訳注）：世界を変えた薬用植物，創元社（1972）
A. T. Tu：中毒学概論，薬業時報社（1999）
A. T. Tu：生物兵器，テロとその対処法，じほう（2002）

E. F. Anderson：Peyote, The Divine Cactus, The University of Arizona Press, Tucson (USA, 1980)

M. J. Balick, P. A. Cox：Plants, People, and Culture, Scientific American Library, New York (USA, 1996)

J. Bruneton：Toxic Plants, Lavoisier Publishing Inc., Paris (France, 1999)

G. B. Mahady, H. H. S. Fong, N. R. Farnsworth：Botanical Dietary Supplements：Quality, Safety and Efficacy, Swets & Zeitlinger Pub., Lisse (The Netherlands, 2001)

R. E. Schultes, A. Hofmann：Plants of the Gods, McGraw-Hill Book Company, New York (USA, 1979)

G. Sonnedecker：History of Pharmacy, J. B. Lippincott Co., Philadelphia (USA, 1976)

索　引

(太字は詳しい説明のあるページを示す)

【ア】

項目	ページ
アイ	122
アイス	180
アイレチン	208
アエロバクター	84
赤堀四郎	**6**,35
悪性貧血	**198**,205
アクチン	198
アグマチン	190
アクリジン	140
アクリドン	136,**140**
アクロナイシン	140
アクロメリン酸	151
——A	154
——B	154
アコニチン	177
——系アルカロイド	113
麻	238
朝比奈泰彦	152
アジサイ	138
味の素	1,25,**64**
味の素(株)	**61**,63
アジピン酸	240
アシラーゼ	79,**89**,97
アスパラガス	51
アスパラギン	19
L——	51
アスパラギン酸	3,7,19,**52**, 133,165,167,172
D——	52
L——	**52**,103,207,239
アスパルテーム	53,89,183,**187**
アセスルフェーム-K	187
アセチル CoA	99
アセチルコリン	93,108,109,156,232
——受容体	227
O-アセチルセリン	158
アセチルリジン	2
アセトアルデヒド脱水素酵素	223
アデニル酸	162,165,167
——サイクラーゼ	**166**,227
アデニン	7,99,**161**,165
S-アデノシルメチオニン	93
アデノシン	7,**162**,165
——-3′-リン酸	202
——二リン酸	165
——三リン酸	92,164,**165**
アドレナリン	76,88,**108**,217
アトロピン	57,124,132,**146**,147,189
アナフィラキシー	228
アニオン性界面活性剤	194
アノイリナーゼ	200
亜砒酸	190
アブリン	**80**,233
阿片	115
アマニチン	231
甘味	1,10,78, 93,183,**184**,187
2-アミノアセトニトリル	6
2-アミノイソ吉草酸	83
2-アミノ-3-ウレイドプロピオン酸	157
ε-アミノカプロン酸	214
3-((アミノカルボニル)-アミノ)-L-アラニン)	158
アミノ基	1,46-47
ε——	34
アミノ吉草酸	84
アミノ酸	215
α——	3,15,42
β——	3
γ——	3
——自動分析計	30
——輸液	206
1-アミノシクロプロパノール	222
2-アミノ-2,4-ジデオキシ-D_g-スレオニン酸	72
アミノ糖	27
3-アミノ-5-ヒドロキシ安息香酸	141,142
3-アミノフェノール	215
β-アミノプロピオニトリル	195-196
アミノペプチダーゼ	35
4-アミノメチルシクロヘキシルカルボン酸	214
1-アミノ-4-メチルピペラジン	143
dl-α-アミノ酪酸	59
γ-アミノ酪酸	3,66,106, 151,156,207,**211**
5-アミノレブリン酸	217
アミン	190
アメリカヤマゴボウ	87
アラニン	3,14,15,17,**54**,159,194
D——	6,**107**
D——-D——	19
L——	10,**54**,102,237,238-239
β——	3,5,**201**,212
アリイン	69,**199**
アリシン	200
アリチアミン	200
アリナーゼ	199
アリルイソチオシアネート	200
アルカロイド	2,**65**,96, 105,173,189,190
アルギニン	26,32,**145**,194
L——	**55**,190,207,222
アルキルカルボキシベタイン	194
アルキルトリメチルアンモニウム塩	194
アルコール性肝障害	203
アルビッジイン	158
アルブミノイド	26
アルブミン	26
アレコリン	**135**,151
アレルギー様食中毒	190
アロ	58
D-アロイソロイシン	58
L-アロイソロイシン	58
D-アロスレオニン	71
L-アロスレオニン	71
アンサマイシン	142

【ア】

アンジオテンシン変換酵素　90
安息香酸　60, 180, **204**, 215
アンチョビ　186
アントラニル酸　110, **135**, 139
アンボイナ　229
アンモニア　4
　——の解毒　56

【イ】

イオウ原子　**50**, 69, 94
イオジニン　139
イオン結合　24
イオン交換クロマトグラフィー　21
池田菊苗　64
異常アミノ酸　2, 41, 91, 151, 156, 182
異常プリオン　234
イソキサゾール　155
イソキノリン　111
　——系アルカロイド　111
イソニアジド　86, **134**, 144, 215
イソニコチン酸ヒドラジド　**134**, 144
イソフェブリフジン　137
イソペニシリン N　85
D-イソロイシン　58
L-イソロイシン　57, 103, 198, 207
1 次構造　24
1 文字名　44
一般アミノ酸　41
イヌサフラン　117
イネ科　76
イノシン酸　65, 164, 165, **166**, 167, 184, 187
　——ヒスチジン塩　183-184
イボテングタケ　22, 31, 69, 151, **154**, 185
イボテン酸　67, 151, 153, **155**, 185
イミダゾール　167
　——環　133
　——基　34, 47, **85**
　——系アルカロイド　86
イミノ基　47
イミノ酸　2, 29, 50, 90
β,β'-イミノジプロピオニトリル　196

【イ】(cont.)

イモガイ属　229
イーライ・リリー社　208
陰イオン交換クロマトグラフィー　21
インジカン　122
インジゴ　121
インスリン　8, 34, 182, **207**, 208
インドキシル　122
　——グルコシド　122
インド蛇木　125
インドール　119
　——-3-アセトアルデヒド　120
　——-3-アセトニトリル　121
　——-3-アルデヒド　121
　——-3-エタノール　121
　——-3-カルボン酸　121
　——基　47
　——系アルカロイド　119
　——骨格　78
　——-3-酢酸　81, **120**
　——-3-ピルビン酸　120
インフルエンザウイルス　207

【ウ】

ウイルス　**5**, 9
浮き粉　25
ウシ海綿状脳症　9, **235**
烏頭　113, **177**
右旋性　13
ウニの味　93, **185**
ウバタマ（烏羽玉）　112
うま味　1, **65**, 155, 156, 166, 183, 184
　——成分　67
ウミヘビ　227
ウラシル　161, **169**
ウリジル酸　**171**, 173
ウリジン　170
ウレアーゼ　8
ウロポルフィリノーゲン III　219
ウーロン茶　213
ウンシュウミカン　113

【エ】

エクゴニン　148
エジプトコブラ　228
エゼリン　124

【エ】(cont.)

エタノールアミン　93
エチオピア　195
N-エチルアミン　156
エチルクロロホルメート　40
エチルシステイン　70
エドマン反応　34
エピネフリン　76
エフェドリン　174, **179**
(−)-——　179
エラブウミヘビ　227
エラブトキシン　227
エリスロ型　71
エリスロース 4-リン酸　99
エリスロ体　71
エルゴクリスチン　128
エルゴコルニン　128
エルゴタミン　128
エルゴリン　128
塩基性アミノ酸　1, **46**, 47, 56, 86
エンケファリン　220
エンドウ　158
エンドルフィン　219
　α-——　219
　β-——　219
　γ-——　219

【オ】

黄耆　**212**, 221
黄色メラニン　193
オウタムナリン　119
黄蘗　115
黄柏　115
オウレン　115
オオムギ　112
β-N-オキザロアミノ-L-アラニン　195
オキザロ酢酸　52, 54, **99**
オーキシン　119
オゾン　4
オニオコゼ　229
オリゴペプチド　8
オルニチン　133, **145**
　L-——　56, 103, 190, 201, 224
オロチジル酸　173
オロチン酸　172

【カ】

壊血病　237

カイコ	57, 221, **238**	カーン・インゴルド・プレログ則	17, 68	【ク】	
回虫駆除薬	152			グアニジル基	32, 47, 56
外毒素菌	226	肝機能促進	57	グアニル酸	65, **162**, 167, 184
カイニン酸	3, 30, 66, 106, 151, **152**, 195	還元的な気体	3	グアニン	7, **161**
		鑑識	31	グアノシン	7, **162**
カイニンソウ	30, **152**	肝障害	63	クェルセチン	78
海人草	66	カンタレラ	190	くさやの干物	186
カイノイド	66, **153**	含窒素化合物	105	クサリヘビ	227
界面活性剤	194	肝斑	193, **214**	菓子の変	177
海綿状脳症	234	含硫アミノ酸	**67**, 92, 202	國中明	184
改良 Boc 剤	39			クマリン	78
カカオ	213	【キ】		グラスピー	195
——子	164	擬アルカロイド	108, **174**	クラーレ	**113**, 189
核酸	**161**, 163	生糸	238	グリアジン	25
角質層	**91**, 237	キサンチル酸	165, **167**	グリココール酸	**60**, 203
核タンパク質	27	キサンチン	165	グリシン	1, 3, 7, 10, 12, 30, **59**, 159, 165, 167, 194, 212, 223, 237, 238
下垂体機能異常	57	キサントシン	169		
カゼイン	**72**, 78, 92, 94, 96, 224	キサントプロテイン反応	**32**, 88		
——酸	96	枳実	113	クリスタリン	19
——分解物	206	キスカル酸	153, **157**, 195	グリセリン酸	14
カダベリン	150, **190**	気違い草	147	グリセルアルデヒド	16
カチオン性界面活性剤	194	キチガイナスビ	147	グリセロール	133
カツオノエボシ	229	キナゾリン	136	グリナ	61
かつお節	164, **183**	キニーネ	82, **129**	D-グルコース	188
脚気	173	絹	238	グルコース 6-リン酸	99
活性ビタミン B_1	200	——糸	54, **59**	グルタチオン	50, 60, **223**
カテコールアミン	217	キヌレニン	81, **133**	γ-L-グルタミル-L-システイニル-グリシン	223
L-カナバニン	57, 221	キノリン	136		
ガバペンチン	213	——系アルカロイド	137	グルタミン	**165**, 167
カフェイン	60, **164**, 169	キハダ	114	L——	**62**, 103, 207
カプセル	236	キバナオウギ	52, **212**	グルタミン酸	1, 3, 15, **151**, 194, 242
カプトプリル	90	キムチ	10	D——	65
鎌形赤血球症	84, **198**	逆性石鹸	194	L——	**64**, 103, 108, 156, 198, 205, 212, 222, 223
ガマ毒	**57**, 81	ギャバロン	213		
鴨マラリア原虫	137	——茶	212	L——γ-アミド	62
カラシ	200	キャベジン U	92	——デカルボキシラーゼ	66
辛子蓮根	231	牛乳	57	L——モノナトリウム塩	25-26, **64**, 184
カラトリカブト	113	キューティクル	191		
カラバル	123	狂牛病	235	グルタミンシンテターゼ	62
——豆	123	強心作用	113	グルテニン	25
辛味	183	強心性ステロイド化合物	57	グルテリン	26
カルバモイルリン酸	172	鏡像体	14	グルテン	**25**, 64, 96
N-カルボキシ-α-アミノ酸無水物法	37, **39**	強力粉	25	クール一病	235
		局所麻酔剤	148	クレオパトラ	228
カルボキシ基	1, **72**	玉露	156	クロイツフェルト・ヤコブ病	**9**, 234
カルボキシペプチダーゼ	35	魚醤	185, **186**		
L-カルボシステイン	69	金属タンパク質	27	黒コショウ	150
カルボベンゾキシクロリド	38			クロマチン	26
カロザース	240				

黒焼き	**18**,67,79	強直性けいれん	127	コールドパーマ	68,**191**
クロレラ	219	抗てんかん薬	213	コルヒチン	111,**117**
		抗毒素血清	228	ゴルプ・ベサネッツ	83
【ケ】		抗パーキンソン病薬	216	コルベ−シュミット法	215
経口栄養剤	182	高ビリルビン血症	203	コレラ	225
鶏骨常山	137	抗プラスミン活性	213	──毒素	226
桂皮酸	118	抗プラスミン酸	95	──様症状	230
鶏卵	94	高分子の科学	240	コロリ	226
ケクレ	64	興奮惹起性アミノ酸		コンキオリン	238
ケシ	115		54,**153**,195	昆布	1
化粧品	239	コエンザイム A	202		
ケチョウセンアサガオ	146	コカイン	57,**148**,181	【サ】	
血圧下降作用	115,125,**212**	コカ・コーラ	148	サイクラミン酸ナトリウム	
血液脳関門	**66**,153,212,216	コカ属	148		187
結核	143	呼吸筋麻痺	232	サイクリック AMP	**166**,227
──菌	**143**,215	コクサギ	137	サイクリック 3′,5′-アデノ	
血小板凝集阻害活性	160	コクシジウム	138	シン−リン酸	165
血清	228	黒色メラニン	193	サイクロセリン	210
α-ケトグルタル酸	54,64,**99**	黒舌病	135	最小発育阻止濃度	215
ケラチン		ココア	164	サイトカイニン	166
	26,**68**,91,96,191,237	ココアノキ	164	細胞毒性	115,**139**
──型	238	コショウ（胡椒）	150	催涙物質前駆体	200
ゲル	236	枯草菌	242	サイロシビン	121
ケルダールフラスコ	27	小玉新太郎	183	サイロシン	121
健胃整腸薬	115	骨関節炎	237	坂口試薬	32
幻覚作用	112	コッホ	**143**,226	坂口反応	**32**,56
嫌気性菌	231	コデイン	117	坂口フラスコ	102
		コドン	44	ザクロ	150
【コ】		コニイン	151,**174**,175	石榴皮	150
光学異性体	13	コノトキシン	229	左旋性	13
高カロリー輸液	206	コーヒー	164	サッカリン	187
香気成分	93	コーヒーノキ	135,**164**	殺蠅成分	154
抗菌作用	115	コブラ	227	サトウキビ	**65**,187
抗結核薬	215	コプリン	222	サトウダイコン	57,62,65
抗血清	228	小麦	25,**94**,101	サブユニット	25
膠原質	236	米	94	サフラン	117
好酸球増加	82	──ぬか	213	サボテン	112
膠質タンパク質	74	コラーゲン	26,32,33,59,	サリチル酸	215
後シナプス性神経毒	227		90,95,**236**,237	サワラ	203
甲状腺	111	──線維	238	サンガー	**34**,210
──ホルモン	111	コリスミン酸	75,99,135	──法	34
合成樹脂	239	コリップ	208	酸化的な大気	4
合成繊維	239	コリネイン	113	3 次構造	25
抗生物質	**20**,90,107,182,210	コリネバクテリウム	65	酸性アミノ酸	1,**46**,47
合成有機高分子化合物	239	コリンエステラーゼ阻害作用		酸味	183
高速液体クロマトグラフィ			124	3 文字名	44
──	21	コール酸	**60**,203		
硬タンパク質	59,**238**	コルチカム	117	【シ】	
紅茶	164	コルテックス	191	2,3-ジアミノプロピオン酸	

	157
L-2,3-ジアミノプロピオン酸	157
L-α,γ-ジアミノ酪酸	211
ジェスアコニチン	177
α,γ-ジオキシ-β,β-ジメチル酪酸	201
3,5-ジオキソ-1,2,4-オキサジアゾリジン	158
3,5-ジオキソ-n-ドデカノール	176
塩味	183
志賀赤痢菌	233
屍毒	189
色素タンパク質	27
シキミ酸	136
——経路	141
使君子	157
シクンシ	157
——酸	157
止血薬	95
ジゲニン酸	152
シジミ	201
シスタチオナーゼ	49
L-シスタチオニン	49
シスチン	2,43
L——	67,191
システイン	2,22,34,67
L——	67,188,191,200,203,207,223
ジスルフィド結合	2,24,34,68,191
シチジル酸	171
シチジン	7,170
ジテルペノイド	177
死毒	189
シトシン	7,161,169
シトルリン	224
シナヒヨス	147
2,4-ジニトロフェニル化	34
2,4-ジニトロフェニルフルオリド	33
2,4-ジニトロフルオロベンゼン	33
シネフリン	113
ジヒドロオロチン酸	172
渋味	183
ジプロピルジスルフィド	201
ジペプチド	8
脂肪肝	92
脂肪酸ナトリウム	194
脂肪族アミノ酸	47
しみ	193
シメチジン	87
D-ジメチル乳酸	85
3,4-ジメトキシフェニルアセトニトリル	217
ジャガイモ	101,177,188,212
鵡胡菜	152
ジャー培養	102
シャブ	180
酒石酸	13
シュッツェンベルガー	84
受容体	87
準必須アミノ酸	49
昇圧作用	80
常アミノ酸	41
常山	137
ジョウザンアジサイ	136
小児用アミノ酸製剤	206
醤油	10,93,185
昭和電工(株)	82
食中毒事件	86
植物塩基	105
しょっつる	186
ショ糖	187
シルク醤油	60
シルク粉末	60
白コショウ	150
シロタマゴテングタケ	230
シロバナヨウシュチョウセンアサガオ	146
しわ対策	236
神経伝達物質	66,108,207
真珠	238
真性アルカロイド	107
シンナムアルデヒド	78
シンナモイルコカイン	148
神農本草経	115
真皮	237
——層	91
神明裁判	123

【ス】

スイカ	224
水酸基	50
水素	3
——イオン濃度	10
——結合	24,191
膵臓	207
スイートピー	195
スヴォボダ	131,140
スクレイピー	9,234
(−)-スコポラミン	146,147
スタキドリン	90,158,159
ステロイド系アルカロイド	177
ストッキング	241
ストリキニーネ	82,126,189
ストレッカー	62
——反応	62
——法	62,84,97
ストレプトマイシン	20,215
スピード	180
ズルチン	187
p-スルファニルアミド	204
スルフィド基	192
スルホ基	2,202
スレオ型	71
スレオニン	16
D——	71
D_g——	72
L——	70,95,102-103,184,207
L_s——	72
2R,3R——	71
2R,3S——	71
2S,3R——	71
2S,3S——	71
ズワイガニ	61

【セ】

ゼアチン	166
聖アンソニーの火	127
制癌剤	131
正常型プリオン	234
生体アミン	80,87,108
静電結合	24
生命の基本物質	6
石鹸	194
セミミクロケルダール法	27
ゼラチン	26,32,33,56,59,90,95,236
——糖	59
セリシン	72,74,238
セリン	6,14,73
D——	210

索　引

項目	ページ
L-――	73, 239
ゼルチュルネル	117
L-セレノシステイン	70
L-セレノメチオニン	70
セレン	**70**, 94
セロトニン	80, 83, 87, 106, **108**, 119, 121
繊維状タンパク質	73
前シナプス性神経毒	228
全身性線溶	214
選択毒性	20

【ソ】

項目	ページ
象牙	238
総合アミノ酸	89
双性イオン	10
ソクラテス	174
疎水結合	191
そばかす	193
ソラニジン	177
ソラニン	177
ゾル	236

【タ】

項目	ページ
第十五改正日本薬局方	76
大豆	101
大棗	166
ダイダイ	113
タイツ	241
タウリン	2, 60, 69, **202**
――抱合体	203
タウロコール酸	60, **203**
ダウンストリーム	102
高峰譲吉	76
竹筒クラーレ	113
タケノコ	76
竹本常松	**30**, 152
脱分極作用	154
ダツラ葉	146
タバコ	**133**, 145
タマゴテングタケ	230
タマネギ	200
田村三郎	221
陀羅尼助	115
タンク培養	102
胆汁酸	60
単純タンパク質	26
タンパク質	**8**, 21
――構成アミノ酸	41, 44

【チ】

項目	ページ
チアミナーゼ	200
チアミン	**173**, 200
チェイン	20
チオグリコール酸	192
チオール基	34
チクロ	187
チーズ	10, **75**, 89, 190
チミジン	7, **170**
チミン	7, **161**, 169
チャ	164
チャイニーズレストランシンドローム	65
チャイブ	200
α-チャコニン	177
β-チャコニン	177
γ-チャコニン	177
中華料理店症候群	65
中心静脈栄養	206
中枢神経興奮作用	164
中性アミノ酸	1, **46**
中力粉	25
チョウセンアサガオ	146
調味料	102
チラミン	109, 113, **190**
チロキシン	106, **111**
L-――	111
チログロブリン	111
チロシン	32, **110**, 118
L-――	75, 108, 113, 117, 190, 193, 197, 210, 221

【ツ】

項目	ページ
d-ツボクラリン	111, **113**, 227
ツボクラーレ	**113**, 114

【テ】

項目	ページ
テアニン	65, 151, **156**
2′-デオキシアデニル酸	163
2′-デオキシアデノシン	163
2′-デオキシグアノシン	163
2′-デオキシシチジル酸	171
2′-デオキシチミジル酸	171
2′-デオキシチミジン	170
D-2-デオキシリボース	162
テオナナカトル	121
テオフィリン	164
テオブロミン	**164**, 169
滴定曲線	12

項目	ページ
テトラメチレンジアミン	240
テトロドトキシン	229
デニール（D）	241
テバイン	117
L-デヒドロアラニン	199-200
デプシペプチド	10
――系抗生物質	210
N-デメチルビオシアニン	139
デュポン社	240
テルペノイド	174
デンキクラゲ	229
テングタケ	67, **154**
点滴剤	182
天然型アミノ酸	**18**, 41
天然繊維	238
天然保湿成分	91
テンペ	10

【ト】

項目	ページ
トウアズキ	233
トウガラシ	150
トウゴマ	135, **232**
糖タンパク質	27
等電点	44
糖尿病	207
豆腐	61
ドウモイ酸	151, **153**, 195
トウモロコシ	94, 166, 188
ドクササコ	154
毒素分泌型	226
ドクダミ	219
ドクツルタケ	2, **230**
ドクニンジン	174
ドパ	88, **108**
L-――	76, 112, 182, 194, 196, **216**, 217
――デカルボキシラーゼ	76
ドパミン	76, 87, 88, **108**, 112, 118, 125, 196, 216
トマト	**67**, 185
トラネキサム酸	95, **213**
トランサミン	214
トリカブト属	113, **176**
――アルカロイド	177
トリゴネリン	135
トリコロミン酸	30, 67, 151, 153, **155**, 185
トリプシン	78
トリプタミン	120

トリプトファン		
	18, 26, 33, **78**, 119, 131	
D-—		78
L-—	53, **78**, 95, 108,	
	124, 196, 207, 234	
トリペプチド		8
トルキシリン		148
トロピン酸		146

【ナ】
ナイアシン	53, 81, **133**, 196
ナイロン	240
—6	240
—46	240
—66	240
中島正	155
納豆	67, **242**
—菌	242
—樹脂	242
ナツメ	166
ナンプラー	10

【ニ】
苦味	10, **183**, 185
膠	236
ニグリファクチン	175
煮こごり	236
ニコチン	**133**, 145, 196
—作用	146
—酸	3, 53, 81,
	110, **133**, 151, 196
ニコチンアミド	53, **133**, 196
—アデニンジヌクレオチド	134
—アデニンジヌクレオチドリン酸	134
二酸化炭素	4
2次構造	25
ニチニチソウ	131
ニトラゼパム	30, **59**
日本薬局方	42, 52, 76, 78,
	92, 94, 96, 116,
	202, **203**, 205, 215
乳酸	14
L-—	85
ニューマンの投影式	71
ニンニク	173, **199**
ニンヒドリン試薬	90
ニンヒドリン反応	29

【ヌ】
ヌクレオシド	6, **161**
ヌクレオチド	7, **161**, 162

【ネ】
α-ネオエンドルフィン	219
β-ネオエンドルフィン	219
ネオスチグミン	124
熱帯熱マラリア	137
ネムノキ	157
練糸	239
煉熊	115

【ノ】
脳内モルヒネ	219
ノーベル化学賞	34
ノルアドレナリン	
	76, 88, **108**, 125, 217
ノルエピネフリン	76
(−)-ノルエフェドリン	179
(+)-ノルプソイドエフェドリン	179

【ハ】
ハエトリシメジ	151, **155**, 185
パーキンソン	196
—症候群	76, 182, **196**, 216
薄層クロマトグラフィー	21, **29**
バクテリア	9
薄力粉	25
バクロフェン	213
ハシリドコロ	147
パスカルシウム	215
パスツール	13
秦藤樹	141
麦角	127
—菌	127
発芽玄米	213
発酵	101, 189
—食品	185
—法	103
ハナヤギ	153
馬尿酸	60
バニリン	78
パパベリン	117
ハブガイ	229
パーマネントウェーブ	68, **191**
パラアミノ安息香酸	204

パラアミノサリチル酸	215
—カルシウム水和物	215
パラ酒石酸	13
バリノマイシン	10, **84-85**
D-バリン	85
L-バリン	10, **83**, 103, 198, 207
パン	188
蕃椒	150
バンティング	207
パンテテイン	202
パントテン酸	201

【ヒ】
ビアラホス	222
ビウレット	31
—反応	31
ピオシアニン	136, **138**, 139
光過敏症	219
L-ヒグリン酸	160
被子植物	106
ヒスタミン	86, **108**, 132, 190
L-ヒスチジン	34, 85,
	108, **132**, 188, 190
ヒストン	**26**, 56
ビタミン B_1	170, **173**, 200
—誘導体	200
ビタミン B_2	135
ビタミン C	237
ピータン	10
必須アミノ酸	46, **49**, 56,
	58, 86, 96, 198
非天然型アミノ酸	**18**, 41
ヒトヨタケ	222
ヒドラジン分解	35
3-ヒドロキシアントラニル酸	133
3-ヒドロキシ-L-チロシン	216
5-ヒドロキシトリプタミン	80
ヒドロキシプロリン	2
$(4R)$-4-ヒドロキシ-L-プロリン	41, 91, 95, **237**
$(5R)$-5-ヒドロキシ-L-リジン	41, 95, **237**
非必須アミノ酸	46, **49**, 198
ピペリジン	**150**, 212
—系アルカロイド	151
—酸	212
Δ^1-ピペリデイン	151
ピペリン	96, **150**

──酸	150	
ヒポクラテス	143	
蕁麻子	232	
ひまし油	232	
百草	115	
白痢	227	
病原性大腸菌 O157	233	
表皮層	91	
ヒヨス	146	
(−)-ヒヨスチアミン	146,147	
ピリジン	133	
ピリドキサルリン酸	66,111	
ピリミジン		
──塩基	161,169	
──核	172	
──系アルカロイド	110	
──骨格	7,54,110,173	
ピルビン酸	99,156,180	
ピロカルピン	86,132	
ヒロポン	180	
ピロリジン	90,133,145	
──環	158	
2-ピロリドン-5-カルボン酸	91	
ピロール-2-カルボン酸	3,90,158,160	
ビンカロイコブラスチン	131	
ビンクリスチン	131	
ビンロウジ	135	

【フ】

麩	25	
ファロイジン	231	
フィゾスチグマ	123	
フィゾスチグミン	82,124	
フィッシャー	84,94,239	
──の投影式	15,72	
──の方法	37	
フィブリン	57,78,214	
フィブロイン	72,73,238	
風味	185	
──増強剤	65	
フェオフォルバイドa	219	
フェオメラニン	194	
フェナジノマイシン	139	
フェナジン	136	
──-1,6-ジカルボキシル酸	139	
フェニルアラニン		

	33,110,118,179	
D──	88,210	
L──	88,110,188,197	
フェニルイソシアン酸	34	
フェニルエチルアミン	112,113	
フェニルグリシン法	122	
フェニルケトン尿症	77,89,188,197	
フェニルチオカルバミルアミノ酸	34	
フェニルチオヒダントイン誘導体	34	
フェニルピルビン酸	89,197	
フェニルプロパノイド系化合物	78	
フェネチルアミン	112	
フェネチルイソキノリン	119	
フェブリフジン	137	
不完全アルカロイド	108	
副交感神経抑制薬	147	
複合タンパク質	26	
副腎皮質刺激ホルモン	220	
フグ毒	229	
附子	113,177	
藤原薬子	177	
不斉炭素	12,16,50,58	
不整炭素	16	
プソイダン	136	
プソイドアルカロイド	108,174	
(+)-プソイドエフェドリン	179	
t-ブチルアジドホルメート	39	
t-ブチルクロロホルメート	39	
プテリジン	205	
t-ブトキシカルボニル基	39	
プトマイン	189	
──中毒	189	
プトレッシン	190	
腐敗	189	
ブフォトキシン	57	
ブホテニン	81	
フマル酸	22	
プラスチック	239	
プラスミノーゲン	214	
プラスミン	214	
ブラック	87	
フラボノイド系化合物	78	

プリオン	9,234	
──説	235	
──病	234	
プリフェン酸	99	
プリン	164	
──塩基	161	
──系アルカロイド	110	
──骨格	7,60-61,110	
──誘導体	167	
1-フルオロ-2,4-ジニトロベンゼン	33	
プルシナー	234	
フルスルチアミン	200	
フレーバーエンハンサー	65	
プレフェン酸	88	
フレミング	20	
ブロイラー	95	
プロジギオシン	90,158	
プロタミン	26,56	
プロテアーゼ阻害剤	213-214	
プロピオンアルデヒド	201	
S-プロピル L-システインスルホキシド	200	
フローリー	20	
プロリン	2,15,29,159	
L──	89,103,160,188	
分岐鎖アミノ酸	49,58,83,96,198,207	

【ヘ】

ヘキサメチレンジアミン	240	
ベスト	208	
ヘテロオーキシン	81,120	
ペニシリン	7,20,55	
── G	85	
ベニテングタケ	154	
ペーパークロマトグラフィー	21,34,212	
ペプシン	8	
ペプチド結合	8,24,46	
ペプチドの命名法	23	
2-n-ヘプチルピペリジン	176	
2-n-ヘプチルピペリデイン	176	
ヘモグロビン	198	
ペヨーテ	111	
ペラグラ	53,81,133,196	
ベラドンナ	146	
ベルグマンおよびゼルバス		

法		37
ベルセリウス		59
ベルベリン		111, **114**
ベレチエリン	96, **150**, 174, 175	
ベロ毒素		233
ベンズアルデヒド		180
ペンバートン		148

【ホ】

ホイマン・プフレガーの改		
良法		123
膀胱		43
芳香族アミノ酸		**47**, 99
放線菌	**141**, 142, 175, 222	
補酵素A		202
保湿性		239
保湿力		237
L-ホスフィノスリシン		222
ホスホエノールピルビン酸		99
3-ホスホグリセリン酸		73, **99**
5-ホスホ-α-D-リボシル-1-		
ピロリン酸		172
ボツリヌストキシン		231
—— A		232
ボツリヌス毒素		231
ボツリン A		232
ホプキンス		78
ホフマン		128
ホミカ		126
L-ホモセリン		103
ポリアミド 6-6		240
ポリグリシン		6
——説		6
ポリグルタミン酸		67, **242**
ポリケチド		174
——生合成経路		175
ポリペプチド		8
——説		239
ポリミキシン類		10
ポリミキシン B		210
ボルジア家		190
ホルデニン		113
ホルニーキーウィッツ		196
ポルフィリン		217
——骨格		60
ポルホビリノーゲン		219
ホルムアルデヒド		6
ホルモン剤		182

【マ】

マイスナー		105
マイトマイシン		
—— A		141
—— B		141
—— C		**141**, 142
マオウ属		178
牧野堅		**165**, 173
マクラウド		207
マクリ		152
マダケ		76
マチン		126
馬銭子		126
マムシ		227, **228**
繭		238
マラリア原虫		198
マルコフ		234
丸大豆 GABA 醤油		213
慢性筋膜炎		82
曼陀羅華（マンダラゲ）		146
マンダラ葉		146

【ミ】

ミオシン		198
味精		184
味素		184
味噌		10, **185**
三日コロリ		226
ミラー		3
ミラクル		207
ミリスチン酸カリウム		194-195
ミルク		89
ミロン試薬		32
ミロン反応		32

【ム】

ムコタンパク質		27
ムコ多糖		27
ムシモール		31, 67, **155**
ムスカリン		67, **156**, 189
ムラサキウマゴヤシ		90, **159**

【メ】

メイラード反応		185, **188**
メジャートランキライザー		125
メスアコニチン		177
メスカリン		**111**, 112, 179
メソ体		14
メタン		3
メタンフェタミン		180
メチオニン		**91**, 119, 159, 180
DL-——		**91**, 93, 183, 184
L-——		**92**, 109, 188, 207
N-メチル-D-アスパラギン		
酸		54, 153, 195
O-メチルアンドロシンビン		119
6-メチルオクタン酸		211
7-メチルキサンチン		169
7-メチルキサントシン		169
N-メチルチラミン		113
メチルドパ		216, **217**
メチルヒスチジン		2
6-メチルヘプタン酸		211
L-S-メチルメチオニンスル		
フォニウムクロリド		92
β-メチルメルカプトプロピ		
オンアルデヒド		93
γ-メチルメルカプトプロピ		
ルアルコール		93
メデゥラー		191
メトエンケファリン		219
5-メトキシ-N,N-ジメチル		
トリプタミン		81
メラニン		193
——色素		**77**, 89
メラノイジン		188
メラミン		27
β-メルカプトエチルアミン		202
綿		238

【モ】

モウソウチク		76
モノアミンオキシダーゼ		81, 86
モルヒネ		45, 111, 115, 180, 189, 221

【ヤ】

焼いた肉		188
ヤケドタケ		154
ヤボランジ		132
ヤマカガシ		228
ヤマサ醤油(株)		184

【ユ】

有機酸	3
ユウメラニン	194
有用性	213
遊離アミノ酸	46, 62

【ヨ】

陽イオン交換クロマトグラフィー	21
葉酸	67, 204
ヨウシュチョウセンアサガオ	146
ヨウシュヤマゴボウ	87
羊毛	238
ヨーグルト	10
4次構造	25
ヨヒンビン	82, 125
ヨヒンベ	126

【ラ】

裸子植物	106
ラセミ体	14
ラチリズム	195
卵アルブミン	57
ランゲルハンス島	207
爛漫の発芽玄米酒GABA	213

【リ】

リアクションフレーバー	188
L-リオチロニン	111
リザチン	94
リシニン	135, 151, 233
リシン	232
リジン	26, 34, 149, 174
DL-——	175
L-——	94, 103, 151, 183, 184, 188, 190, 214, 237
リゼルグ酸	93, 128
——ジエチルアミド	93
立体異性体	13
リービッヒ	75, 166
リファマイシン	
—— B	142
—— O	143
—— S	141, 143
—— SV	142, 143
リファンピシン	141, 142, 143
リファンピン	142
リボザイム	5

D-リボース	162
リボース-5-リン酸	167
リボソーム	233
リポタンパク質	27
リボ毒	233
β-リポトロピン	220
両性イオン	42
両性界面活性剤	194
緑茶	164
緑内障	124
緑膿菌	138, 210
リンゴ酸	14
リン酸エステル	162
リンス	194
リンタンパク質	27

【ル】

ルーエマン紫	29
ルド・ビレ	147
ルピナス	55, 88

【レ】

霊菌	90, 158
レクチン	80
レセルピン	82, 125, 216
(R)-レチクリン	117
レボドパ	196, 216
レーマン	215

【ロ】

ロイエンケファリン	219
ロイコインジゴ	122
L-ロイシン	10, 96, 198, 207, 210
老人性色素斑	193
六炭塩基	50
濾紙クロマトグラフィー	21
ローズ	70
莨菪（ロート）	147
ロート根	147
ロビンソン	174-175

【ワ】

ワイン	190
ワクスマン	20
ワサビ	200
悪酔い	223

【A】

abrin	80, 233
abrine	80, 233
Abrus precatorius	80, 233
ACE	90
acesulfame-K	187
acetylcholine	93
acetyl-CoA	99
O-acetylserine	158
ACh	93
aconitine	177
Aconitum	113, 176
—— alkaloids	177
—— *carmichaeli*	113
acridine	140
acridone	136
acromelic acid A	154
acromelic acid B	154
Acronychia baueri	140
acronycine	140
ACTH	220
adenine	7, 161
adenosine	162
—— diphosphate	165
—— triphosphate	165
S-adenosylmethionine	93
adenylate cyclase	166
adenylic acid	162
adipic acid	240
ADP	165, 187
adrenaline	76
adrenocorticotrophic hormone	220
Aerobacter	84
agmatine	190
ALA	217
D-Ala-D-Ala	19, 55
alanine	17
L-——	54
Albizzia julibrissin	157
albizziin	158
albumin	26
albuminoid	26
Alinamin F	200
alkali	105
alkaloid	105
allicin	200
alliin	199
allinase	199

allithiamine	200	3-amino-5-hydroxybenzoic		AMP	**162**,165,166,167,187
Allium cepa	200	acid	141	aneurinase	200
Allium sativum	199	(2S,3R)-2-amino-3-hydroxy-		*Anhalonium williamsii*	111
Allium schoenoprasum	200	butanoic acid	70	ansamycin	142
allo	58	L-2-amino-3-hydroxybutyric		anthranilic acid	135
L-alloisoleucine	58	acid	70	arecoline	135
D-allothreonine	71	γ-amino-β-hydroxybutyric		arginine	145
L-allothreonine	71	acid	213	L- ——	55
allylisothiocyanate	200	2-amino-3-(4-hydroxyphenyl)		L-asparagine	51
al qali	105	propionic acid	75	*Asparagus officinalis* var.	
Amanita muscaria	154	2-amino-3-hydroxypropionic		*altilis*	51
Amanita pantherina	154	acid	73	aspartame	187
Amanita phalloides	230	(S)-α-amino-1H-imidazole-4-		aspartic acid	172
Amanita strobiliformis	22,**154**	propionic acid	86	L- ——	52
Amanita verna	230	α-amino-1H-indole-3-propio-		N-L-α-aspartyl-L-phenylala-	
Amanita virosa	230	nic acid	78	nine 1-methyl ester	188
amanitin	231	(2S)-2-amino-3-(indol-3-yl)		*Astragalus membranaceus*	
Amberlite		propanoic acid	78	var. *membranaceus*	52
—— IR-120	22	(2S)-2-amino-3-(3-indolyl)		astringent	183
—— IR-45	22	propionic acid	78	asymmetric carbon	16
—— IRA-400	22	(4R)-4-aminoisoxazolidin-		ATP	92,99,164,**165**,187
—— IRC-50	22	3-one	210	*Atropa belladonna*	146
aminoacetic acid	59	5-aminolevulinic acid	217	atropine	124,**146**
2-aminoacetonitrile	6	2-amino-3-mercaptopropio-		autumnaline	119
p-amino benzoic acid	204	nic acid	67	auxin	120
(2S)-2-aminobutanedioic		(S)-2-amino-3-methylbuta-			
acid	52	noic acid	83	**[B]**	
γ-aminobutyric acid	3,66,**211**	4-(aminomethyl)cyclohexa-		*Bacillus subtilis* var. *natto*	242
ε-aminocaproic acid	214	necarboxylic acid	214	*Bacillus natto*	242
(2R)-2-amino-3-carboxy-		(2S,3S)-2-amino-3-methyl-		baclofen	213
methylsulfanylpropanoic		pentanoic acid	58	Badishche Anilin- und Soda-	
acid	69-70	(S)-2-amino-4-methylpenta-		Fabrik	122
1-aminocyclopropanol	222	noic acid	96	Banting, E. G.	207
(2R)(1'R)-2-amino-3-(1,2-		1-amino-4-methylpiperazine		BASF	122
dicarboxyethylthio)			143	*Baurella simplicifolia*	140
propanoic acid	69	(S)-2-amino-4-(methylthio)		BCAA	49,58,83,96,**198**
(2R)(1'S)-2-amino-3-(1,2-		butanoic acid	92	berberine	115
dicarboxyethylthio)		(2S,3S)-2-amino-3-methyl-		Bergman & Zervas	37
propanoic acid	69	valeric acid	57	Beri-beri	173
2-amino-2,4-didesoxy-D_g-		aminopeptidase	35	Berzelius, J. J.	59
threonic acid	72	(S)-2-amino-3-phenylpropio-		Best, C. H.	208
(2S)-2-amino-3-(3,4-dihydro-		nic acid	88	*Beta vulgaris* var. *rapa*	57
xyphenyl)-2-methyl-		2-aminopropionic acid	54	bialaphos	222
propanoic acid sesqui-		β-aminopropionitrile	196	bitter	183
hydrate	217	*p*-aminosalicylic acid	215	biuret	31
(2S)-2-amino-5-guanidino-		2-aminosuccinamic acid	51	black pepper	150
pentanoic acid	56	2-amino-3-ureidopropionic		BOAA	195
2-amino-5-guanidinovaleric		acid	157	BOC-ON	39
acid	55	aminovaleric acid	84	BOC-S	39

259

Bombyx mori	238
Borgias	190
Borjas	190
botulin toxins	231
botulinus toxins	231
bovine spongiform encephalopathy	235
branched chain amino acids	49, **198**
BSE	9, **235**
bufotenine	81
bufotoxin	57
t-butylazidoformate	39
t-butylchloroformate	39

[C]

C 末端	35
——アミノ酸	9
m-C$_7$N	**140**, 142
cadaverine	150, **190**
caffeine	164
Cahn-Ingold-Prelog	17
Calabar beans	123
calcium para-aminosalicylate hydrate	215
cAMP	**166**, 227
—— phosphodiesterase	166
L-canavanine	221
Canine black tongue	135
cantarella	190
captopril	90
carbamoyl phosphate	172
carbobenzoxy chloride	38
L-carbocysteine	69
carboxypeptidase	35
Carothers, W. H.	240
Catharanthus roseus	131
Cbz 基	38
chaconine	177
Chain, E. B.	20
ChE	124
cholera	225
cholismic acid	75–76
Chondodendron platyphyllum	114
Chondodendron tomentosum	114
Chondria armata	153
chromatin	26

cimetidine	87
Cinchona	129
—— ledgeriana	129
—— succirubra	129
cinnamaldehyde	78
cinnamoylcocaine	148
citrulline	224
Citrullus vulgaris	224
Citrus	113
—— aurantium var. daidai	113
—— unshiu	113
CJD	234
Claviceps purpurea	127
Clitocybe acromelalga	154
CMP	171
CoA	202
Coca-Cola	148
cocaine	148
codeine	117
Coffea arabica	135, **164**
colchicine	117
Colchicum autumnale	117
Colchicum cornigerum	119
collagen	26, **59**, 236
Collip, J. B.	208
common amino acid	41
conchioline	238
coniine	174
Conium maculatum	174
conjugated protein	26
Conus	229
—— geographus	229
coprine	222
Coprinus atramentarius	222
Coptis japonica	115
cortex	191
Corynanthe johimbe	125
Corynebacterium glutamicum	102
Corynebacterium helassecola	65
coryneine	113
coumarin	78
Creutzfeldt-Jakob disease	234
Crocus sativus	117
curare	113
cuticle	191
cyclamic acid sodium salt	187

cyclic 3′,5′-adenosine monophosphate	165–166
cycloserine	210
L-cysteine	67
cystine	43
L——	67
cytidine	170
cytidylic acid	171
cytokinin	166
cytosine	7, **161**

[D]

D 型	42
——アミノ酸	19
D 系列	14
D_g	72
D_s	72
Dab	211
dAMP	163
Datura alba	146
Datura inoxia	146
Datura metel	146
Datura stramonium	146
Datura tatula	146
dCMP	171
L-dehydroalanine	200
N-demethylpyocyanine	139
2′-deoxycytidylic acid	171
D-2-deoxyribose	162
2′-deoxytymidylic acid	171
depolarization	154
depsipeptide	10
dextrorotatory	13
dGMP	163
L-α, γ-diaminobutyric acid	211
L-2,6-diaminohexanoic acid	94
2,3-diaminopropionic acid	157
Dichroa febrifuga	136
Digenea simplex	152
digenic acid	152
dihydroorotic acid	172
L-dihydroxyphenylalanine	76
3,4-dimethoxyphenylacetonitrile	217
2,4-dinitrofluorobenzene	33
2,4-dinitrophenylfluoride	33
3,5-dioxo-n-dodecanal	176
3,5-dioxo-1,2,4-oxadiazoli-	

zine	158	Erythroxylon	148	glycocholic acid	60
L-3,4-dioxyphenylalanine	216	—— coca	148	Glykys	59
dipeptide	8	—— novogranatense	148	GMP	162, 167
dipolar ion	42	Erythroxylum	148	grass pea	195
DL 体	101	Eséré	124	guanine	7, 161
DNA	5, 170	eserine	124	guanosine	162
DNA・RNA・タンパク質		ethylchloroformate	40	guanylic acid	162
ワールド	5	eumelanins	194	**[H]**	
DNFB	33	excitatory amino acid		H_2 受容体	87
2,4-DNP	33		54, 153, 195	HeLa S3	139
DNP-アミノ酸	34			hemlock plant	174
domoic acid	153	**[F]**		2-n-heptylpiperideine	176
DOPA	88, **108**	FDA	82	2-n-heptylpiperidine	176
dopa decarboxylase	76	FDNB	33	heteroauxin	81
L-DOPA	76, **216**	febrifugine	137	hexamethylenediamine	240
dopamine	**76**, 88	fibroin	73, **238**	hexon base	51
Dowex		Fischer	**15**, 37	Hippocrates	143
—— 1	**22**, 23	Fischer, E.	**84**, 94	histamine	**86**, 190
—— 3	22	flavor enhancer	65	L-histidine	85
—— 50	22	Fleming, A.	20	histone	26
—— 50 w	23	Florey, H. W.	20	Hofmann, A.	128
—— CCR-2	22	1-fluoro-2,4-dinitrobenzene	33	Hopkins, F. G.	78
dTMP	171	folic acid	204	hordenine	113
dulcin	187	fursultiamine	200	Hordeum vulgare var.	
Du Pont	240			hexastichon	112
		[G]		hot	183
[E]		GABA	3, 66, 106, 108,	Houttuynia cordata	219
EAA	54, **153**, 195		151, 156, 207, **211**	HPLC	21
ecgonine	148	gabapentin	213	5-HT	80, **108**
Edman reaction	34	GABOB	213	Hydrangea macrophylla	
Eimeria tenella	138	gelatin	**26**, 56	subsp. macrophylla forma	
Eiweißstoff	8	gliadin	25	macrophylla	138
Eli Lilly & Co.	208	glucose-6-phosphate	99	Hydrastis canadensis	115
endogenous morphine	219	Glu-P-1	67	hydrazinolysis	35
endorphins	219	Glu-P-2	67	5R-hydroxy-L-lysine	95
Ephedra	178	glutamate decarboxylase	66	3-hydroxyanthranilic acid	133
—— distachya	179	L-glutamic acid γ-amide	62	3-(4-hydroxyphenyl)	
—— equisetina	178–179	L-glutamine	62	alanine	75
—— sinica	179	glutamine synthetase	62	5-hydroxytryptamine	80
ephedrine	179	L-glutaminic acid	64	3-hydroxy-L-tyrosine	216
(−)-——	179	N-(N-L-γ-Glutamyl-L-cystei-		L-hygric acid	160
epinephrin	76	nyl) glycine	223	(−)-hyoscyamine	146
ergocornine	128	glutathione	223	Hyoscyamus	147
ergocristine	128	glutelin	26	—— niger	146
ergoline	128	gluten	**25**, 64	—— niger var. chinensis	147
ergot	127	glutenin	25		
ergotamine	128	glyceraldehyde	**16**, 72	**[I]**	
erythro	71	glycerol	133	IAA	81, **120**
erythrose-4-phosphate	99	glycine	59		

IAN	121	
ibotenic acid	155	
IDPN	196	
IEt	121	
imidazole	85	
(S)-1H-imidazole-4-alanine	86	
β,β'-iminodipropionitrile	196	
IMP	165, **167**, 187	
imperfect alkaloids	108	
INAH	86, **134**, 144, **215**	
indican	122	
Indicum	121	
indigo	121	
indole	119	
——-3-acetaldehyde	120	
——-3-acetic acid	81, **120**	
——-β-acetic acid	120	
——-3-acetonitrile	121	
——-3-aldehyde	121	
——-3-carboxylic acid	121	
——-3-ethanol	121	
——-3-pyruvic acid	120	
indoxyl	122	
—— glucoside	122	
inosinic acid	166	
insulin	208	
iodinin	139	
ip	44	
isoelectric point	44	
isofebrifugine	137	
L-isoleucine	57	
isoniazid	134	
isonicotinic acid hydrazide	134	
isopenicillin N	85	
isoquinoline	111	
isoxazole	155	

[J]
jesaconitine　177

[K]
L-α-kainic acid　152
kainoids　66, **153**
Kekulé, F. A.　64
keratin　26
α-ketoglutaric acid　99
Koch, R.　143
Kolbe-Schmitt　215
Kuru　235

kynurenine　133
L-——　81
kystis　43

[L]
L 型　42
——アミノ酸　1
L 系列　14
L_g　72
L_s　72
lactic acid　14
L-——　85
Lathyrism　195
Lathyrus sativus　195
Lehmann, J.　215
L-leucine　96
leucoindigo　122
leu-enkephalin　219-220
levodopa　216
levorotatory　13
Liebig, J.　75
L-liothyronine　111
lipotropic hormone　220
β-lipotropin　220
Lophophora williamsii　111
LPH　220
——(61-76)　220
——(61-77)　220
——(61-91)　220
LSD　93, **128**, 181
Lupinus sp.　55
Lycopersicon esculentum　67
lysatine　94
lysergic acid　128
Lyserg Säure Diethylamid　128
lysine　149
L-——　94

[M]
Macleod, J. J. R.　207
Mad cow disease　235
Maillard reaction　188
malic acid　14
MAO　81
Medicago sativa　90, **159**
medulla　191
Meissner, K. F. W.　105
melamine　27
melanoidin　188

3-mercaptoalanine　67
mesaconitine　177
mescaline　**112**, 179
meso 体　14
met-enkephalin　219
L-methionine　92
5-methoxy-N,N-dimethyl-
　tryptamine　81
O-methylandrocymbine　119
N-methyl-D-aspartic acid
　　54, 69, 153
methyldopa　217
6-methylheptanoic acid　211
L-S-methylmethioninesulfo-
　nium chloride　92
β-methylmercaptopropion-
　aldehyde　93
γ-methylmercaptopropyl-
　alcohol　93
6-methyloctanoic acid　211
N-methyltyramine　113
7-methylxanthosine　169
MIC　215
Miller, S. L.　3
Millon reaction　32
mitomycin C　141
MMC　142
MMSC　92
monoamine oxidase　81
monosodium glutamate　64
L-——　183
morphine　115
MSG　64
muscarine　154
muscimol　155

[N]
N 末端　34
——アミノ酸　9
NAD　**134**, 197
NADP　**134**, 197
natural moisturizing factor　91
neostigmine　124
niacin　81, **133**, 196
Nicotiana tabacum　**133**, 145
nicotinamide　133
——-adenine dinucleotide
　　134, 197
——-adenine dinucleotide

phosphate	134
nicotine	133
nicotinic action	146
nicotinic acid	133
nigrifactin	175
nitrazepam	59
NMDA	54, 69, 153, 195
——受容体阻害活性	22
NMF	91
NMR 法	
^{1}H ——	36
^{13}C ——	36
Nocardia mediterranei	142
noradrenaline	76
(−)-norephedrine	179
norepinephrin	76
(+)-norpseudoephedrine	179
nucleic acid	161
nucleoside	161
nucleotide	161
nylon	240

[O]

oligopeptide	8
OMP	173
Oncovin	131
Orixa japonica	137
ornithine	133, **145**
orotic acid	172
orotidylic acid	173
β-*N*-oxaloamino-L-alanine	195

[P]

PABA	204
pantetheine	202
panthothenic acid	201
papaverine	117
Papaver somniferum	115
paratartaric acid	13
Parkinson, J.	196
Parkinsonism	196
Pasteur, L.	13
Pausinystalia yohimba	125
PBG	219
PCA	91
pellagra	81, 133, **196**
pelletierine	150
Pemberton, J. S.	148
penicillin	20

—— G	85
phalloidin	231
Phellodendron amurense	114
phenazine	136
——-1,6-dicarboxylic acid	139
phenazinomycin	139
phenethylamine	112
phenethylisoquinoline	119
L-phenylalanine	88
phenylethylamine	112
phenyl isothiocyanate	34
phenylpyruvinic acid	89
pheomelanins	194
pheophorbide a	219
L-phosphinothricin	222
phosphoenol pyruvate	99
3-phosphoglycerate	99
5-phospho-α-D-ribosyl-1- pyrophosphoric acid	167
Phyllostachys bambusoides	76
Phyllostachys pubescens	76
Physostigma verenosum	123
physostigmine	124
Phytolacca americana	87
pilocarpine	86, **132**
Pilocarpus jaborandi	132
Pilocarpus pinnatifolius	132
piperic acid	150
piperidine	**150**, 212
piperidinic acid	212
piperine	150
Piper nigrum	150
Pisum sativum	158
p*K*	44
Plasmodium falciparum	137
Plasmodium lophurae	137
PLP	111
polyglycine	6
Polygonum tinctorium	122
polypeptide	8
porphobilinogen	219
porphyrin	217
prion	9
prodigiosin	90, **158**
L-proline	89
S-propyl-L-cysteine sulphoxide	200
protamine	26

protein	8
proteinaceous infectious particle	9
proteios	8
PRPP	**167**, 173
Prusiner, S. B.	234
pseudan	136
pseudo alkaloids	108
(+)-pseudoephedrine	179
Pseudomonas aeruginosa	138
psilocin	121
Psilocybe	121
psilocybin	121
pteridine	205
ptoma	189
ptomaine	189
Punica granatum	150
purine	164
putrescine	190
pyocyanine	136, **138**
pyridine	133
pyridoxal phosphate	66
pyrimidine	169
pyrrole-2-carboxylic acid	90, **160**
pyrrolidine	90, **133**, 145
2-pyrrolidone-5(*S*)-carboxylic acid	91
pyruvic acid	99

[Q]

quercetin	78
quinazoline	136
quinine	129
quinoline	136
quisqualic acid	157
Quisqualis indica var. *villosa*	157

[R]

R	16
racemic body	14
Rauwolfia serpentina	125
rectus	16
reserpine	125
(*R*)-reticuline	117
D-ribose	162
ribose-5-phosphate	167
ribozyme	5

ricin		232	sour	183	L-3,5,3′-triiodothyronine		111
ricinine		135	S-S 結合	2,**68**,191	tripeptide		8
Ricinus communis		232	stachydrine	90,**159**	Triton X		194
rifampicin	141,**142**		St. Anthony's fire	127	tropic acid		146
rifampin		142	Strecker, A. F. L.	62	Trp-1		18
rifamycin			Strecker reaction	62	Trp-2		18
— B		142	*Streptomyces*	160	Trp-P-1		79
— S		141	— *caepitosis*	141	Trp-P-2		79
— SV		142	— *hygroscopicus*	222	true alkaloids		107
RNA		5	— *mediterranei*	142	truxilline		148
RNA・タンパク質ワールド		5	— sp. No. FFD-101	175	tryptamine		120
RNA ワールド		5	— sp. WK-2057	139	tryptophan		78
Robinson, R.		175	streptomycin	20	L-—		78
Rose, W. C.		70	strychnine	127	tryptophane		78
Ruhemann's purple		29	*Strychnos nux-vomica*	126	*d*-tubocurarine		114
			sucrose	187	Tween		194
[S]			*p*-sulfanilamide	204	tymidine		170
S (エス)		180	Svoboda, G. H.	131	tyramine		190
S		16	sweet	183	*tyros*		75
saccharin		187	synephrine	113	L-tyrosine		75
Saccharum officinarum		65					
salty		183	**[T]**		**[U]**		
SAM		93	tartaric acid	13	umami	**65**,183	
Sanger, F.		34	taurine	202	UMP	**171**,173	
Sanger's method		34	taurocholic acid	60	uracil		161
Schützenberger, P.		84	*teonanacatl*	121	uridine		170
(−)-scopolamine		146	L-3,5,3′,5′-tetraiodothyro-		uridylic acid	**171**,173	
Scopolia japonica		147	nine	111	uroporphyrinogen III		219
scrapie		234	tetramethylenediamine	240			
seleroprotein		59	theanine	65,**156**	**[V]**		
sericin	74,**238**		*Thea sinensis*	164	L-valine		83
serine		16	thebaine	117	valinomycin		85
L-—		73	*Theobroma cacao*	164	vanillin		78
serotonin		80	theobromine	164	VCR		131
Serratia marcescens	90,**158**		theophylline	164	Velban		131
Sertürner, F. W. A.		117	thiaminase	200	vinblastine		131
shikimic acid		136	thiamine	173,200	vincaleukoblastine		131
sickle cell anemia		198	*threo*	71	vincristine		131
silk		238	D-threonine	71	*Virola*		81
simple protein		26	L-threonine	70	vitamin B_1		173
sinister		17	thymine	7,**161**	vitamin B_2		135
SM		215	thyroglobulin	111	VLB		131
SO_3H		202	thyroid gland	111	von Gorup-Besanez		83
Socrates		174	L-thyroxine	111	von Liebig, J.		166
sodium cyclohexylsulfamate			tranexamic acid	95,**213**			
		187	transamin	214	**[W]**		
solanidine		177	*Tricholoma muscarium*	155	Waksman, S. A.		20
solanine		177	tricholomic acid	155	white pepper		150
Solanum tuberosum		177	trigonelline	135			

【X】

X線結晶回折法	36
xanthine	165
xanthosine	169
XMP	165, **167**

【Y】

yohimbe	126
yohimbine	126

【Z】

Z基	38
Zea mays	166
zeatin	166
Zizyphus jujuba var. *inermis*	166
zwitter ion	**10**, 42

【ギリシャ字】

αヘリックス構造	234
αらせん構造	24
β構造	24
βコンホメーション	24
βシート構造	234
γ結合	242
γらせん構造	24

【著者紹介】

船山信次（ふなやま・しんじ）
　　1951年　仙台市生まれ
　　東北大学薬学部卒業・薬剤師
　　東北大学大学院薬学研究科博士課程修了・薬学博士
　　その後，イリノイ大学薬学部留学（Research Associate），北里研究所微生物薬品化学部技師・室長補佐，東北大学薬学部助手・専任講師，青森大学工学部助教授・教授，青森大学大学院環境科学研究科教授（兼任），弘前大学地域共同研究センター客員教授（兼任）などを経て
　　現在　日本薬科大学教授，Pharmaceutical Biology (USA) 副編集長，日本薬史学会評議員
　　著書　『アルカロイド―毒と薬の宝庫』（共立出版），『図解雑学 毒の科学』（ナツメ社），『有機化学入門』（共立出版），『毒と薬の科学―毒から見た薬・薬から見た毒』（朝倉書店），『毒と薬の世界史』（中公新書），『〈麻薬〉のすべて』（講談社現代新書），『毒―青酸カリからギンナンまで』（PHPサイエンス・ワールド新書），『毒草・薬草事典』（ソフトバンク サイエンス・アイ新書），『カラー図解 毒の科学―毒と人間のかかわり』（ナツメ社），『天然物医薬品化学』（編著，廣川書店），『天然薬物化学』（共著，医歯薬出版），『Oxford分子医科学辞典』（全化合物精査，共立出版）など

アミノ酸　タンパク質と生命活動の化学

2009年7月30日　第1版1刷発行　　ISBN 978-4-501-62470-5 C3043
2013年5月20日　第1版2刷発行

著　者　船山信次
　　　　© Shinji Funayama 2009

発行所　学校法人 東京電機大学　〒120-8551　東京都足立区千住旭町5番
　　　　東京電機大学出版局　　　〒101-0047　東京都千代田区内神田1-14-8
　　　　　　　　　　　　　　　　Tel. 03-5280-3433(営業) 03-5280-3422(編集)
　　　　　　　　　　　　　　　　Fax. 03-5280-3563　振替口座 00160-5-71715
　　　　　　　　　　　　　　　　http://www.tdupress.jp/

JCOPY <(社)出版者著作権管理機構 委託出版物>
本書の全部または一部を無断で複写複製（コピーおよび電子化を含む）することは，著作権法上での例外を除いて禁じられています。本書からの複写を希望される場合は，そのつど事前に，(社)出版者著作権管理機構の許諾を得てください。また，本書を代行業者等の第三者に依頼してスキャンやデジタル化をすることはたとえ個人や家庭内での利用であっても，いっさい認められておりません。
[連絡先] Tel. 03-3513-6969, Fax. 03-3513-6979, E-mail：info@jcopy.or.jp

印刷：新日本印刷(株)　　製本：渡辺製本(株)　　装丁：鎌田正志
落丁・乱丁本はお取り替えいたします。　　　　　　　　　Printed in Japan

現代数学発展史	鶴見和之・新井理生 訳	3150 円
非線形問題の解法	桜井　明・高橋秀慈 著	3045 円
教養天文学	足立暁生 著	1995 円
冷蔵庫と宇宙	米沢富美子 監訳	5040 円
入門有機化学	佐野隆久 著	3570 円
高分子合成化学	山下雄也 監修／青木俊樹 著	4935 円
遺伝子の分子生物学 第5版	中村桂子 監訳	9975 円
オープンソースで学ぶバイオインフォマティクス	オープンバイオ研究会 編	4095 円
ソフトコンピューティングとバイオインフォマティクス	伊庭斉志 監訳	5985 円

定価は変更されることがあります。ご注文の際は http://www.tdupress.jp/ にてご確認ください。